21 世纪全国高等院校艺术设计系列实用规划教材

室内装饰工程施工技术

陈祖建　编著

内 容 简 介

本书参考国家《建筑装饰装修工程质量验收规范》(GB 50200—2001)、《住宅装饰装修工程施工规范》(GB 50327—2001)和现行国家及地方关于装饰工程管理的规定文件等内容,结合艺术与技术的特点,以装饰施工结构图和施工工艺流程为主线,对涉及室内装修的6个界面的施工技术问题进行了系统的阐述。本书共6章:第1章主要介绍室内装饰工程基本概念和施工管理的问题;第2~6章分别介绍室内装饰中的地面工程、墙柱面工程、顶棚工程、门窗工程以及室内景观工程等核心内容。本书借助大量图例和案例的分析来帮助读者深入地理解室内装饰工程技术问题;本书叙述简洁、条理性强并通俗易懂,突出实用性和可操作性。

本书可作为本科院校室内设计、艺术设计的专业教材,也可作为高职高专、成人职大及社会团体开设室内设计师培训班的培训教材,同时还可作为室内装饰企业和设计公司的专业工程技术人员与管理人员的参考用书。

图书在版编目(CIP)数据

室内装饰工程施工技术 / 陈祖建编著. —北京:北京大学出版社,2011.1
(21 世纪全国高等院校艺术设计系列实用规划教材)
ISBN 978-7-301-18286-4

Ⅰ.①室… Ⅱ.①陈… Ⅲ.①室内装饰—工程施工—高等学校—教材 Ⅳ.①TU767

中国版本图书馆 CIP 数据核字(2010)第 247656 号

书　　　名:	室内装饰工程施工技术
著作责任者:	陈祖建　编著
责 任 编 辑:	郭穗娟
标 准 书 号:	ISBN 978-7-301-18286-4/J·0354
出　版　者:	北京大学出版社
地　　　址:	北京市海淀区成府路 205 号　100871
网　　　址:	http://www.pup.cn　http://www.pup6.com
电　　　话:	邮购部 62752015　发行部 62750672　编辑部 62750667　出版部 62754962
电 子 邮 箱:	pup_6@163.com
印　刷　者:	山东百润本色印刷有限公司
发　行　者:	北京大学出版社
经　销　者:	新华书店
	787mm×1092mm　16 开本　18.75 印张　435 千字
	2011 年 1 月第 1 版　2017 年 11 月第 4 次印刷
定　　　价:	35.00 元

未经许可,不得以任何方式复制或抄袭本书之部分或全部内容。
版权所有,侵权必究　　举报电话:010-62752024
　　　　　　　　　　　电子邮箱:fd@pup.pku.edu.cn

前　　言

随着社会的进步和时代的发展，室内装饰工程已从传统的土建装饰工程中分离出来，逐渐发展成为一个相对独立的行业，并且形成了系统的理论和实践体系。室内装饰工程是以美学原理为依据，以各种现代装饰材料为基础，通过运用正确的施工工艺技巧和精工细作来实现的室内环境艺术。具有良好艺术效果的室内装饰工程，不仅取决于好的设计方案，还取决于优良的施工质量。为满足艺术造型与装饰效果的要求，室内装饰工程还涉及结构构造、环境渲染、材料选用、工艺美术、声像效果和施工工艺等诸多问题。因此，从事室内装饰工程施工与管理的人员，必须深刻领会设计意图，仔细阅读施工图样，精心制定施工方案，并认真付诸实施，确保工程质量，才能使室内装饰作品获得理想的装饰艺术效果。

本书参考国家《建筑装饰装修工程质量验收规范》(GB 50200—2001)、《住宅装饰装修工程施工规范》(GB 50327—2001)和现行国家及地方关于装饰工程管理的规定文件等内容，结合艺术与技术的特点，以装饰施工结构图和施工工艺流程为主线，对涉及室内装修的6个界面的施工技术问题进行了系统的阐述。本书共分6章：第1章主要介绍室内装饰工程基本概念和施工管理的问题；第2~6章分别介绍室内装饰中的地面工程、墙柱面工程、顶棚工程、门窗工程以及室内景观工程等核心内容。本书借助大量图例和案例的分析，帮助读者深入地理解室内装饰工程技术问题；本书叙述简洁、条理性强且通俗易懂，突出实用性和可操作性。

本书内容可按照48~60学时安排授课，推荐学时分配：第1章4学时，第2、6章各10~12学时，第3章12~16学时，第4、5章各6~8学时；有条件的学校第2~6章可安排实验课各4~8学时。

本书由福建农林大学教材基金资助完成，福建农林大学艺术学院陈祖建博士独立撰稿，福建农林大学艺术学院院长郑郁善教授对本书出版提供了大力的支持，福建高等商业专科学校的何晓琴对大量的图例进行了详实的处理，中国林科院的蒋松林提供了木地板方面最新资料并参与了该章节的编写工作，福建农林大学的林金国教授对全书进行了初审并提出了建设性的意见，福建农林大学艺术学院的陈顺和老师为本书提供了部分插图，福建农林大学的甄建健提供一些有益的资料，陈庆赢同学参与了许多图例的处理工作，在此一并表示感谢。

本书可作为本科院校室内设计、艺术设计的专业教材，也可作为成人职大及社会团体开设室内设计师培训班的培训教材，同时还可作为室内装饰企业和设计公司的专业工程技术人员与管理人员的参考用书。

室内装饰工程施工技术涉及面广、内容较为复杂，加之著者水平有限，书中不足之处在所难免，敬请广大读者不吝指正。

陈祖建

2010年10月

目 录

第一章 室内装饰工程技术基础 1
1.1 室内装饰工程概述 2
1.1.1 室内装饰工程含义与特点 2
1.1.2 室内装饰工程技术现状与发展趋势 5
1.2 室内装饰工程施工技术水平要求 10
1.2.1 室内装饰工程的工人技术水平要求 10
1.2.2 室内装饰工程的管理人员技术水平要求 11
1.3 室内装饰施工管理 13
1.3.1 室内装饰工程质量控制 13
1.3.2 室内装饰工程施工质量验收 15
1.3.3 室内装饰工程施工组织设计 18
小结 21
思考与练习 22

第二章 室内楼地面装饰施工技术 23
2.1 整体式楼地面施工技术 24
2.1.1 水泥砂浆地面施工技术 24
2.1.2 水磨石地面施工技术 27
2.2 块料地面施工技术 32
2.2.1 陶瓷地面施工技术 32
2.2.2 石材地面施工技术 37
2.3 木质材料地面施工技术 43
2.3.1 木质材料地面架铺施工技术 44
2.3.2 木质材料地面实铺施工技术 50
2.3.3 强化复合木地面浮铺施工技术 ..53
2.3.4 活动地板施工技术 56
2.4 卷材类地面施工技术 59
2.4.1 室内地毯地面施工技术 59
2.4.2 塑料类地面施工技术 66
2.5 案例分析 70
2.5.1 案例一：某洗浴中心室内地面综合施工技术 70
2.5.2 案例二：室内玻璃地面施工技术 73
小结 74
思考与练习 75

第三章 室内墙柱面装饰施工技术 77
3.1 涂刷类墙面施工技术 78
3.1.1 抹灰工程施工技术 78
3.1.2 涂料涂饰工程施工技术 84
3.2 块料墙面装饰施工技术 94
3.2.1 陶瓷材料的施工技术 94
3.2.2 传统石材墙面挂贴施工技术 ...100
3.2.3 新型石材干法挂贴技术 105
3.3 结构类墙面装饰施工技术 111
3.3.1 木龙骨饰面板墙面施工技术 ...111
3.3.2 软包墙面施工技术 118
3.3.3 玻璃材料墙面施工技术 121
3.3.4 室内铝塑板墙面施工技术 125
3.4 卷材类墙面装饰施工技术 127
3.4.1 室内壁纸裱糊施工技术 127
3.4.2 室内特殊裱糊材料施工技术 ...135
3.5 柱面装饰施工技术 137
3.5.1 柱体改造装饰施工技术 138
3.5.2 结构柱体装饰施工技术 146
3.6 案例分析 149
3.6.1 案例一：某电梯间石材墙面施工技术 149
3.6.2 案例二：某装饰柱体施工技术 151
小结 153
思考与练习 154

第四章 室内顶棚装饰施工技术 155
4.1 木质顶棚装饰施工技术 157
4.1.1 木质暗龙骨顶棚施工技术 157
4.1.2 木质开敞式顶棚施工技术 165

4.2 金属龙骨顶棚装饰施工技术 171
    4.2.1 轻钢龙骨顶棚装饰施工技术 171
    4.2.2 铝合金龙骨顶棚施工技术 184
    4.2.3 开敞式金属顶棚施工技术 188
4.3 案例分析 194
    4.3.1 案例一：某室内木质
          顶棚结构 194
    4.3.2 案例二：某接待室顶棚结构 195
小结 197
思考与练习 198

第五章 门窗装饰工程施工技术 199

5.1 木质门窗装饰施工技术 200
    5.1.1 门窗的分类与构成 200
    5.1.2 木门窗装饰施工技术 208
5.2 金属门窗装饰施工技术 214
    5.2.1 塑钢门窗装饰施工技术 214
    5.2.2 铝合金门窗装饰施工技术 221
5.3 案例分析 230
    5.3.1 案例一：装饰木门 230

    5.3.2 案例二：装饰窗 232
小结 234
思考与练习 235

第六章 室内景观工程施工技术 236

6.1 景观楼梯装饰施工技术 237
    6.1.1 木质楼梯装饰施工技术 237
    6.1.2 楼梯案例分析 244
6.2 室内隔断、屏风装饰施工技术 249
    6.2.1 木质隔断装饰施工技术 249
    6.2.2 玻璃隔断装饰施工技术 257
    6.2.3 其他类隔断装饰施工技术 263
    6.2.4 室内装饰隔断工程质量验收 272
    6.2.5 室内装饰隔断案例分析 276
6.3 室内喷泉及绿化工程施工技术 277
    6.3.1 室内水体及喷泉施工技术 277
    6.3.2 室内绿化景观工程施工技术 282
小结 291
思考与练习 291

参考文献 293

第一章 室内装饰工程技术基础

教学提示：室内装饰工程是运用一定的技术手段对建筑室内界面、室内内含物表面进行美化的活动。所涉及的内容非常广泛，涉及了技术的问题同时也包含了管理的问题，是当代一门多学科并存的新学科门类。本章主要介绍室内装饰工程定义、概念，装饰工程对工人技术水平和管理人员的技术水平要求以及室内装饰工程施工所涉及的管理学问题。

教学要求：掌握室内装饰工程的概念和内涵，了解室内装饰工程施工技术水平要求和室内装饰工程施工技术管理问题，如施工组织设计与质量控制等。

1.1 室内装饰工程概述

随着社会的进步和时代的发展，室内装饰工程已从传统的土建装饰工程中分离出来，逐渐发展成为一个相对独立的行业，并且形成了系统的理论和实践体系。室内装饰工程是以美学原理为依据，以各种现代装饰材料为基础，通过运用正确的施工工艺技巧和精工细作来实现的室内环境艺术。具有良好艺术效果的室内装饰工程，不仅取决于好的设计方案，还取决于优良的施工质量。为满足艺术造型与装饰效果的要求，室内装饰工程还涉及其结构构造、环境渲染、材料选用、工艺美术、声像效果和施工工艺等诸多问题。因此，从事室内装饰工程施工与管理的人员，必须深刻领会设计意图，仔细阅读施工图样，精心制定施工方案，并认真付诸实施，确保工程质量，才能使室内装饰作品获得理想的装饰艺术效果。

1.1.1 室内装饰工程含义与特点

1. 室内装饰工程含义

在建筑学中，建筑装饰和建筑装修是两个不同的概念。建筑装饰是指为了满足视觉要求对建筑工程进行的艺术加工，如在建筑物的内外加设的绘画、雕塑等。建筑装修是指为了满足建筑物使用功能的要求，在主体结构工程以外进行的装潢和修饰，如门窗、栏杆、楼梯、隔断装潢、墙柱、梁、顶棚、地面等表面的修饰。

在实际操作中，人们习惯把建筑装饰和建筑装修两者统称为装饰工程，其中把在建筑设计中随土建工程一起施工的一般装修，称为"粗装修"；而把有专业的装饰设计以及建筑建成后的专业装饰以及给排水、电器照明、采暖通风、空调等部件的装饰，称为"精装饰"。随着科学技术的进步和专业分工的发展，近年来精装饰逐渐从建筑装修中分离，在建筑业中逐步形成一个新的专业，即建筑装饰工程或室内设计与装修(也有称呼为室内装潢)专业。

室内装饰工程从属于建筑装饰工程，但有别于建筑装饰，建筑装饰关注建筑内外表皮的装饰；而室内装饰是对建筑室内表皮的装饰以及室内内含物的美化。它是指采用适当的材料和正确的结构，以科学的技术和工艺方法，对建筑内部固定表面的装饰和对可移动设备的布置和装饰，从而塑造一个既符合生产和生活物质功能要求的美观实用、具有整体效果，又符合人们生理、心理要求的室内环境。

室内装饰工程改善了室内环境的物质条件，创造符合人们精神需求的室内环境气氛，增强人们生活的舒适感。

2. 室内装饰工程内容

室内装饰工程内容包括装饰结构与饰面，即室内顶、地、墙面的造型与饰面，以及室内陈设品或设备的美化配置、灯光配置、家具配置，从而形成室内装饰的整体效果。有些室内装饰工程还包括水电安装、空调安装及某些结构改动。根据室内使用性质的不同，可划分为两种主要范围：住宅室内、公共室内。住宅室内的对象是私人居住空间；公共室内指除了住宅室内以外的所有建筑的内部空间，如公共建筑、工商建筑、旅游和娱乐性建筑等。按国家标准《建筑装饰装修工程质量验收规范》(GB 50210—2001)的规定，建筑装饰工程包括的主要内容有抹灰工程、门窗工程、吊顶工程、幕墙工程等10项。根据室内装饰行业的习惯，本书把室内装饰工程分为以下主要内容。

1) 楼地面饰面及其细部工程

楼地面饰面主要包括地砖、石材、塑料地板、水磨石地面、木地板、地毯饰面以及特殊构造地面和各种收口细部工程等。

2) 墙、柱面饰面及其细部工程

墙、柱面饰面及其细部工程主要包括天然石材饰面、人造石材饰面、金属板墙柱面、玻璃饰面、玻璃幕墙、复合涂层墙柱面、裱贴壁纸墙柱面、木饰面墙柱面、装饰布饰面墙柱面及特殊性能的墙柱面以及细部收口技术等。

3) 顶棚及其细部工程

顶棚及其细部工程按骨架层、面层以及细部收口的不同分类。骨架包括轻钢龙骨、木龙骨、铝合金龙骨、复合材料龙骨；面层包括石膏板、木胶合板、矿棉板、吸音板、花纹装饰板、铝合金板条、塑料扣板等及其细部收口工艺。

4) 门窗及其细部工程

门按材料不同可分为木门、钢木门、塑钢门、铝合金门、不锈钢门、装饰铝板门、彩板组合门、防火门、防火卷帘门等；按制作形式不同可分为推拉门、平开门、转门、自入门、弹簧门等。窗按材料不同可分为木窗、铝合金窗、钢窗(实腹、空腹)、塑钢窗、彩板窗；按开关方式可分为平开窗、推拉窗、固定窗、上下翻窗等。按窗玻璃形式不同可分为净片玻璃窗、毛玻璃窗、花纹玻璃窗、有色玻璃窗，以及单、双层、钢化、防火、热反射、激光中空玻璃窗等。其细部工程主要是各种套线如门套线、窗套线及其各种收口工艺。

5) 室内装饰景观工程

包含楼梯及楼梯扶手工程、室内隔断工程、室内水体景观工程和室内绿化工程。

3. 室内装饰工程技术特点

1) 施工的独立性

现代室内装饰施工是独立于土建施工以外的由专业施工队伍进行施工操作的工程活动，它是在土建施工完成后对室内空间环境进行的一种装饰和美化加工的处理。室内空间装饰是千变万化的，每一个空间进行装饰施工的内容是各不相同的，是独立进行施工的，即使是同一性质的室内空间，也会因环境条件、甲方审美要求等因素而发生变化，因此，室内装饰施工对每一个空间有着不同的施工规则和要求，在室内装饰装修过程中各工种之间具有相对的独立性，独立制作、独立完成。

2) 施工的流动性

施工的流动性是室内装饰工程的显著特点，因为室内装饰的主体对象是建筑物，所以室内装饰施工的场所就会随着建筑物的地点变化而变化，施工队伍也就随着施工场所的改变而经常搬迁。室内装饰施工的流动性对装饰企业的管理提出了很高的要求，施工企业的管理人员应该根据施工所在地点的具体情况，充分调查研究当地的各种施工资源情况，组织落实好施工人员、施工机具以及装饰材料等问题，高效率地组织施工，按时、优质地完成装饰施工任务。

3) 施工工艺的多样性

室内装饰施工的多样性是指装饰工程的多样性、施工工种的多样性和施工工艺的多样性。一般地，一个室内装饰工程都会涉及泥工、木工、油漆工、水电工、架子工等工种来协同完成，而且每一个室内装饰工程由于其使用性质、空间尺度、形状规模等因素的变化而有不同的要求，使得装饰工程的施工内容及范围也会随之发生变化。施工技术的不断进步，也会引起施工组织、管理发生变化，由于工种较多，造成了管理层次较多，这些都决定了装饰施工的多样性。为此，现场施工的管理人员应对每一个施工工种的人员精心组织，安排好施工进度和内容，组织好各工种的协调，避免出现工种交叉阻滞的现象。

4) 施工管理的复杂性

室内装饰工程中小型装饰工程的施工内容有抹灰、饰面板(砖)、涂饰、糊裱、吊顶、门窗玻璃、隔墙、水电、细部制作等项目，大型的工程还包含有暖通、警卫、通信、消防、音响、灯光等系统；施工现场的布置内容有平面的，也有立体的，如现场的临时用电、材料及机具仓库、现场的办公用房、生活卫生区、水平垂直运输的途径、各类材料加工及制作场区、消防设施等，这些都反映了装饰施工管理的复杂性。面对这么复杂的施工现场，要使施工有条不紊、工序与工种间衔接紧凑、保证施工质量并提高工作效率，就必须有具备专业知识和丰富经验的组织管理人员来驾驭现场施工。管理者既是施工的组织者又是现场指挥者，不仅要掌握施工组织计划，还应熟练掌握人工、材料和施工机具的调度管理计划，还必须具有较高的定额管理等多方面的管理能力。同时各工种的班组长不仅要具备施工技术的全面性和系统性，还应该熟悉各种检验方法和质量标准，同时具有及时发现问题和处理问题的能力。因此，室内装饰工程能否按施工组织设计的要求顺利完成，取决于施工现场的组织管理人员的素质和才能。

5) 工期短，劳动量大

室内装饰工程的施工合同工期一般较短，如家装室内装饰工程多数专业施工在两个月内完成，较大型的装饰工程也一般在6~12个月完成；工作面一般较狭窄，很少使用或完全不用大、中型施工机具，手工操作仍然是主要的施工方法；材料和半成品的水平、垂直运输基本上靠人力，一些较重构件的就位也依靠人工，难以组织流水作业。此外，室内装饰工程施工效果往往要考虑设计者追求艺术个性，使得设计和施工非标准化，施工机械化程序低、手工操作多、湿作业多，因而造成了操作人员的劳动强度大、生产效率低下。一般室内装饰工程所耗用的人工劳动量约占施工总量的15%~30%。因此施工企业必须克服工期紧的困难，在有限工期内科学地组织施工，合理地安排人力、物力，保质保量，按时完成施工任务。

6) 施工的再创造性

室内装饰施工一般根据图样要求，通过装饰构造，材料制作、安装和工程技术等施工来实现装饰设计所要求的效果。但是在实际施工中往往不是如此简单，会有很多的具体问题出现，会有图样上难以标明的问题，如空间的实际尺寸经过拆除、修整后有很大的变化，还有客户临时提出要求，随意性地变更改动都会造成设计实施的变化。还有造型上的非标准化，这类问题在设计图样上很难标注清楚。因为图样毕竟是产生于施工之前，对于施工中发现的问题，很难一一表达清楚，最终的装饰效果尚缺乏实际的感觉。装饰工程的设计图样往往没有土建设计图样那么严格，在一定程度上只是起一个参考依据的作用，而装饰施工的每一道工序都是在检验并进一步完善设计的科学性、合理性和实践性。因此，施工人员根据具体的实际情况来创造性地施工，这是室内装饰施工的一个很大的特点。

7) 施工的经济性

室内装饰工程的使用功能和艺术性的体现及其所反映的时代感和科学水准，在很大的程度上受到工程造价的制约。一个优秀的设计者必须具有良好的经济头脑，施工组织管理水平的高低很大程度地影响到施工的经济性。科学合理的组织管理会提高工效、保证质量、减少费用，严格控制成本，用较少的人工完成高质量的工程。

因此，在室内装饰工程施工中，要求高的主要部位就选购高档装饰材料，多使用技术能力强的高工价工人，以保证重要部位的装修质量。要求比较低的部位在保证质量的前提下，选用普通的装饰材料，安排一般技术的低工价的工人，而且可以少安排几个人，以达到节约施工成本的目的。做好工序和工种之间的衔接，避免重复劳动，减少储存运输的材料损耗。下料时特别要注意合理用料，防止浪费。只有严格控制成本，加强管理，才能取得好的经济效益，保证室内装饰工程质量。防止返工和降低质量级别，更是保证经济性的重中之重。

8) 施工工序多、工艺复杂，要求专业配合

由于室内装饰施工工序多、工艺复杂，在一项虽小却独立的装饰工程中，各工种及工序间都存在相互依存、相互制约的关系，如一间卧室的装修需要泥工、木工、油漆工、水电工等不同工种的共同协作才能完成，缺一不可；工种之间同时也是相互制约的，施工不可能随心所欲，各行其是，如天棚开灯孔、预留孔洞尺寸，都要按照不同工种的要求进行。因此，室内装饰施工各工种及工序间要求紧密配合，专业施工。

1.1.2 室内装饰工程技术现状与发展趋势

1. 室内装饰业现状

改革开放以来，我国建筑装饰装修行业获得了巨大的发展，为我国经济建设和社会发展做出了巨大的贡献。统计数据表明，2006年全国建筑装饰行业实现工程产值11 500亿元人民币，其中公共建筑装饰装修实现工程产值4 500亿元，住宅装饰装修实现工程产值7 000亿元，全行业实现增加值超过3 500亿元。从绝对量上分析，2006年工程产值比2005年10 000亿元增加了1 500亿元，其中公共建筑装饰装修比2005年的4 100亿元增加了400亿元，住宅装饰装修比2005年的5 900亿元增加了1 100亿元。

从发展速度上分析，公共建筑装饰装修增长12%左右，住宅装饰装修增长17%左右；从市场比重上分析，公共建筑占市场总量的39.1%，住宅装饰装修占市场总量的60.9%。在公共建筑装饰装修行业中，建筑幕墙工程约1 000亿元，其他室外工程约300亿元，室外工程约1 300亿元，占整个建筑装饰行业产值的11.3%，占公共建筑装饰装修的28.9%；建筑装饰装修室内工程约3 200亿元，占整个建筑装饰行业产值的27.8%，占公共建筑装饰装修的71.1%。在住宅装饰装修中，新建住宅装饰装修约5 400亿元，占整个建筑装饰行业产值的47%，占住宅装饰装修的77.1%；旧住宅改造性装修约1 600亿元，占整个建筑装饰行业产值的13.9%，占住宅装饰装修的22.9%。

受房地产开发平稳增长和国家基础建设投资力度不断加强的影响，2006年建筑装饰行业的年增长速度达到15%左右，高于国民经济增长速度近5%。其中公共建筑装饰装修的增长速度，高于整个国民经济增长速度近2%，住宅装饰装修高于整个国民经济增长近7%，住宅装饰装修对建筑装饰行业整体发展以及对整个国民经济的增长所作的贡献，高于公共建筑装饰装修。

2007年行业的发展大背景极为强势，行业产值增加速度较快，全年完成工程总产值14 100亿元，其中住宅装饰装修的产值约为8 700亿元，增长率为25%；公共建筑装饰装修的产值约为5 400亿元，增长率约为20%，2007年行业增加值约为5 880亿元。2008年行业产值1.65

万亿，比 2007 年增长了约 17%；2009 年行业总产值达 1.85 万亿元，其中家庭住宅装饰装修约 9 000 亿元，公共建筑装饰装修约 8 400 亿元，幕墙 1 100 亿元，比 2008 年增长了 12%左右；2010 年的产值 2.0 万亿元，2011 年的产值为 2.35 万亿元。建筑装饰业占国内生产总值(GDP) 6.2%左右。改革开放 30 年生产总值平均每年增长 16.4%。全国共有装饰装修企业约 25 万家，其中主营建筑装饰、具有国家建设主管部门审发的资质等级企业 2 万家，兼营建筑装饰如土建公司、安装公司、园林公司等，具有国家建设主管部门审发的资质等级企业 5 万家，有营业执照，但由于规模小，未取得国家资质等级的企业 18 万家，主要从事住宅装饰装修工程。全国建筑装饰行业从业人数约为 1500 万人，其中工程技术人员 80 万人，吸纳农村剩余劳动力近 700 万人，因建筑装饰业的发展，带动建筑装饰材料生产、流通就业人数达 500 多万人。

根据行情，中国建筑装饰行业也相应制定了"十二五"规划纲要的发展目标：2015 年工程总产值力争达到 3.8 万亿元，比 2010 年增长 1.7 万亿元，总增长率为 81%，年平均增长率为 12.3%左右；中国建筑装饰行业的企业总数力争控制在 12 万家左右，比 2010 年减少 3 万家，下降幅度为 20%左右；从业者总数力争达到 1800 万人，比 2010 年增加 300 万人，增长幅度为 20%。在工程产值预计增长 81%的前提下，劳动力增幅相对下降，劳动力素质需要大幅度提高；建筑装饰行业工程主导技术力争实现重大突破，标准化、工业化部件部品的比重要大幅度提高，在新建工程项目中，成品化率争取达到 80%以上；在改造性项目中，成品化率争取达到 60%以上；争取环境负荷进一步降低，其中万元产值装饰装修工程产生的垃圾数量，力争比 2010 年下降 40%；万元产值的有害物质排放量，力争比 2010 年下降 50%；竣工工程的能源、水资源的消耗量，力争比 2010 年下降 30%。

2. 行业发展趋势

1) 家装市场将是一个持续发展的大市场

随着我国城镇化步伐的加快，新增人均住房面积和住房总量都将大幅增长，住宅装饰消费需求将持续旺盛。据有关数据表明，到 2010 年我国城镇化率有望达到 56%，我国人口将达到 13.77 亿，其中城市人口 6.7 亿，届时城市人均住宅将达到 28m^2，农村人均住宅达到 33m^2。随着我国城镇化步伐不断加快和经济飞速发展，人们对办公条件和居住条件都提出了更高的要求，这无疑对于装饰及建材行业起到了持续、强劲的拉动作用。随着越来越多的农村人口向城市转移，并且随着新增人口、新增家庭的涌现，预计大城市需要发展的住宅面积在 80～100m^2 之间，并且 50%是新建城市住宅。到 2020 年，人均住宅面积城市将达到 35m^2，农村达到 40m^2。到那时，需要新建住宅 20 多亿平方米。大量的住宅投入使用，势必产生巨大的家装需求。由居住建筑所带来的家庭装饰市场是巨大的，有专家预测，城镇化每提升 1%，就可以拉动消费增长 1.6 万元。"如果占中国绝大多数的农村实现城镇化，一旦富起来，家居的发展重点应该在内部而不是外部。"据中国建筑装饰协会预测，2010 年，装饰装修产值将达到 2.1 万亿元，其中住宅装饰装修产值可达 1 万多亿元。

2) 群英聚集、共荣生态

未来装饰广场不再是一个传统建材市场，其发展日益趋向一个一站式家具、高档建材、装饰及生活用品商场化购物中心。众多企业的扎堆抢驻为新时代装饰广场带来了强大的聚集效应，这种大环境也为企业发展带来了莫大的便利，让入驻企业从一开始就处于一个完善的平台上。现代化的商务理念表明：共生才是企业生存成本最低、效率最高的生存方式。市场经济时代，被孤立起来是可怕的，新时代装饰广场已然有足够的能力构建起稳定的"食物链"关系，可以轻松实现企业产品及服务供求，偏离了住宅装饰市场的核心之地，很难维护已建立起来的客户关系，客户要维持这种合作，无疑也要付出更多的时间、人力等运营成本，这种合作也势必很快会被其他更优化的企业所替代。在这种集聚的环境中，各种装饰材料齐全，从而可以满足客户的各种需求，也可以轻松得获得稳定的客户群，保证了来自下链的能量供应，实现运营资本的迅速回笼。如今星星点点的营销分布已偏离了商务发展的主航道，装饰企业只有聚集在一起，形成稳定的"食物链"关系，才能保证企业充足的食物来源，促进企业的良性发展。"协作"取代"竞争"成为当今企业生态的核心要素，意味着企业也要把经营重点从对竞争力的苦苦追寻转移到合作力的培育上。"共生"是一种策略，更是一种能力，能有效提高运营效率，将发展成本降到了最低，这也正是现代企业发展的最终理想。

3) 规模化、品牌化、集约化发展是大势所趋

据计算，全国人均收入每增长1元，将拉动1.48亿元建筑装饰需求；房屋竣工价值每增加1亿元，将拉动0.92亿元建筑装饰需求。社科院研究报告显示，在2013年前我国仍处于城市化加速阶段，2015年城市化率达到52.28%、2020年57.67%、2030年67.81%，达到峰值。这一数值2008年为45.68%。城市的迅速膨胀拉动起车站、机场、文化场馆等场所的大规模兴建和改造，也推动了酒店业、房地产业的发展，建筑装饰业正处于快速成长的繁荣期。随着中国人民生活水平的提高和综合国力的加强，建筑装饰行业不仅在建筑业中的比例不断上升、作用日益突出，同时在经济发展和社会进步中，发挥的作用也日益重要。加快建筑装饰行业的发展，提高行业整体运行质量，是全面建设小康社会的一项重要内容，充分利用计算机技术和网络技术，提高企业管理和设计、施工的信息化水平，将是实现建筑装饰行业跨越式发展的重要途径。面对行业如此大好形势，装饰企业自然是心态利好。而要想在这个优胜劣汰、信息万变的年代站稳脚跟，装饰企业间的竞争是白热化的，品牌知名度高的企业忙着融资，实力强的卖场忙着开疆拓土，发展快的渠道商忙着打造独立品牌，促销也成为常态，这样势必导致住宅装饰企业大的越来越大，小的则越来越小，将会呈现马太效应。装饰企业将会走向品牌化、规模化和一定的垄断。也只有这样，才能给消费者以品质保证和带来更多的优惠。新一轮的"洗牌"将尤为激烈，那些专业化运作水准高、精细管理能力强、资本运作基础厚实的装饰企业将获得更大的市场空间。同时也给那些创新能力强、细分市场定位准确的新兴装饰企业及相关服务企业崛起的机遇。整个行业将彻底告别过去无序竞争的局面，少数规模企业引领整个行业走势，成为市场风向标。

3. 室内装饰施工技术发展趋势

我国建筑装饰行业面临扩大良机，如2010年在上海举办的世界博览会的推动下，公共建筑、单体建筑规模在扩大，装饰装修的档次会不断的提高。将来室内装饰施工技术应该关注以下几个方面。

1) 室内装饰中体现结构的高技术美

室内装饰结构外露作为装饰已屡见不鲜，因其质量好、成本低、工期可缩短而被采用，主要的结构设计如下。

(1) 球节点钢网架、钢架外露，必须对安装前后的除锈刷防锈漆精心施工，再按装饰要求施涂面漆。

(2) 清水混凝土墙、柱、天棚，不需抹灰层或可直接施涂涂料，关键是模板设计和施工要确保牢固平整，消除模板之间接缝，不漏浆、不变形，拆模不损坏混凝土。提高浇筑质量消除蜂窝麻面，有的墙面还在模板内加造型内衬垫层形成带图案线条。

(3) 清水砖墙，现在餐厅、吧间、客厅的内墙部分也用清水砖墙作装饰，体现回归自然的情趣。在砌筑质量材质要求上很精致。

2) 装饰防火技术

室内装饰材料大多是易燃品，为达到建筑消防要求，采用以下两种设计。

(1) 采用经当地消防主管部门认可的防火涂料、防火剂对木材和木制品涂刷两次，装饰夹板涂在背面，支撑木挡和衬板需满涂。防火门外表面涂刷时，用笔刷并且理直刷纹，以增加美观性；对织物系列(窗帘床罩等)，经防火剂浸泡凉干即可使用。

(2) 采用防火装饰材料，目前市场上有不少人造装饰板材，具有防火性能，其加工操作性能类同木板，可与木夹板拼花嵌铜条，已广泛用于内门、护壁和家具等高级装饰。轻钢龙骨块材天棚有纸面石膏板、FC板(纤维水泥加压板)、埃特板("ETERPAN"的汉译，即纤维水泥板)和金属穿孔板等，防火性能好，装饰效果亦佳。目前已兴起的厨房设计施工专业公司，所采用的都是高级人造防火板和铝合金，美观整洁，深受住户青睐。

3) 装饰节能环保技术

室内装饰工程中，节能环保的要求日益增强，室内装饰施工中对节能环保的技术主要体现在以下几个方面。

(1) 门窗是工程的重要组成部分，从钢材到铝合金材料，再发展到塑钢门窗，塑钢门窗的保温隔声性能好，使用寿命长，其色彩和窗扇分隔线条丰富了室内外墙面造型。

(2) 木夹板、穿孔板和织物软包装以及立体造型等装饰能调节室内混声，使人们能在正常舒适的音响环境中生活、工作、娱乐，有利于人体健康。

(3) 光污染已引起社会的极大关注，室内木装饰和涂料大多采用亚光，它不刺眼，使人感到协调柔和舒适。室外反射玻璃幕墙的大量应用已遭非议而逐渐被塑铝、亚光不锈钢、天然石材幕墙取代。

4) "干作业"替代"湿作业"的施工工艺日趋明显

为了提高装饰施工的质量，加快施工速度，减轻劳动强度，半干作业和干作业施工工艺正在发展推广，较为突出的是石材干挂施工工艺。它的原理是在墙面结构上固定金属结构承重架，再将石材排列固定在承重架上，形成石材装饰幕墙。目前施工方法有很多种，具体是：按承重架用料构造不同分，有型钢或铝合金(飞机用材)两种，后者质量好但造价高；按石板固定方法分，有插销式和锚栓后切式，从受力状况看，后切式更合理安全；按石板拼缝的处理分，有不离缝和离缝两种，不离缝是指石板之间为干挂自然细缝，离缝是指石材间留有一定的缝隙，或在缝隙间用不锈钢或钛金等其他材料拼饰。

5) 室内装饰"工厂化"得到推广

木装饰施工采用工厂化预制成品，再在工程施工现场拼装方面有较大的发展。即木装饰件在工厂预制并油漆完，在市场上销售，如成品木地板、复合地板、踢脚板、护壁板、天棚和花饰线脚等，在室内装饰施工现场只需做好木基层，然后将预制件拼装成活。拼装时必须注意拼缝的处理，并做好成品保护工作。这种做法大大缩短了工期。金属装饰也是现代化装饰的一个门类，适合工厂化制作且安装速度快，具有富丽的装饰效果，但应注意金属表面的处理质量。主要采用铜质、不锈钢和铸铁，前两者用于高档木装饰嵌线花饰、扶手栏杆，铸铁主要用于室内外栏板和围墙。

6) 新工艺新材料发展迅速

随着科技的发展，室内装饰新材料、新工艺也不断涌现。

(1) 竹胶地板是新兴起的室内地板，具有光洁度好、耐磨坚硬变形小、略有弹性脚感好、色彩自然等优点，可与木地板媲美，在住宅、办公室、健身房和音乐舞厅使用。

(2) 薄木片材贴面装饰板，薄木片材按原材料和加工工艺的不同分为天然和人造两类，天然薄木片材是以各种天然优质材种为原料，经旋切或刨切加工成的卷状薄片木材，它呈现出各种珍贵木材纹理花饰，木纹清晰，色泽逼真，粘贴在普通木材或人造基材表面上，取得自然、高雅、豪华的装饰效果。人造薄木是采用毛白杨、山杨等速生软阔叶材种，经旋切成片，整理染色胶合成胚料，然后再刨切成薄片，它比天然薄片更具有丰富色彩和新颖的纹理花饰。如软木薄片贴于护壁上有特殊的美感，还有利于音响环境。科技木是以普通木材(速生材)为原料，利用仿生学原理，通过对普通木材、速生材进行各种改性物化处理生产的一种性能更加优越的全木质的新型装饰材料。科技木可仿真天然珍贵树种的纹理，并保留了木材隔热、绝缘、调湿、调温的自然属性，在现代室内装饰中具有较大的市场潜力。

(3) 人造石饰面板，根据制造时所用的胶结材料不同分为有机人造石饰面板、无机人造石饰面板和复合人造石饰面板3种。其中以有机人造石饰面板应用较多，它是以不饱和聚酯为胶结料，以大理石、白云石粉为填充料，配以适量硅砂陶瓷玻璃粉等细集料，加入各种颜料以及成型助剂制作而成，强度较高、表面光滑、耐化学侵蚀，但容易翘曲变形。经过多年研制改进和引进国外先进技术，产品质量提高、品种多样，现已进入高级装饰的应用。

7) 艺术漆涂饰工艺

艺术漆，作为一种新型室内装饰材料，是一种超豪华、高档次的装饰材料。大到宾馆、写字楼，小到千家万户多方位多层次都能适用的环保艺术涂料。艺术漆是由有丰富施工经验的专业人员，以特殊的乳胶漆、砂浆、腻子、油漆等材料，通过专业的施工工具，按照不同工艺，施工后在附着物上体现客户指定的图案、花纹等，其以丰富多彩的表现形式来表达诉求、体现理念、彰显个性，达到具有艺术内涵装饰的效果。艺术漆包括幻影艺术漆、马来漆和厚浆型漆等。幻影艺术漆是通过一种专用漆刷和特殊工艺，能在墙面制造各种纹理效果的特种水性涂料，其纹理自然、风格各异、色彩多变、装饰性高，而且操作简单、涂刷面大、附加值高；壁纸漆或壁纸涂料，是一种全新概念充满艺术性的艺术漆，填补了墙面涂料、墙面漆和乳胶漆单色无图的缺陷，绿色环保，拥有比墙纸更优良的品质性能，通过专用模具，配以特殊原料，以多样的施工方法，轻松地在单调的墙面上创造出丰富的图案；马来漆，传统的马来漆按刀法不同，可分为冰菱、水波纹、碎刀纹、大刀防石纹等不同效果，风格讲究朦胧自然；金银泊，室内装饰施工箔类系列，以黄金、白银、铜、铝为主要原料，经化涤、锤打、切箔等十多道工序生产而成的优良箔，借用专配辅料和专业工具。纯金属箔类装饰材料以其稀有与神秘以及无可替代的光泽效果成为豪华装修、尊贵生活必不可少的点缀。

1.2 室内装饰工程施工技术水平要求

1.2.1 室内装饰工程的工人技术水平要求

根据室内装饰工程施工性质、施工特点等的不同，室内装饰工程工种可以划分为木结构施工、泥水施工、钢结构施工、电器施工、卫生设备施工、铝合金施工、石材饰面施工、油漆饰面施工、板材饰面施工、壁纸壁布施工、涂料饰面施工、陶瓷类饰面施工、合成皮革饰面施工、玻璃面施工、塑料类施工、地毯施工、灯具安装施工、窗帘施工、灯箱招牌施工、空调施工、美化配置施工和拆除及清洁施工等22个施工类型。但人们在平常的施工中，最经常会碰上的可能是下面5个工种。

1. 木结构工技术水平要求

木结构技术是指主要运用木质材料通过传统木工技术工艺方法来美化建筑室内的一种技术手段。在室内装饰中应用较多，地面、墙柱面、顶棚和门窗以及室内景观工程中都可能涉及该技术。木结构工应该拥有以下知识和技能。

(1) 看懂装饰施工图、家具施工图。
(2) 熟悉常用木材、胶合板的基本性能。
(3) 熟练掌握木结构制作安装的技能。
(4) 熟悉在木结构上的饰面工艺和操作方法，如贴壁纸壁布、粘贴各种装饰板面等。
(5) 掌握使用各种合成革和纺织布料进行包面工艺操作的方法。
(6) 掌握各种木结构收边、收口的处理工艺和技巧。
(7) 掌握玻璃安装的操作方法。
(8) 掌握常用地毯、墙毡的基本性能及铺贴与剪裁的工艺方法。
(9) 掌握常用的防火材料基本性能，以及木结构的防火处理方法。

2. 泥水工技术水平要求

泥水工是室内装饰中非常常见的一个施工种类。主要在室内地面、墙柱面以及室内景观工程中应用较多，应该熟悉与水泥、烧结体材料以及石材有关的知识体系，并具有熟练砌筑、刷浆等技术，具体应该拥有以下知识和技能。

(1) 看懂装饰施工图以及一般建筑施工图。
(2) 熟悉常用水泥、砖木材、瓷片的基本性能。
(3) 熟练掌握混凝土结构、砖结构的施工工艺。
(4) 熟练掌握各种石材的贴面铺面施工技能。
(5) 熟练掌握各种瓷砖瓷片的贴铺工艺与方法。
(6) 掌握各种卫生设备的安装方法。
(7) 掌握墙面和顶棚抹灰与粉刷的操作。

3. 金属工技术水平要求

金属工是室内装饰中非常常见的一个施工种类。主要在室内顶棚、门窗、墙柱面以及室内景观工程中都有涉及，应该熟悉与金属、玻璃材料等相关的知识体系，并具有熟练焊接、安装等技术，具体应该拥有以下知识和技能。

(1) 看懂装饰施工图以及机械类图样。
(2) 懂得普通力学常识和钢结构受力常识。
(3) 熟悉常用钢材、铝合金材料、铜材、不锈钢材料的基本性能。
(4) 熟悉常用钢材焊接与安装钢构架，以及门窗栏栅的施工方法。
(5) 熟练掌握轻钢龙骨天花、隔墙，与铝合金天花、隔墙、门窗的施工工艺及方法。
(6) 掌握各种招牌框架的制作安装方法。
(7) 掌握各种玻璃的基本性能及安装操作技术。
(8) 掌握普通上下水系统的安装操作技术。

4. 油漆涂料工技术水平要求

油漆是室内装饰中比较后面的一道施工工序，直接影响到室内的装饰效果，是比较重要的一个施工种类。在室内顶棚、门窗、墙柱面以及室内景观工程中都会涉及，应该熟悉和了解与油漆、浆类材料等相关的知识体系，并具有熟练色彩调配、涂刷技术，具体应该拥有以下知识和技能。

(1) 看懂装饰施工图。
(2) 懂得各种颜料的性能及色彩的调配方法。
(3) 熟悉各种油漆主辅材料的品种及性能。
(4) 熟悉各种涂料的品种及性能。
(5) 熟练掌握油漆施工工艺技能。
(6) 熟练掌握各种涂料的施工工艺及操作方法。
(7) 熟练掌握各种饰面的底层处理工艺及技巧。

5. 电工技术水平要求

电工一般贯穿于室内装饰的整个工程施工过程，也是一种重要的施工种类。属于隐蔽工程，电工的技术水平直接影响室内使用者。因此，在室内装饰施工中要加以重视。应该熟悉与电线、电器、开关、绝缘体材料等相关的知识体系，并具有熟练管道布线、电器和卫生洁具安装等技术，具体应该拥有以下知识和技能。

(1) 看懂装饰施工图、电器系统施工图。
(2) 掌握电工基本原理、常用电器基本原理。
(3) 熟练掌握电工操作规程及操作工艺。
(4) 掌握各种灯具的安装工艺及操作方法。
(5) 掌握窗式空调、分体式空调、柜式空调的安装调试方法。
(6) 熟悉常用电器设备的安装。

1.2.2 室内装饰工程的管理人员技术水平要求

1. 一般管理人员技术水平要求

1) 具有一定的美学基础

装饰不仅是表面的造型和色彩等媒介所创造的视觉效果，而且还包括了平面构成、立体构成和美学表现等综合要素所共同结合而成的整体效果。因此要求技术管理人员对室内构成、室内形式、室内色彩、室内装饰风格等美学概念有一定的了解和认识。否则管理工作便会变得目标不清，方向不明。

2) 能领会室内设计的构思意图

室内设计需要通过工程管理人员组织工人施工来实现。管理人员是把设计变为实现效果的桥梁。只有领会设计构思意图，才能从整体上来考虑组织、监察施工，指导各个局部处理。

3) 具有一定的材料知识

装饰是使用各种材料来达到室内功能的要求，又是使用各种材料来表达装饰效果。因此施工管理人员必须熟悉各门类常用材料的规格、性能及用途。具有识别各种常用材料质量优劣的常识，对各种材料的质感和装饰效果要求有一定了解，以便组织和指导施工。

4) 具有识图绘图能力

图样是工程技术的语言，在施工中管理人员要向工人分析解释图样，根据图样指导施工，在图样不全或不详的部分要及时绘制补缺图样。

5) 熟悉施工操作技能

由于装饰施工的特点所限，管理人员往往一个人要担任多个工种的施工技术员，这就要求管理人员在施工工艺技术方面的全面性和系统性，并且在工艺处理上有较丰富的经验，能处理一些施工中的难点。

6) 熟悉检查验收的方法和标准

装饰工程工种多、施工种类多、施工衔接多，每个施工种类的完工都需要进行工艺检查和验收。管理人员必须懂得工艺检查的方法和标准，及时发现问题解决问题，减少工料损失。

7) 掌握管理工程的基本方法

管理人员是施工的组织者、指挥者，施工管理的好坏直接影响工程质量、工期和效益。因此要求管理人员掌握施工组织计划、材料、机具组织管理计划、资金使用计划、工程进度计划等基本管理方法与措施。

2. 施工项目经理管理水平要求

1) 知识素质

施工项目经理必须具备建筑施工技术知识和经营管理知识，了解相关的法律知识，懂得施工项目管理的基本规律。要获得上述知识，除接受高等或中等学历教育外，应参加专门的项目经理培训，并取得培训合格证书。

2) 领导素质

施工项目经理作为项目实施的决策者，应具备较高的组织领导工作能力。由于项目经理对项目的全部工作负责，处理众多的企业内外部人际关系，所以必须具有组织管理、协调人际关系的能力。这方面的能力比技术能力更重要。

3) 实践经验

作为项目经理必须具有一定的施工经历或经过一段时间锻炼。项目经理在工作中遇到的大量问题，都是非程序性和例外性的，无法用理论知识套用。只有具备丰富的实践经验，才能得心应手地处理各种可能遇到的问题。

4) 业务素质

项目经理应具有较强的业务能力，要懂设计、能施工、会管理，应具有较强的决策组织、指挥、应变等经营管理能力，能在施工项目实施过程中，控制各种情况的变动，保证项目达到既定的目标。施工项目经理必须是行家、专家，是运筹帷幄的帅才。

1.3 室内装饰施工管理

施工管理是室内装饰企业管理的重要组成部分，内容涉及装饰施工企业生产经营活动的各个方面。是指对施工企业中各项施工技术活动过程和技术工作的各种要素进行科学管理，各项技术活动归根结底要落实到各项工程以及工程的各施工环节，确保施工作业的顺利进行，使室内装饰工程达到工期短、质量好、成本低的标准，适应人们日益增长的物质文化生活的需要，营造良好的建筑室内环境。

1.3.1 室内装饰工程质量控制

室内装饰装修工程，存在着交叉作业频繁、施工空间受限、施工安全隐患较多等特点，而且在装修材料、施工工艺和组织管理等方面都具有其自身的特殊性，具有较强的专业性。因此，室内装饰装修工程的质量控制应针对这些特点，从装饰装修业主、政府监督机构、施工企业等形成工程质量的三大主体的质量控制入手，进行全方位、全过程的控制。

1. 业主的质量控制

业主(包括经业主授权的监理企业)的质量控制，目的在于保证工程项目能够在既定的投资额度、工期内达到规定的质量要求，取得预定的投资收益和环境效益。其控制依据除国家的法律、法规外，主要是合同文件及设计图样。

1) 项目决策的质量控制

业主拟建室内装饰装修工程项目时，应在调查研究的基础上，对各种可能的拟建方案和建成后的经济效益、社会效益和环境效益等进行技术经济分析、预测和论证，以确定项目建成后的可行性。拟定该工程项目的实施方案，主要包括工程项目的投资计划、装修设计方案的初步构想、项目建成后应达到的质量标准及水平。

2) 方案设计的质量控制

业主根据拟定的装饰装修实施方案中确定的经济指标、材料及设备选型，以及应达到的设计风格和效果，可以邀请多家室内装饰设计公司进行方案设计，通过招标确定中标方案。

3) 施工图设计及施工招投标的质量控制

设计单位按照业主选定的装修设计方案进行施工图的设计，业主提出工程量清单，各施工单位根据工程量清单、施工图投标报价。业主采用招投标的方式确定施工企业，并签订施工合同。

4) 施工过程的质量控制

业主根据装修工程的规模采取委托工程建设监理企业或委托有相关业务能力的人员(以下简称甲方代表)，对室内装饰工程项目的施工阶段进行全过程的监督检查。甲方代表应与业主签订委托合同，并根据合同以及业主的授权，对工程质量、进度、投资等进行控制。甲方代表要严格贯彻国家现行的工程建设法律、法规及技术标准，紧紧扣住制约工程质量的五大因素，即人、机、料、方法和环境，具体要控制好以下几个方面。

(1) 对装饰工程中所使用的装修材料的质量进行检查、控制。

(2) 监督、控制施工及检验人员按规定的操作规程和工艺标准进行施工。

(3) 对常用的各类量尺、水准仪、水平尺、靠尺、塞尺等,督促施工企业加强维修保养和定期检查。

(4) 对建筑装饰的基体和基层,特别是对原有空气污染指数进行预检与复测,并记录在案。

(5) 隐蔽工程及工序交接的检查验收。

(6) 对质量控制点及样板间实行旁站式监督、检查。

(7) 对施工单位质保体系的检查,督促其按照审查通过的施工组织设计实现质量控制。

5) 竣工验收的质量控制

根据室内装饰工程的进展,业主应及时邀请相关部门对隐蔽工程,具有独立使用功能的分项工程、分部工程、单位工程或整个工程项目以及各种资料进行检查、评定、考核,如分部分项工程的质量验收与评定、整个工程项目的质量验收与评定、室内环境污染的质量验收与评定、竣工资料的整理等。

2. 施工单位对室内装饰装修工程的质量控制

施工单位应该建立健全有效的质量管理工作体系,确保工程质量达到合同规定的标准和等级要求。

1) 施工准备阶段的质量控制

室内装饰工程开工前,施工单位应对各项准备工作进行质量控制。如对施工图的学习与审核,对工程施工方案、施工组织设计和质量保证体系的审查,对室内装饰装修材料的质量检查等,其中最为重要的是编制标后施工组织设计。

标后施工组织设计应由该工程的项目经理主持,编制能够指导施工和符合工程实际的施工组织设计方案,经业主(或甲方代表)审批同意后正式组织实施。

2) 施工阶段的质量控制

施工项目组应严格按照施工组织设计进行管理和控制。

(1) 工程操作者的质量控制。班前、班后,针对当天的施工工程,对工人进行质量与安全教育,对高、难、精的关键工序组织有丰富实践经验、技术素质高的工人去完成。

(2) 施工机械设备的质量控制。班前、班后应对所使用的机械设备(或工具、机具)进行维修保养,以保证机械设备完好、无故障,并具有保证工程施工质量所要求的精度。

(3) 进场材料的质量控制。材料进场应按技术标准检查和验收,按规定的条件和要求进行堆放、保管和加工,按工程进度及时配套供应施工现场。

(4) 施工方案及施工组织的质量控制。加强施工工艺管理,及时督促检查已制定的施工工艺是否得到落实,操作人员是否严格遵守操作规程。

(5) 施工环境的质量控制。良好的施工环境是保证工程质量的一个重要方面,包括人文环境、自然环境和现场环境等。

3) 施工结束阶段的质量控制

分项工程、分部工程、单位工程或整个工程项目结束后,应进行成品保护,并及时督促业主进行分项、分部等工程的验收,以确保工程如期进行下一阶段的施工及最后的如期交付使用。

业主在整个装修工程完工后，应及时邀请施工方、监理方等相关单位和部门进行工程的最后验收(备案)，以保证该装修工程及时投入使用。

3. 政府监督机构对室内装饰工程的质量控制

政府监督机构质量控制的目的在于保证室内装饰工程的质量和安全，维护社会公共安全和公众利益，保证技术性法规和标准的贯彻执行。主要控制主体各方的质量行为、检查施工方的质保体系，并实行工程验收备案管理。

1) 基建程序的质量控制

室内装饰装修可能会涉及破坏建筑主体结构和安全，损害城市的总体美感。因此，在室内装饰装修工程项目的审批过程中，政府监督机构应从以下几个方面进行质量控制。

(1) 在室内装饰装修方案的立项控制上，除要尊重业主对装修效果、功能的选择外，同时也要考虑室内装饰装修项目完成后对周围环境的影响。

(2) 在室内装饰装修方案及施工投标控制上，行使招投标的监督管理权，以确保业主获得最佳的经济造价，施工企业获得最佳的经济效益。

(3) 在工程的开工审批控制上，对业主的资金、施工图及工程合同进行审核，以保证工程项目的顺利实施以及业主和施工方的合法利益。

2) 施工过程及工程竣工的质量控制

施工阶段，政府监督机构以对工程进行不定期的检查为主。分部工程、单位工程或整个工程项目竣工后应向业主提供检查记录，并对工程提出合理的建议与意见，做好工程验收备案工作。

1.3.2 室内装饰工程施工质量验收

室内装饰工程项目质量验收是对已完工程实体的内在及外观施工质量，按规定程序检查后，确认其是否符合设计及各项验收标准的要求，是否可交付使用的一个重要环节。正确地进行工程项目质量的检查评定和验收，是保证室内装饰工程质量的重要手段。根据我国《建筑装饰装修工程质量验收规范》(GB 50200—2001)，施工质量验收包括施工过程的质量验收及工程竣工时的质量验收。

1. 施工过程质量验收

根据室内装饰工程施工质量验收统一标准，施工质量验收分为分项工程、分部(子分部)工程、单位(子单位)工程的质量验收，即把一个单项建筑工程分为 10 个子分部工程、33 个分项工程并规定了与之配合使用的各专业工程施工质量验收规范。在其中每一个专业工程施工质量验收规范中，又明确规定了各分项工程的施工质量的基本要求，规定了分项工程检验批量的抽查办法和抽查数量，规定了分项工程主控项目、一般项目的检查内容和允许偏差，规定了对主控项目、一般项目的检验方法，规定了各分部工程验收的方法和需要的技术资料等。同时，对涉及人民生命财产安全、人身健康、环境保护和公共利益的内容以强制性条文做出规定，要求必须坚决、严格遵照执行。

子分部工程和分项工程是质量验收的基本单元，分部工程是在所含全部分项工程验收的基础上进行验收的，它们是在施工过程中随完工随验收，并留下完整的质量验收记录和资料。单位工程作为具有独立使用功能的完整的建筑产品，进行竣工质量验收。

1) 施工过程质量验收的内容

施工过程的质量验收包括以下验收环节,通过验收后留下完整的质量验收记录和资料,为工程项目竣工质量验收提供依据。

验收由监理工程师(建设单位项目技术负责人)组织施工单位项目专业质量(技术)负责人等进行验收。国家标准《建筑装饰装修工程质量验收规范》(GB 502100—2001)规定:建筑装饰装修工程设计必须保证建筑物的结构安全和主要使用功能,当涉及主体和承重结构改动或增加荷载时,必须由原结构设计单位或具备相应资质的设计单位核查有关原始资料,对既有建筑结构的安全性进行核验、确认。本规范将涉及安全健康环保以及主要使用功能方面的要求列为"主控项目"。"一般项目"大部分为外观质量要求,不涉及使用安全。考虑到目前我国装饰装修施工水平参差不齐,而某些外观质量问题返工成本高、效果不理想,故允许有 20%以下的抽查样本存在既不影响使用功能也不明显影响装饰效果的缺陷,但是其中有允许偏差的检验项目,其最大偏差不得超过本规范规定允许偏差的 1.5 倍。

2) 分项工程质量验收

按照国家标准《建筑装饰装修工程质量验收规范》(GB 50200—2001)规定:分项工程应按主要工种、材料、施工工艺、设备类别等进行划分。分项工程可由一个或若干个子项目组成。

(1) 分项工程应由监理工程师(建设单位项目技术负责人)组织施工单位项目专业质量(技术)负责人进行验收。

(2) 分项工程质量验收合格应符合下列规定。

① 分项工程所含的子项目均应符合合格质量的规定。

② 分项工程所含的子项目的质量验收记录应完整。

3) 分部工程质量验收

按照国家标准《建筑装饰装修工程质量验收规范》(GB 50200—2001)规定:分部工程的划分应按专业性质、装饰部位确定;当分部工程较大或较复杂时,可按材料种类、施工特点、施工程序、专业系统及类别等分为若干子分部工程。

(1) 分部工程应由总监理工程师(建设单位项目负责人)组织施工单位项目负责人和技术、质量负责人等进行验收;装修的主体结构分部工程的勘察,设计单位工程项目负责人和施工单位技术、质量部门负责人也应参加相关分部工程验收。

(2) 分部(子分部)工程质量验收合格应符合下列规定。

① 所含分项工程的质量均应验收合格。

② 质量控制资料应完整。

③ 抹灰、室内门窗和顶棚工程等 10 个子分部工程有关安全及功能的检验和抽样检测结果应符合有关规定。

④ 观感质量验收应符合要求。

必须注意的是,由于子分部工程所含的各分项工程性质不同,因此它并不是在所含分项验收基础上的简单相加,即所含分项验收合格且质量控制资料完整,只是分部工程质量验收的基本条件,还必须在此基础上对涉及安全和使用功能的主体结构、有关安全及重要使用功能的安装分部工程进行见证取样试验或抽样检测。而且需要对其观感质量进行验收,并综合给出质量评价,观感差的检查点应通过返修处理等补救。

2. 施工过程质量验收不合格的处理

施工过程的质量验收是以子分部和分项工程的施工质量为基本验收单元。子分部质量不合格可能是由于使用的材料不合格，或施工作业质量不合格、质量控制资料不完整等原因所致，按照《建筑装饰装修工程质量验收规范》(GB 50200—2001) 的规定，其处理方法如下。

(1) 在子分部工程验收时，对严重的缺陷应推倒重来，一般的缺陷通过翻修或更换器具、设备予以解决后重新进行验收。

(2) 个别子分部工程发现试块强度等不满足要求等难以确定是否验收时，应请有资质的法定检测单位检测鉴定，当鉴定结果能够达到设计要求时，应通过验收。

(3) 当检测鉴定达不到设计要求，但经原设计单位核算仍能满足结构安全和使用功能的子分部工程，可予以验收。

(4) 严重质量缺陷或超过子分部工程范围内的缺陷，经法定检测单位检测鉴定以后，认为不能满足最低限度的安全储备和使用功能，则必须进行加固处理，虽然改变外形尺寸，但能满足安全使用要求，可按技术处理方案和协商文件进行验收，责任方应承担经济责任。

(5) 通过返修或加固处理后仍不能满足安全使用要求的分部工程、单位(子单位)工程，严禁验收。

3. 室内装饰工程项目竣工质量验收

1) 装饰工程项目竣工的依据、要求和标准

装饰装修工程项目竣工验收是装饰装修工程项目进行的最后一个阶段，也是保证合同任务完成、提高质量水平的最后一个关口。竣工验收的完成标志着装饰装修工程项目的完成。通过竣工验收，全面综合考虑工程质量，保证交工项目符合设计、标准、规范等规定的质量标准要求；可以促进装饰装修工程项目及时发挥投资效益，对总结投资经验具有重要作用；为使用单位提供使用、维护、改造提供依据。国家标准《建筑装饰装修工程质量验收规范》(GB 50200—2001)规定建筑装饰工程施工质量应按下列要求进行验收。表 1-1 为装饰工程项目竣工的依据、要求和标准。

表1-1 装饰工程项目竣工的依据、要求和标准

验收的依据	验收的要求	验收的标准
①工程施工承包合同； ②工程施工图样； ③工程施工质量验收统一标准； ④专业工程施工质量验收规范； ⑤建设法律、法规管理标准和技术标准	①工程施工质量应符合各类工程质量统一验收标准和相关专业验收规范的规定； ②工程施工应符合工程勘察、设计文件的要求； ③参加工程施工质量验收的各方人员应具备规定的资格； ④工程质量的验收均应在施工单位自行检查评定的基础上进行； ⑤隐蔽工程在隐蔽前应由施工单位通知有关单位进行验收，并应形成验收文件； ⑥涉及结构安全的试块、试件以及有关材料，应按规定进行见证取样检测； ⑦子分部的质量应按主控项目、一般项目验收； ⑧对涉及结构安全和功能的重要分部工程应进行抽样检测； ⑨承担见证取样检测及有关结构安全检测的单位应具有相应资质； ⑩工程的观感质量应由验收人员通过现场检查共同确认	①单位(子单位)工程所含分部(子分部)工程质量验收均应合格； ②质量控制资料应完整； ③单位(子单位)工程所含分部工程有关安全和功能的检测资料应完整； ④主要功能项目的抽查结果应符合相关专业质量验收规范的规定； ⑤观感质量验收应符合要求

2) 竣工质量验收的程序

承发包人之间所进行的室内装饰工程项目竣工验收，通常分为验收准备初步验收和正式验收 3 个环节进行。整个验收过程涉及建设单位、设计单位、监理单位及施工总分包各方的工作，必须按照工程项目质量控制系统的职能分工，以监理工程师为核心进行竣工验收的组织协调。

(1) 竣工验收准备。施工单位按照合同规定的施工范围和质量标准完成施工任务后，经质量自检并合格后，向现场监理机构(或建设单位)提交工程竣工申请报告，要求组织工程竣工验收。施工单位的竣工验收准备，包括工程实体的验收准备和相关工程档案资料的验收准备，使之达到竣工验收的要求，其中设备及管道安装工程等，应经过试压、试车和系统联动试运行检查记录。

(2) 初步验收。监理机构收到施工单位的工程竣工申请报告后，应就验收的准备情况和验收条件进行检查。对装饰工程实体质量及档案资料存在的缺陷，及时提出整改意见，并与施工单位协商整改清单，确定整改要求和完成时间。装饰工程竣工验收应具备下列条件。

① 完成建设工程设计和合同约定的各项内容。
② 有完整的技术档案和施工管理资料。
③ 有装饰工程使用的主要装饰材料、构配件和设备的进场试验报告。
④ 有装饰工程勘察、设计、施工、工程监理等单位分别签署的质量合格文件。
⑤ 有装饰施工单位签署的工程保修书。

(3) 正式验收。当初步验收检查结果符合竣工验收要求时，监理工程师应将施工单位的竣工申请报告报送建设单位，着手组织勘察、设计、施工、监理等单位和其他方面的专家组成竣工验收小组并制定验收方案。

建设单位应在工程竣工验收前 7 个工作日将验收时间、地点、验收组名单通知该工程的工程质量监督机构建设单位组织竣工验收会议。正式验收主要包含下列工作。

① 建设、勘察、设计、施工、监理单位分别汇报工程合同履约情况及工程施工各环节施工满足设计要求，质量符合法律、法规和强制性标准的情况。
② 检查审核设计、勘察、施工、监理单位的工程档案资料及质量验收资料。
③ 实地检查装饰工程外观质量，对装饰工程的使用功能进行抽查。
④ 对装饰工程施工质量管理各环节工作、装饰工程实体质量及质保资料情况进行全面评价，形成经验收组人员共同确认签署的工程竣工验收意见。
⑤ 竣工验收合格，建设单位应及时提出工程竣工验收报告。验收报告还应附有工程施工许可证、设计文件审查意见、质量检测功能性试验资料、工程质量保修书等法规所规定的其他文件。
⑥ 装饰工程质量监督机构应对装饰工程竣工验收工作进行监督。

1.3.3 室内装饰工程施工组织设计

室内装饰工程施工组织设计是对室内装饰工程施工活动实行科学管理的重要手段，提供了室内装饰工程各阶段的施工准备工作内容，协调施工过程中各施工单位、各施工工种、各项资源之间的相互关系。通过施工组织设计，可以根据具体工程的特定条件，拟订施工方案、确定施工顺序、施工方法、技术组织措施，可以保证拟建工程按照预定的工期完成，可以在开工前了解到所需资源的数量及其使用的先后顺序，可以合理安排施工现场布置。因此施工组织设计应从施工全局出发，充分反映客观实际，符合国家或合同要求，统筹安排施工活动有关的各个方面，合理地布置施工现场，确保文明施工、安全施工。

1. 施工组织设计的分类及其内容

根据施工组织设计编制的广度、深度和作用的不同，一般可分为施工组织总设计、单位工程施工组织设计和分部(分项)工程施工组织设计(或称分部[分项]工程作业设计)3种。

1) 施工组织总设计

施工组织总设计是以整个建设工程项目为对象(如一个工厂、一个学校、一个居住小区等)而编制的。它是对整个建设工程项目施工的战略部署，是指导全局性施工的技术和经济纲要。施工组织总设计的主要内容如下。

(1) 建设项目的工程概况。

(2) 施工部署及其核心工程的施工方案。

(3) 全场性施工准备工作计划。

(4) 施工总进度计划。

(5) 各项资源需求量计划。

(6) 全场性施工总平面图设计。

(7) 包括项目施工工期、劳动生产率、项目施工质量、项目施工成本、项目施工安全、机械化程度、预制化程度、暂设工程等主要技术经济指标。

2) 单位工程施工组织设计的内容

单位工程施工组织设计是以单位工程(如一栋楼房、一个烟囱、一段道路、一座桥等)为对象编制的，在施工组织总设计的指导下，由直接组织施工的单位根据施工图设计进行编制，用以直接指导单位工程的施工活动，是施工单位编制分部(分项)工程施工组织设计和季、月、旬施工计划的依据。单位工程施工组织设计根据工程规模和技术复杂程度不同，其编制内容的深度和广度也有所不同。对于简单的工程，一般只编制施工方案，并附以施工进度计划和施工平面图。单位工程施工组织设计的主要内容如下。

(1) 工程概况及施工特点分析。

(2) 施工方案的选择。

(3) 单位工程施工准备工作计划。

(4) 单位工程施工进度计划。

(5) 各项资源需求量计划。

(6) 单位工程施工总平面图设计。

(7) 技术组织措施、质量保证措施和安全施工措施。

(8) 主要技术经济指标(工期、资源消耗的均衡性、机械设备的利用程度等)。

3) 分部(分项)工程施工组织设计的内容

分部(分项)工程施工组织设计(也称为分部[分项]工程作业设计，或称分部[分项]工程施工设计)针对某些特别重要的、技术复杂的，或采用新工艺、新技术施工的分部(分项)工程，如深基础、无粘接预应力混凝土、特大构件的吊装大量土石方工程、定向爆破工程等为对象编制的，其内容具体、详细，可操作性强，是直接指导分部(分项)工程施工的依据。分部(分项)工程施工组织设计的主要内容如下。

(1) 工程概况及施工特点分析。
(2) 施工方法和施工机械的选择。
(3) 分部(分项)工程的施工准备工作计划。
(4) 分部(分项)工程的施工进度计划。
(5) 各项资源需求量计划。
(6) 技术组织措施、质量保证措施和安全施工措施。
(7) 作业区施工平面布置图设计。

2. 施工组织设计的编制方法

室内装饰工程施工组织设计主要包含编制原则、编制依据和编制程序，具体内容见表1-2。

表1-2 施工组织设计编织原则、依据和程序

分 类	编 制 原 则	编 制 依 据	编 制 程 序
施工组织总设计	①重视工程的组织对施工的作用； ②提高施工的工业化程度； ③重视管理创新和技术创新； ④重视工程施工的目标控制； ⑤积极采用国内外先进的施工技术； ⑥充分利用时间和空间，合理安排施工顺序，提高施工的连续性和均衡性； ⑦合理部署施工现场，实现文明施工	①计划文件； ②设计文件； ③合同文件； ④建设地区基础资料； ⑤有关的标准、规范和法律； ⑥类似建设工程项目的资料和经验。	①收集和熟悉编制施工组织总设计所需的有关资料和图样，进行项目特点和施工条件的调查研究； ②计算主要工种工程的工程量； ③确定施工的总体部署； ④拟订施工方案； ⑤编制施工总进度计划； ⑥编制资源需求量计划； ⑦编制施工准备工作计划； ⑧施工总平面图设计； ⑨计算主要技术经济指标。
单位工程施工组织设计		①建设单位的意图和要求，如工期、质量、预算要求等 ②工程的施工图样及标准图 ③施工组织总设计对本单位工程的工期、质量和成本的控制要求 ④资源配置情况 ⑤建筑环境、场地条件及地质、气象资料，如工程地质勘测报告、地形图和测量控制等 ⑥有关的标准、规范和法律； ⑦有关技术新成果和类似建设工程项目的资料和经验	

3. 室内装饰工程施工顺序

室内装饰工程通常的施工顺序如图1.1所示。

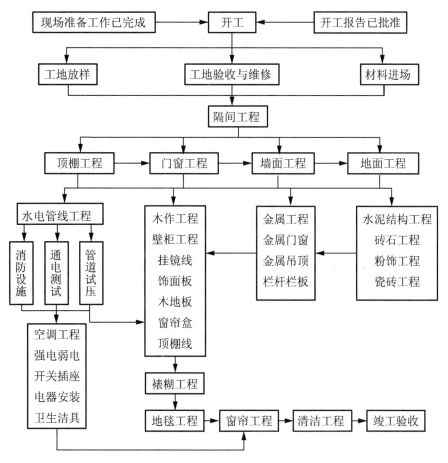

图 1.1 室内装饰工程施工顺序

小　　结

　　室内装饰工程已从传统的土建装饰工程中分离出来，逐渐发展成为一个相对独立的行业，并且形成了自己的系统理论和实践体系。室内装饰工程是以美学原理为依据，以各种现代装饰材料为基础，通过运用正确的施工工艺技巧和精工细作来实现的室内环境艺术。具有良好艺术效果的室内装饰工程，不仅取决于好的设计方案，还取决于优良的施工质量。

　　室内装饰工程内容主要是装饰结构与饰面，包括室内顶、地、墙面的造型与饰面；以及美化配置、灯光配置、家具配置，并由此产生了室内装饰的整体效果。根据室内装饰工程施工性质、施工特点等不同，可把室内装饰工程工种划分为木结构施工、泥水施工、钢结构施工、电器施工和油漆施工等22种工艺。而对施工工人技术水平以及施工管理人员水平的要求直接影响到室内装饰效果。

　　影响室内装饰工程施工质量的另一因素是施工管理，特别是室内装饰施工质量控制与验收。因此，把握室内装饰工程质量，除了好的设计外，还要有好的施工队伍和好的管理队伍。

思考与练习

1-1 什么是室内装饰工程？其施工有何特点？
1-2 如果你是装饰公司的管理人员，你将如何选择装修工人？
1-3 室内装饰工程施工对管理人员有何具体要求？对施工项目经理又有什么要求？
1-4 室内装饰工程施工中如何控制施工质量？
1-5 什么是室内施工组织？
1-6 室内装饰工程一般施工顺序是什么？请用图示说明。

第二章 室内楼地面装饰施工技术

教学提示：室内楼地面是与人们生活和工作密切相关的界面，也是室内装饰装修第一个要考虑的装修内容。根据室内空间的功能、结构的不同而选择不同的施工工艺技术。本章分别介绍：楼地面整体式施工技术、块料楼地面施工技术、木质材料楼地面施工技术和卷材类地面施工技术，涉及了水泥砂浆、水磨石、整体涂饰、石材、陶瓷材料、木质材料和地毯楼地面的施工工艺与方法。

教学要求：了解室内楼地面装修的方法与特点以及室内楼地面装修种类，掌握室内楼地面装修的各种工艺过程、操作方法和施工质量要求以及验收方法。

在室内空间中，人们在楼地面上从事各项活动，安排各种家具和设备；地面要经受各种侵蚀、摩擦和冲击作用，因此要求地面有足够的强度和耐腐蚀性。地面，作为地坪或楼面的表面层，首先要起保护作用，使地坪或楼面坚固耐久。按照不同功能的使用要求，地面应具有耐磨、防水、防潮、防滑、易于清扫等特点。在高级房间，还要有一定的隔声、吸声功能及弹性、保温和阻燃性等。

一般地说，楼地面由面层和基层组成，基层又包括垫层和构造层两部分，如图 2.1 所示。常用的地面装饰材料有陶瓷地砖、石材、木质地板、塑料地板、活动地板、化纤地毯、塑料地毯等；常见的地面按面层材料和做法分类：整体式地面、块料地面、卷材类地面等，如图 2.2 所示。

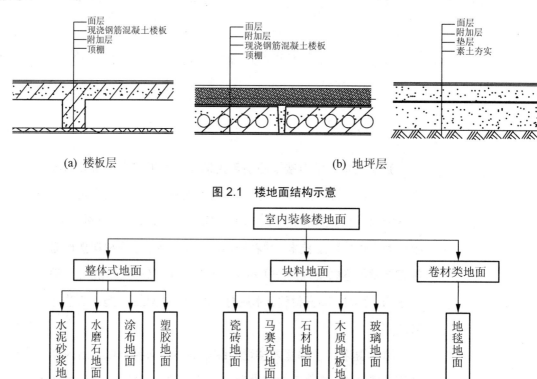

(a) 楼板层　　　　　　　　　　(b) 地坪层

图 2.1　楼地面结构示意

图 2.2　楼地面装饰装修分类

2.1　整体式楼地面施工技术

2.1.1　水泥砂浆地面施工技术

水泥砂浆地面是比较经济和普遍的一种做法，它是室内其他装修地面的基础，施工方便，造价低廉；但容易起灰，导热快。

1. 施工准备

   1) 材料

   400 号、425 号普通硅酸盐水泥、中砂或粗砂。

2) 机具

木抹子、细抹子、劈缝溜子、刮杆、水平尺等。

2. 施工结构图

水泥砂浆地面施工做法具体见图2.3。

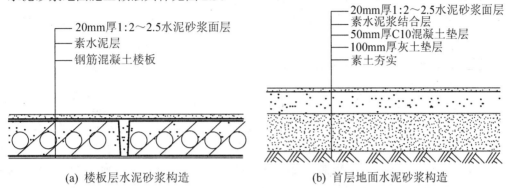

图2.3 水泥砂浆地面工程做法

3. 施工工艺

1) 施工工艺流程

施工工艺流程为清理基层→弹线定标高→抹底灰→抹面灰→做分格条→压光→养护。

2) 施工工艺简述

(1) 清理基层。铺抹面层前，先将基层浇水湿润，第2天先刷一道水灰比为1∶0.4或1∶0.5的水泥浆结合层，随即进行面层铺抹。如果水泥素浆结合层过早涂刷，则起不到与基层和面层两者粘接的作用，反而造成地面空鼓。

(2) 弹线定标高。地面面层铺抹方法是在标筋之间铺砂浆，随铺随用木抹子拍实，用短木杠按标筋标高刮平，刮时要从房间由里往外刮到门口，符合地面标高线。然后再用木抹子搓平，并用钢皮抹子紧跟着压第1遍。要压得轻一些，使抹子纹浅一些，以压光后表面不出现水纹为宜。如面层有多余的水分，可根据水分的多少适当均匀地撒一层干水泥或干灰砂来吸取表面多余的水分，再压实压光。但要特别注意，如表面无多余的水分，不得任意撒干水泥，否则会引起面层干缩开裂。

(3) 抹底灰。当水泥砂浆开始初凝时，即可开始用钢皮抹子压第2遍，要压实、压光，并不得漏压。第2遍压光最重要，表面要清除气泡、孔隙，做到平整光滑。

(4) 抹面灰。待到水泥砂浆终凝前，再用铁抹子压第3遍。抹压时稍用力，并把第2遍留下的抹子纹、毛细孔压平、压实、压光。

(5) 做分格条。当地面面积较大、设计要求分格时，应根据地面分格线的位置和尺寸，在墙上或踢脚板上画好分格线位置，在面层砂浆刮抹搓平后，根据墙上或踢脚板上已画好的分格线，先用木抹子搓出一条约一抹子宽的面层，用铁抹子先行抹平，轻轻压光，再用粉线袋弹上分格线，用地面分格器紧贴靠尺顺线画出格缝。待面层水泥终凝前，再用钢皮抹子压平压光，把分格缝理直压平。

(6) 压光。水泥地面压光要三遍成活。每遍抹压的时间要掌握确当，才能保证工程质量。压光过早或过迟都会造成地面起砂、起灰的质量事故。

(7) 养护。水泥砂浆面层抹压后，应在常温湿润条件下养护。

① 养护要适时，如浇水过早易起皮，过晚则易产生裂纹或起砂。一般夏天 24h 后养护，春秋季节应在 48h 后养护，养护时间不少于 7d。最好是铺上锯木屑再浇水养护，浇水时应用喷壶洒水，保持锯木屑湿润即可。

② 如采用矿渣硅酸盐水泥时，养护时间应延长到 14d。

③ 在养护期间，水泥砂浆面层的强度不到 5.0MPa 前，不准在上面行走或进行其他作业，以免碰坏地面。

3) 常见施工质量问题及预防措施

(1) 常见质量问题。

① 地面起砂、地表面不光滑，这主要是由于原材料使用不当，使用过期或变质水泥或水泥标号过低，降低了水泥地面的强度和耐磨性；应选用收缩性小、早期强度高的硅酸盐水泥；砂子粒径过细，造成孔隙大，砂子含泥量过大，影响了水泥粘接力，砂子级配不合理等；配合比不符合要求，砂浆标号过低，地面压光时间掌握不准，养护方法不正确，早期受冻，成品保护不及时，造成地面强度及耐磨度不够，引起地面起砂。

② 地面空鼓面层与基层没有结合好，这主要是由于基层表面清理不干净，基层上的浮浆砼没有清理彻底，基层表面没有浇水湿润或浇水不足，或基层浇水过多，地面基层有积水，造成降低砂浆标号，使面层与基层粘结不好，产生空鼓。

③ 地面裂缝，地面上出现的不规则裂缝或沿板缝长度方向的裂缝，这主要是由于采用过期变质水泥或不同品种、不同标号的水泥混杂使用，致使水泥安定性能较差；水灰比过大，这不仅造成了砂浆分层离析，降低了砂浆强度，水灰比过大，同时使砂浆内多余水分蒸发而引起体积收缩，产生裂缝；各种水泥收缩量大，砂子粒径过细或含泥量大，面层养护方法不正确，面层厚薄不均匀，都易在表面产生收缩裂缝；沿板缝长度方向的裂缝主要是施工灌缝不按规范操作，板缝清理不干净，砼标号过低浇筑不密实，养护不好，成品保护不好，在地面强度未达到足够强度时，就在上面走动或拖拉重物，使面层造成破坏；以及地面上荷载不均匀及过量，造成各楼板变形不一样产生裂缝。另外，表面压光时间过早或过迟，压光时间过早，会使砂浆内部的水分重新蒸发回到面层上，降低了表面强度，压光时间过迟水泥砂浆已硬化，造成施工难度大，且容易破坏已经硬结的表面砂浆结构。

④ 硬化后地面脱皮，其主要原因是基层清理不干净或施工时基层表面有积水，地面面层早期受冻，部会使水泥砂浆地面脱皮。另外，面层处理不当，压光时撒干水泥过早，由于砂浆流动性过大，撒水泥只会增加水泥用量；撒得过迟，砂浆已形成塑性状态，使面层压不出泥浆，同时干水泥撒得是否均匀也是重要因素。

(2) 预防措施。

① 材料选用水泥砂浆地面选用好的材料是保证工程质量的前提条件，施工中必须认真选材。而水泥标号低、受潮、结块、安定性不合格，砂子过细，含泥量过大，采用达不到饮用标准的水拌和，都将导致水泥砂浆质量达不到要求。首先，水泥宜采用强度等级不低于 32.5 的新鲜水泥，进场水泥使用前必须抽检合格后方可使用，同时须有出厂合格证或试验报告单。如果进场水泥的存放期超过 3 个月，应重新检验，重定强度等级。其次，砂子宜采用中砂，含泥量不大于 3%。第三，拌和所用水必须采用能达到饮用水标准，严禁使用生活污水。

② 水泥砂浆的配制。水泥砂浆的体积比不宜低于 1∶2.5，其稠度不大于 3.5cm，强度等级不应小于 M15。采用机械搅拌做好计量，搅拌时间不小于 2min，必须拌和均匀，颜色一致。

水灰比要控制在 0.5：5 左右，以减少因失水收缩而产生的裂缝，保证水泥砂浆的和易性和地面强度。

4) 施工注意事项

(1) 首先应对施工人员进行业务培训，学习规范标准，加强质量意识教育，认真做好技术交底，增强责任心。

(2) 在大面积施工前，应先做出样板，经各有关专业人员检查合格后，再以样板为标准，进行大面积施工。

(3) 在施工过程中，设专人对每一道工序，要严格把关，在进入下道工序前，要对前道工序进行认真检查验收，合格后方可下道工序施工。

(4) 对施工的地面，设专人随时检查，对不合格的，坚决返工。

4. 施工质量要求

水泥砂浆地面工程质量验收要求与检验方法见表 2-1，水泥砂浆地面面层的允许偏差见表 2-2。

表 2-1 水泥砂浆地面工程质量验收要求与检验方法

项目	项次	质量要求	检验方法
主控项目	1	水泥采用硅酸盐水泥、普通硅酸盐水泥，其强度等级不应小于32.5，不同品种、不同强度等级的水泥严禁混用；砂应为中粗砂，当采用石屑时，其粒径应为1～5mm，且含泥量不应大于3%	观察检查和检查材质合格证明文件及检测报告
	2	水泥砂浆面层的体积比(强度等级)必须符合设计要求；且体积比应为1：2，强度等级不应小于M15	检查配合比通知单和检测报告
	3	面层与下一层应结合牢固，无空鼓、裂纹	用小锤轻击检查
一般项目	4	面层表面的坡度应符合设计要求，不得有倒泛水和积水现象	观察和采用泼水或坡度尺检查
	5	面层表面应洁净，无裂纹、脱皮、麻面、起砂等缺陷	观察检查
	6	踢脚线与墙面应紧密结合，高度一致，出墙厚度均匀	用小锤轻击、钢尺和观察检查

表 2-2 水泥砂浆地面允许偏差表

序号	检查项目	允许偏差或允许值/mm	检查方法
1	表面平整度	4	用2m靠尺和楔形塞尺检查
2	踢脚线上口平直	4	拉5m线和用钢尺检查
3	缝格平直	3	拉5m线和用钢尺检查

2.1.2 水磨石地面施工技术

水磨石是一种常用于厂房、办公楼及商场等室内地面的建筑装饰材料。水磨石是一种人造石，用水泥做胶粘料，掺入颜料，不同粒径的大理石或花岗石碎石，经过搅拌、成型、养护、研磨等工序，制成一种具有一定装饰效果的人造石材。但若某个环节处理不好，大面积水磨石施工时较易出现各种质量通病，影响整体观感。

1. 施工准备

   1) 材料

   为保证水磨石颜色一致,水泥、石碴和颜料要一次备足,最好使用同厂、同批号的材料。对于石碴应按不同品种、规格和颜色分别存放,使用前过筛、冲洗、晾干备用。

   (1) 水泥采用不低于 R32.5 号的普通硅酸盐水泥、矿渣硅酸盐水泥或白水泥。

   (2) 石碴规格、颜色和质量要求色石碴在颜色深浅及彩度上差异很大,选购时除了注意材质外,还要避免透明性的。

   (3) 颜料因水泥具碱性,故要选择耐碱、耐光和着色力强的矿物颜料。掺入量一般不大于水泥质量的 15%,如配深重色,超出 15%时,要用 R32.5 号水泥,以保证饰面强度。

   (4) 河砂用于找平层,选用中砂,使用前要过 5mm 孔径筛。

   (5) 分格条种类和规格。用铝条时,在使用前要涂清漆 1~2 遍,防止过早腐蚀而导致松动。对于铜、铝和塑料分格条,要在其下部 1/3 处打小孔,孔长 200~250mm,以便连接铁丝。

   (6) 草酸块状或粉末状均可使用。草酸有毒及腐蚀性,不要接触食物及皮肤,操作时注意防护。

   (7) 地板蜡有成品出售,高级水磨石还可采用汽车蜡。也可自配蜡液比例为蜡:煤油=1:4(质量比),在大桶中加热至 130℃(冒白烟时为止),边加热边搅拌,使蜡全部熔解,冷却后待用。使用时再加入蜡液重量的 1/10 松香水和 1/50 鱼油调匀。

   (8) 22 号铅丝或玻璃钉镶嵌铜、铝及塑料分格条应穿入孔中与水泥石碴浆连接。

   2) 机具

   除常用的工具、器具外,还应备专用的磨石、磨机和大、小铁滚子。铁滚子重量分别为 30 千克和 50 千克左右,可在钢管内灌混凝土做成有轴的滚筒,长度在 600~1000mm 之间。

   3) 配合比设计

   一般来说,水磨石的类别有两种,一是主要突出其功能,称为普通水磨石,用灰色水泥与白色石碴配制而成;二是强调其艺术表现力,称为美术水磨石,用白水泥(重色、暗色也有灰色水泥的)、彩色石碴和矿物质颜料配制而成。水磨石面层厚度由石碴粒径决定,即面层厚度=石碴料径+2 mm。

   (1) 碎花做法。以 8mm 石碴为骨料制作普通碎花水磨石和美术碎花水磨石,磨出来的是匀称、活泼的小碎花。在施工前要进行配合比设计,做出各种不同配合比的样板,从中优选最佳配合比。主要包括:

   ① 水泥色粉配比设计,以质量比做出深浅不同的色谱样板,供选用。

   ② 色石碴匹配设计,当采用两种以上不同颜色石碴时,按不同比例以质量比进行匹配,做出多种样板,供选用。

   ③ 石碴粒径匹配设计,当两种以上粒径的石碴匹配使用时,按不同比例以质量比进行匹配,做出多种样板,供选用。

   ④ 水泥石碴浆配比设计,在前三项设计的基础上,以质量比调制不同比例的水泥石碴浆,做成多种样板,从中选优。碎花水磨石中的石碴规格不宜单一,要两种或三种规格混合使用,这样饱满、活泼、不呆板。配比以质量计为准确,体积比因密实程度有出入,容易出现误差,

难以保证大面积的颜色及饱满度的一致。如需体积比时，可将质量比通过计算或容器进行换算。

(2) 大花做法。这种做法和配比设计，基本同于碎花做法，骨料为分半或大二分石碴，使多彩多姿的艳丽大花开于素雅、鲜艳的色浆之中，显得大方、美观、豪华。

(3) 撒花做法。这是碎花做法与大花做法的结合，使大花水磨石减少了"显浆量"，增加了碎花，从而活泼画面，提高亮度，更具艳丽、豪华感。其做法是：先铺以中、小八厘石碴为骨料的水泥石碴浆，初步压平后再干撒一层分半或大二分石碴，然后压入浆内滚压拍平。

(4) 组花做法。这是撒花做法的另外形式。撒花做法是后撒分半或大二分石碴，组花却是选一些有造型的石子或小贝壳、小螺壳以及截成小段的铜管，和硬塑料管(长度与饰面厚度同)，代替分半或大二分石碴精心组成各种花式或图案，增添不少韵味和情趣。在特定环境中，还可以铜条、铝条、玻璃或塑料条围成动物的图形，创造出更动人的花饰。

2．施工结构图

水磨石地面施工做法具体见图2.4。

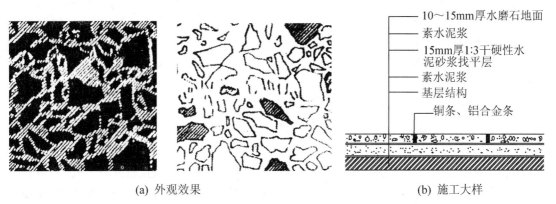

(a) 外观效果　　　　　　　　　　(b) 施工大样

图 2.4　水磨石地面结构示意

3．工艺技术

1) 水磨石的施工流程

施工流程为基层处理→找平层施工→弹线工艺→固定分格条→抹水泥石子→养护→磨光→涂草酸→打蜡→清理面层。

2) 施工工艺简述

(1) 找平层施工。首先是将基层上的杂物清理干净以免影响面层与基层的粘接性。其次是楼板的裂缝要单独处理，因为它常常是渗透水的主要原因。最后是基层上的水泥砂浆稠度要适当，搅拌要均匀，因此砂浆不宜现场人工搅拌，而要使用机械搅拌。此外泛水的走向和地漏的位置与标高，要在找平层阶段一起完工。找平层施工完毕，24h 后应洒水养护，养护 2~3d，便可做面层施工。

(2) 固定分格条。在基层上用墨线弹出分格条的位置，如图样未注明分格尺寸，一般按$(1 \times 1) m^2$布置。在分格时应从中间往两边分，这样可使分格的结果更完整，同时还应注意地面的分格与天棚的图案要协调。分格条用八字形的水泥砂浆固定，上部一般留出 3~4mm 不抹水泥浆，以使石碴均匀地铺在分格条两侧，如图 2.5 所示。

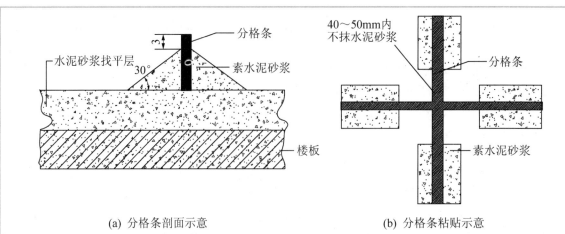

(a) 分格条剖面示意　　　　(b) 分格条粘贴示意

图 2.5　现制水磨石地面镶嵌分格节点图

(3) 抹面层。分格条固定三天左右，便可抹面施工。为使面层与找平层粘接牢固，在抹面层前湿润找平层，然后再刷一道素浆。抹面层应从里往外，装完一块，用铁抹子轻轻拍打，检查平整度与标高，再用滚筒滚压平整。如果采用美术水磨石，应先将同一色彩的面层砂浆抹完，再做另一种色彩，免得相混或色彩上的差异。在同一地面中使用深浅不同的面层，铺灰时宜先铺深色部分，后铺浅色部分。面层颜料的搅拌与掺量，石碴不同规格与不同色彩的掺量，应由专人负责。大面积施工应先做小样板，经设计方确认后，才可大面积展开。面层水泥石碴浆的配比，因石碴的粒径大小或装饰效果的不同而有所差异。常用的配比是水泥：石碴=1：2～1：1.5。如临时要增加面层石碴的密度，可在施工中均匀地铺撒适量的石碴，但应注意石碴的平整性和稳定性。

(4) 磨光。面层磨光是水磨石施工的重要环节。现在施工一般都采用机械磨光机。机械磨面，工效快，劳动强度低，只要操作得当，效果与人工操作同样好。水磨石的开磨时间和磨面遍数对其效果影响很大。现制普通水磨石一般要经过不少于"两浆三磨"才能达到理想的效果。第一遍磨面的时间一般在面层浇注 2～3d 后进行，效果较好，选用的砂轮应粗一些，常用 60～80 号。要求磨平、磨均，使石子和分格条全部做到清晰可见，对面层出现的凹陷或缺石要进行及时处理。2～3d 后进行第二次磨面，选用 180～240 号金刚石磨，磨面的方法与第一遍相同。这一遍要求做到将磨痕去掉，表面磨光，对于局部的麻面及小缺陷，再进行修补。养护 2～3d 便可进行第三遍磨面。第三遍要用 180～240 号的金刚石。这一遍要达到表面光滑平整，无砂眼，无细孔，石子显露均匀。边角部位应用手工补磨，最后用水冲洗干净。

(5) 打蜡。打蜡的目的是使水磨石地面更光亮、光滑、美观。打蜡必须在面层完全干燥后，才能开始。打蜡前，先用 10%的草酸溶液，均匀地洒到面层上，用油石轻磨一遍，再用清水冲洗干净，待地面干燥后，便可上蜡抛光。一般是用薄布包住成品蜡向地面满擦一层，待干燥后，用磨石机扎上帆布或麻布，摩擦几遍，直到光滑洁亮为止。

3) 施工注意事项

(1) 在拌水泥、颜料时应留出干灰，以备在磨完第一遍时调水泥色浆抹细小孔洞，还要留出一些干灰撒在洗过的石子面上。

(2) 要掌握好开磨时间，过早石子易掉粒，过晚面层太硬，加大研磨难度，石子显露不清，如面层过硬时可撒少量砂子助磨。

(3) 同一部位，同一类型的饰面，要选用同一种材料，一次备足，严格按设计要求配对水泥色浆石子，以防色彩不均。

(4) 注意镶条上口高度和固定砂浆的高差的关系(高差 3mm)，以及与水泥石子抹面的高差(1mm)，防止镶条显露不清。

(5) 在房间四周最好做镶边，用中小粒径石子抹平，这些机器磨不到的地方可用人工磨平。

(6) 基层处理同水泥砂浆地面。

4. 施工质量要求

水磨石地面面层的允许偏差见表 2-3。

表 2-3　水磨石地面工程质量验收要求与检验方法

项目	项次	质 量 要 求		检 验 方 法
保证项目	1		面层的材料、强度(配合比)密实度必须符合设计要求和施工规范规定	观察检查和检查材质合格证明文件及检测报告
	2		面层与基层结合必须牢固，无空鼓 (空鼓面积不大于 400cm^3 无裂纹，且在一个检查范围内不多于二处者，可不计)	检查配合比通知单和检测报告
基本项目	3	面层表面	合格	表面基本光滑，无明显裂纹和起砂，石粒密实，分格条牢固	观察检查
			优良	表面光滑，无裂纹、砂眼和磨纹，石粒密实，显露均匀；颜色图案一致，不混色；分格条牢固、顺直和清晰	
	4	地漏、泛水	合格	坡度满足排水要求，不倒泛水，无渗漏	观察或泼水检查
			优良	坡度符合设计要求，不倒泛水，无渗漏、无积水、与地漏(管道)结合处严密平顺	
	5	踢脚线	合格	高度一致；与墙柱面结合牢固，局部空鼓长度不大于 400mm，且在一个检查范围内不多于两处	用小锤轻击，尺量和观察检查
			优良	高度一致，出墙厚度均匀；与墙柱面结合牢固；局部空鼓长度不大于 200mm，且在一个检查范围内不多于两处	
	6	踏步、台阶	合格	宽度基本一致，相邻两步宽度和高差不超过 20mm，齿角基本整齐，防滑条顺直	观察和尺量检查
			优良	宽度一致，相邻两步宽度和高差不超过 10mm，齿角整齐，防滑条顺直	
	7	镶边	合格	面层邻接处镶边用料及尺寸符合设计要求和施工规范规定	观察和尺量检查
			优良	在合格的基础上，边角整齐光滑，不同颜色的邻接处不混色	

水磨石地面面层的允许偏差见表2-4。

表2-4 水磨石地面允许偏差表

序 号	检查项目	允许偏差或允许值/mm		检查方法
		普通水磨石	高级水磨石	
1	表面平整度	3	2	用2m靠尺和楔形塞尺检查
2	踢脚线上口平直	3	3	拉5m线和不足5m拉通线用钢尺检查
3	格缝平直度	3	2	拉5m线和不足5m拉通线用钢尺检查

2.2 块料地面施工技术

块料地面是现代室内装修工程中比较普遍的一类做法，包含的品种很多，有陶瓷材料、石材、木质材料、玻璃材料、金属材料等。本节主要介绍陶瓷、马赛克、石材等地面的施工技术；木质材料地面有其特殊性，在2.3节单独介绍。

2.2.1 陶瓷地面施工技术

陶瓷地面是室内楼地面装修中最常见的建筑材料之一。陶瓷材料质地坚硬、抗压强度高、耐磨、耐腐蚀、耐清洗等特点。目前常用的陶瓷地面砖主要有釉面砖、通体砖、抛光砖、玻化砖、陶瓷锦砖等。其具有品种多、色彩丰富、施工简便、效果较好、价格适中、易保养等优点，深受广大用户喜爱。近几年，随着科学技术的发展，地面砖的加工工艺不断更新，许多高档产品不断出现，其装饰效果已经接近甚至超过一些高档石材。

1. 施工准备

1) 材料

(1) 釉面砖。釉面砖就是砖的表面经过烧釉处理的砖，它基于原材料的分类，可分为陶制釉面砖和瓷制釉面砖，陶制釉面砖即由陶土烧制而成，吸水率较高，强度相对较低，其主要特征是背面颜色为红色；瓷制釉面砖即由瓷土烧制而成，吸水率较低，强度相对较高，其主要特征是背面颜色是灰白色。正方形釉面砖有152mm×152mm、200mm×200mm，长方形釉面砖有152mm×200mm、200mm×300mm等，常用的釉面砖厚度5～6mm。

(2) 通体砖。通体砖的表面不上釉，而且正面和反面的材质和色泽一致，通体砖是一种耐磨砖，虽然现在还有渗花通体砖等品种，但相对来说，其花色比不上釉面砖。由于目前的室内设计越来越倾向于素色设计，所以通体砖也越来越成为一种时尚，被广泛使用于厅堂、过道和室外走道等装修项目的地面，一般较少会使用于墙面，而多数的防滑砖都属于通体砖。通体砖常有的规格有300mm×300mm、400mm×400mm、500mm×500mm、600mm×600mm、800mm×800mm。

(3) 抛光砖。抛光砖就是通体砖坯体的表面经过打磨而成的一种光亮的砖种。抛光砖属于通体砖的一种。相对于通体砖的平面粗糙而言，抛光砖就要光洁多了。抛光砖性质坚硬耐磨，适合在除洗手间、厨房和室内环境以外的多数室内空间中使用。在运用渗花技术的基础上，抛光砖可以做出各种仿石、仿木效果。抛光砖的常用规划是400mm×400mm、500mm×500mm、600mm×600mm、800mm×800mm、900mm×900mm、1000mm×1000mm。

(4) 玻化砖。玻化砖其实就是全瓷砖。其表面光洁但又不需要抛光，所以不存在抛光气孔的问题。玻化砖是一种强化的抛光砖，它采用高温烧制而成。质地比抛光砖更硬更耐磨。玻化砖当前主要的地面砖，常用规划是 400mm×400mm、500mm×500mm、600mm×600mm、800mm×800mm、900mm×900mm、1000mm×1000mm。

(5) 马赛克。马赛克(Mosaic)是一种特殊存在方式的砖，它一般由数十块小块的砖组成一个相对的大砖。它以小巧玲珑、色彩斑斓被广泛使用于室内小面积地墙面和室外大小幅墙面和地面。它主要分为陶瓷马赛克、大理石马赛克和玻璃马赛克。常用规格有 20mm×20mm、25mm×25mm、30mm×30mm，厚度依次在 4～4.3mm 之间。

2) 机具

木抹子、墨斗线、水平尺、尼龙线、刮杆、石材切割机、木锤、喷水壶、靠尺等。

2．施工结构图

陶瓷地面施工结构如图 2.6 所示。

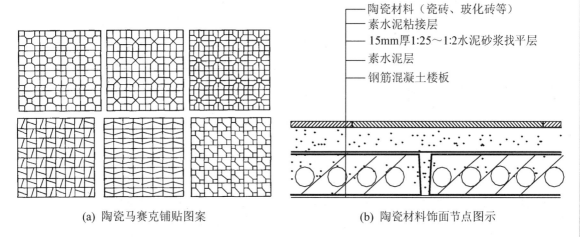

(a) 陶瓷马赛克铺贴图案　　　(b) 陶瓷材料饰面节点图示

图 2.6　陶瓷材料地面结构示意

3．工艺技术

1) 工艺流程

工艺流程为基层处理→做冲筋→刷水泥素浆、抹找平层→弹线、定位→铺贴地砖→陶瓷锦砖揭纸→压平、拨缝→安装踢脚线→勾缝→养护。

2) 工艺过程简述

(1) 基层处理。参见水泥砂浆地面施工。

(2) 做冲筋。依据墙体水平基准线，在墙上弹出地面标高线。然后在房间四周做标志块(灰饼)，标志块表面应比地面标高线低一块面砖的厚度。然后根据标志块做冲筋。在大空间中每1000～1500mm 做冲一道标筋，冲筋使用干硬性砂浆，厚度控制在 20～30mm。有地漏和排水孔的部位，应从四周向地漏或排水孔方向做放射状标筋，坡度为 0.5%～1%。

(3) 刷水泥素浆、抹找平层。铺砂浆前，浇水湿润，刷一道水灰比为 1：0.5～1：0.4 的水泥素浆，随后扫均匀，并随刷随铺，采用 1：3 或 1：4(体积比)干硬性水泥砂浆，铺填至比标筋稍高一些用抹子拍实，用小短刮尺刮平，再用长刮尺通刮一遍，然后检测不平整度应不大于4mm，拉线测定标高和泛水坡是否符合要求。最后 用木抹子搓成毛面，确保与粘结层的牢固结合，待水泥砂浆凝固后，浇水养护。

(4) 弹线、定位。一般地，地面铺贴常有两种方式，一种是瓷砖接缝与墙面成 45°角，称为对角定位法；另一种是接缝与墙面平行，称为直角定位法。

弹线时以房间中心点为中心，弹出相互垂直的两条定位线(图 2.7)。在定位线上按瓷砖的尺寸进行分格，如整个房间可排偶数块瓷砖，则中心线就是瓷砖的对接缝。如排奇数块，则中心线在瓷砖的中心位置上。分格、定位时，应距墙边留出 200～300mm 作为调整区间。另外应注意，若房间内外的铺地材料不同，其交接线应设在门板下的中间位置。同时，地面铺贴的收边位置不应在门口处，也就说不要使门口处出现不完整的瓷砖块。地面铺贴的收边位置应安排在不显眼的墙边，还要在墙上弹出标高线和瓷砖的高度位置线。

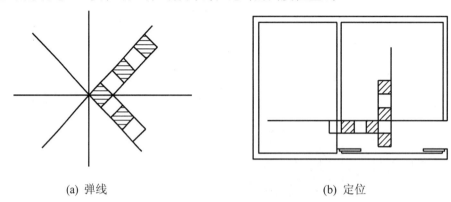

(a) 弹线　　　　　　　　　　(b) 定位

图 2.7　弹线、定位示意

根据设计要求和陶瓷砖的规格尺寸，在已有一定强度的底灰上用墨斗弹线分格，空间不大时，可以在房间纵横两个方向排好尺寸，将缝宽按设计要求计算在内(如缝宽设计无要求，一般为 2mm，最大不超过 10mm)。当尺寸不足整砖的倍数时，可用切割机切成半块用于边角处，尺寸相差较小时，可用调整砖缝的方法来解决。根据确定后的砖数和缝宽，先在房间中部弹十字线，然后弹纵横控制线，每隔 2～4 块砖弹一条控制线，或者在房间四周贴标志砖，以便拉线控制方正和平整度。

(5) 铺贴地砖。铺贴前将选配好的板块砖(陶瓷锦砖除外)清理干净后，放入清水中浸泡 2～3h，然后取出擦净晾干备用。铺贴要依据定位线的位置铺贴，用 1∶2 的水泥砂浆摊抹在砖的背面，四边刮成小斜坡。再将砖与地面铺贴(如铺陶瓷锦砖则要将纸面朝上一联一联地铺贴)，然后用橡皮锤敲击砖面，使其与地面压实，砖面高度以标高线为准，铺贴 8 块以上时(大砖 4 块)应用水平尺检查平整度，对高的部分应压下去，低的部分应起出砖后用水泥砂浆补平。

对于陶瓷锦砖而言，也可采用双层粘接法。即在湿润的平整的基层地面上刮一层 2mm 厚水泥素浆或胶浆，同时在陶瓷锦砖的背面也刮上一层 1mm 厚的水泥浆，必须将所有的砖缝刮满，马上将陶瓷锦砖按规定的弹线位置准确贴上，随即调整平直，用抹子拍平、拍实，并检查平整度和横平竖直的情况。整个房间铺好后，修理好锦砖面层四周的边角，确保接缝平直、美观。铺贴 30min 左右，待水泥初凝将纸面均匀地刷水湿润，即可揭纸。揭纸的方法是两手执同一边的两角与地面保持平行运动，以免带起锦砖或造成错缝，然后用钢刷轻轻刮起纸毛。

铺贴室内地砖有多种方法，一般均由门口处开始沿着进深方向先铺一块，再往两边铺贴。操作时，先用方尺找好规矩、挂好控制线铺贴，依次向前进行。对于独立的小房间可以从里边的一个角开始，纵向先铺几行砖，找标准、标高砖应与房间四周墙上砖面控制线靠平，由里向外退着铺砖,每块砖必须与线靠平。对于较大的空间,通常是按房间中心十字线(T形或十字线,如图 2.8 所示)做标准高度面,这样可便于多人同时施工。两间相通的房间则从两个房间相通的门口画一中心线贯通,再在中心线上先铺上一行砖,以此为准,然后向两边方向铺砖,纵向拉线找齐。每铺完一排后就在砖边加米厘条,保持一段时间后取出米厘条,并清理缝隙。米厘条清洗干净备用,地砖与踢脚线一般都是相同颜色、相同长度,以求协调统一。

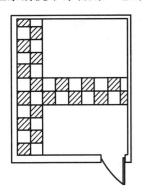 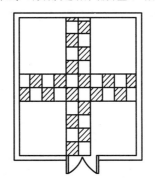 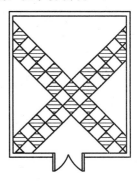

(a) 面积较小的房间做 T 字形　　　　(b) 大面积房间十字做法

图 2.8　标准高度面做法示意

(6) 压平、拨缝。每铺完一个房间或一个段落,在砖面上用喷水壶洒水,湿润砖面,在 15min 左右后,垫上一块大而平的木板,操作者站在上面做拍实、拨缝操作。用木锤和硬木拍板,按铺砖的顺序锤铺一遍,不能遗漏,边压实边用水平尺找平。压实后,拉通线比齐,先竖缝后横缝,进行拨缝调整。具体操作方法是:一手拨缝时将开刀插入缝间,一手用抹子轻轻敲开刀,还应拨正、拨匀,使缝口平直、贯通。调整后再用木锤、拍板砸平拍实。如无浆或坏砖,应及时抠除,添补砂浆重贴或更换。从铺砂浆到压平、拨缝,应连续作业,常温下必须在 5~6 小时内完成,并在操作时随时擦拭地砖上面的水泥砂浆,保持干净。

(7) 安装踢脚线。踢脚线可以是同色地砖、可以是石材也可以是木质踢脚线,如图 2.9 所示。

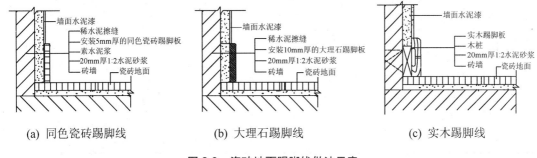

(a) 同色瓷砖踢脚线　　　　(b) 大理石踢脚线　　　　(c) 实木踢脚线

图 2.9　瓷砖地面踢脚线做法示意

(8) 勾缝。地砖铺贴 24h,水泥砂浆结合层终凝后,将砖缝清理干净,采用 1:1 白色素水泥砂浆勾缝,也可用专用的嵌缝剂。用棉丝蘸浆从里到外顺缝揉擦,擦完为止,勾缝要密实,缝内要平整光滑。如设计不留缝隙,接缝也要横平竖直,在平整的砖面上,撒干水泥面,用水壶浇水,用扫帚将水泥扫入缝内灌满,并及时用木拍板振拍,将水泥浆灌实挤平。最后用干锯末扫净,在水泥砂浆凝固后彻底清洁瓷砖地面。

(9) 养护。地砖铺完后,应铺锯木屑浇水养护,直至达到应有的强度,4~5 天内不得上人。

需要注意的是从铺砂浆到压平、拨缝应连续作业,常温下保证在5~6h内完成。如在冬季施工,室内温度应不低于5℃,砖应在加入2%盐的温水中浸泡2h,擦水晾干后使用,天寒地冻时不宜铺贴陶瓷地面砖。

3) 陶瓷地面质量问题与防治(见表2-5)

表2-5 陶瓷地面质量原因与防治措施

序号	通病名称	原因	防治措施
1	泛水过小或局部倒坡	①地漏标高预留不准,基层有凹坑,造成局部存水。②基层坡度未找好,形成坡度过小或倒坡	找准墙上+500 mm水平线,地漏标高要正确,并要根据放射状标筋的标高和坡度施工,应该使地漏标高低于周围面层5mm
2	地面不平。出现小高低	①砖的厚度不一致,没有严格选砖。②地面不平或铺砖未拍平、敲实。③上人太多、太早或养护不力	①选好砖,不合规格、不标准的砖不用②铺贴时要拍实、拍平。③铺好地面后应封闭入口,防止过早上人,常温48h用锯末养护,有了强度后方可上人
3	面层空鼓或脱落	①基层清理不干净,浇水不透,早期脱水所致。②上人过早,粘接砂浆未达到强度时,受到外力震动,使砖块与粘接层脱离而空鼓	①加强施工前对基层的检查和清理。②注意控制上人,加强养护工作
4	地面砖裂缝	①局部地面堆载过大而造成地基下沉或构件挠度过大。②材料收缩系数不一致。③局部温差较大,将产生较大拉应力,造成地面砖强度不足以抵抗拉应力	①预制构件应有足够的刚度,避免挠度过大。②施工中使用同一标号水泥。③地面砖吸热面采取有效的隔热、散热措施
5	地面砖接缝质量差,产生缝大、缝小、瞎缝、错缝等	①地面砖质量。②铺贴施工工序操作不合格	①地面砖须有出厂合格证及检查报告,品种规格及物理性能应符合国家标准及设计要求。②使用前须对进场的地面砖进行挑选,选出标准样品,保证外观颜色一致、表面平整、边角整齐,无裂纹、缺棱掉角等质量缺陷。③施工工艺保证依据排砖大样图和地面砖留缝的大小,在基层地面上弹出十字控制线和分隔线

4) 施工注意事项

(1) 要检查砖的质量,应达到表面平整、无裂缝和缺棱、掉角现象,尺寸准确,颜色一致。不同规格品种的面砖应分别堆放,不得混用。

(2) 基层应清理干净,粘接层不宜过厚,面砖背面浮灰应扫净,浸水的面砖应阴干或擦干。以免因上述原因引起各层之间粘接不牢,引起地面空鼓。

(3) 各房间水平线要统一,以免在门口与走道交接处和相邻房间之间地面出现高差。在铺设时,应随时用水平尺和直尺找平。挂线尺寸应准确,铺设时注意调缝,以防缝隙不均。

4. 施工质量要求

陶瓷地砖、陶瓷锦砖地面工程质量要求及检验方法见表 2-6。

表 2-6　陶瓷地砖、陶瓷锦砖地面工程质量验收要求与检验方法

项　目	项　次	质　量　要　求	检　验　方　法
主控项目	1	面层所用的板块的品种、质量必须符合设计要求	观察检查和检查材质合格证明文件及检测报告
	2	面层与下一层的结合(粘接)应牢固，无空鼓	用小锤轻击检查
一般项目	3	砖面层的表面应洁净、图案清晰、色泽一致、接缝平整，深浅一致，周边顺直。板块无裂纹、掉角和缺棱等缺陷	观察检查
	4	面层邻接处的镶边用料及尺寸应符合设计要求，边角整齐、光滑	观察和用钢尺检查
	5	踢脚线表面应洁净、高度一致、结合牢固、出墙厚度一致	观察和用小锤轻击及钢尺检查
	6	面层表面的坡度应符合设计要求，不倒泛水、无积水；与地漏、管道结合处应严密牢固，无渗漏	观察、泼水或坡度尺及蓄水检查

注：凡单块砖边角有局部空鼓，且每自然间(标准间)不超过总数的 5%可不计。

砖面层的允许偏差和检验方见表 2-7 的规定。

表 2-7　陶瓷地砖、陶瓷锦砖面层的允许偏差表

序　号	检查项目	允许偏差或允许值/mm	检查方法
1	表面平整度	2.0	用 2m 靠尺和楔形塞尺检查
2	缝格平直	3.0	拉 5m 线和用钢尺检查
3	接缝高低差	0.5	用钢尺和楔形塞尺检查
4	踢脚线上口平直	3.0	拉 5m 线和用钢尺检查
5	板块间隙宽度	2.0	用钢尺检查

2.2.2　石材地面施工技术

石材地面是指大理石、花岗岩石板、青石及预制水磨石板材等铺砌的地面面层。这些石材的铺设都是采用半干硬性水泥砂浆粘贴，石材主要规格有 600～1000mm，板厚是 10～20mm。石材的花色品种较多，经久耐用，容易保持清洁，但保温和消音性能较差，且价格较高。适用于人流量大清洁要求高或经常受潮的室内楼地面。对于天然石材和预制水磨石的地面施工基本相同，本节主要以天然大理石为例来介绍。

1. 施工准备

1) 主要材料

首先将石材的规格尺寸、颜色、纹理和拼合图案等按设计要求选定，并经双方确认后封存样品。准备 425 号或 525 号硅酸盐水泥和普通硅酸盐水泥、白水泥、中粗砂(含泥量不大于 3%)，还有颜料、107 胶、M128 多力胶等。着重检查石材的几何尺寸，对角线和外观要求，凡是有翘曲、歪斜、厚薄等偏差过大以及裂缝、掉角等缺陷应予以剔除。要注意在同一楼面、同一地面的工程应采用同一厂家、同一批号的产品，不同品种的板块材料不得混杂使用。施工前检查顶面、墙面工程是否完成，施工部位有没有水、暖、电等工种的预埋件，是否影响板块的铺贴。有防水要求的，须先做防水处理，流水坡度、坡向应符合设计要求。

2) 机具

石材切割机、磨石机、砂轮机、抹子、直尺、角尺水平仪、橡胶锤、粉线包、墨斗、尼龙线、靠尺、水桶等。

2. 施工结构图

1) 大理石地面施工

做法具体见图2.10。

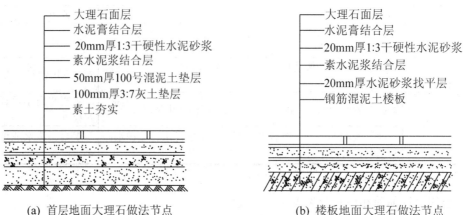

(a) 首层地面大理石做法节点　　(b) 楼板地面大理石做法节点

图 2.10　大理石地面节点示意

2) 结构设计

大理石分层构造做法见表2-8。

表2-8　大理石分层构造做法

图　例	构　造　做　法	厚度/mm	备　注
	大理石板面层(素水泥浆灌缝) 刮素水泥浆结合层 1:3 干硬性水泥砂浆找平层 刷素水泥浆一道 撒热粗砂一层粘牢 刷冷底子油一道、三毡三油防潮层 1:3 水泥砂浆找平层 刷素水泥浆一道 C10 混凝土垫层 素土夯实	25 20 D_1 D_2	①如采用白水泥灌缝,应该另行注明。 ②适用于有较高防潮要求的地段。 ③结合层与找平层应一次施工。
	大理石板面层(素水泥浆灌缝) 刮素水泥浆结合层 1:3 干硬性水泥砂浆找平层 刷素水泥浆一道 撒热粗砂一层粘牢 刷冷底子油一道 热沥青两道防潮层 C10 混凝土随捣随抹(表面撒1:1 干水泥砂子压实抹光)垫层 素土夯实	25 D_1 D_2	①如采用白水泥灌缝,应该另行注明。 ②适用于有一定防潮要求的地段。 ③结合层与找平层应一次施工。

续表

图 例	构造做法	厚度/mm	备 注
	大理石板面层(素水泥浆灌缝) 刮素水泥浆结合层 1:3 干硬性水泥砂浆找平层 刷素水泥浆一道 C15 混凝土垫层 素土夯实	25 D_1 D_2	①如采用白水泥灌缝，应另行注明。 ②结合层与找平层应一次施工。
	大理石板面层(素水泥浆灌缝) 刮素水泥浆结合层 1:3 干硬性水泥砂浆找平层 刷素水泥浆一道 钢筋混凝土楼板或结构整捣层	 D	①如采用白水泥灌缝，应另行注明。 ②现捣楼板或结构整捣层上 $D=25$，预制楼板上 $D=30$。 ③结合层与找平层应一次施工。
	大理石板面层(素水泥浆灌缝) 刮素水泥浆结合层 1:3 干硬性水泥砂浆找平层 1:1:8 水泥石灰炉渣填充层 钢筋混凝土楼板或结构整捣层	 25 25 D	①如采用白水泥灌缝，应另行注明。 ②结合层与找平层应一次施工

注：D 为钢筋混凝土楼板或结构整捣层；D_1 为混凝土垫层；D_2 为素土夯实层。

3) 造型设计

由于天然大理石板的花色品种很多，这就给设计人员以很大的选择余地，可以根据房间的使用功能、光线情况、主人的要求来设计地面的造型(包括花纹、图案等)。

在地面、楼面的造型设计中，往往不是采用单一材料，而是通过采用天然花岗石板、天然大理石板、水磨石(现浇后研磨或水磨石板)、玻璃(如光栅玻璃)等的不同搭配，并适当地采用铜条进行分隔，从而使设计、施工后的地面、楼面更为丰富多彩、高雅、华贵、别具一格。

采用天然花岗石板、天然大理石板、水磨石(现浇或板材)、玻璃等并适当地用铜条进行分隔(不可过多)，其地面、楼面的造型举例如图 2.11 所示。

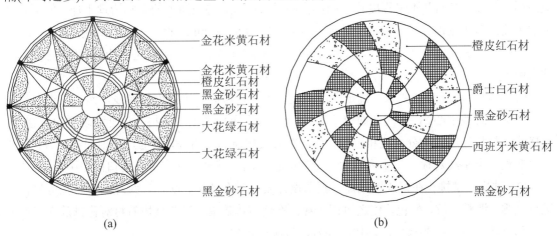

图 2.11 石材楼地面造型样式

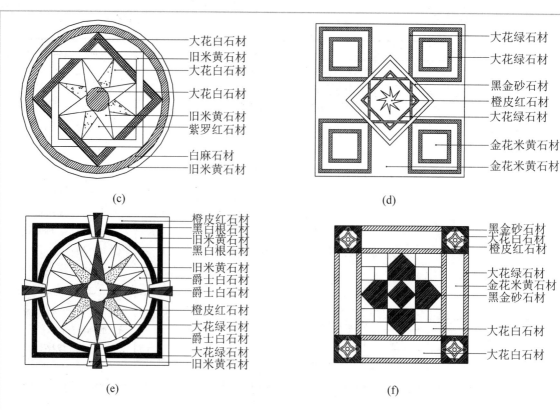

图 2.11 石材楼地面造型样式(续)

3. 工艺技术

1) 工艺流程

工艺流程为基层处理→弹线→试拼、试排→刮素水泥浆、铺结合层→铺设标准板块→铺设板材→灌浆、擦缝→养护、打蜡→清饰表层。

2) 工艺过程简述

(1) 基层处理。首先检查基层粘结是否牢固，不能起皮、空壳，应无裂纹，还应挂线检查地面的平整度。对凹凸不平程度较大的部位应进行处理，将地面上的杂物清理干净。如果是光滑的钢筋混凝土地面，要进行凿毛处理，凿毛厚度为 5~10mm，凿毛凹痕间距为 30mm 左右。基层表面应在施工前一天浇水湿润。按设计要求，对踢脚线和墙裙应预先设计标高线并弹在墙、柱立上。

(2) 弹线。根据设计要求，确定面层高度位置。在墙面弹出高度控制线，然后依据石材分块的情况挂线找中心、在房间地面取中点，挂十字线，再根据板块规格和设计要求弹出分格线，分格线要与相连房间的分格线相连接，与走廊直接相通的门口外，要与过道地面拉通线，板块分块布置以十字线对称。如室内地面与走廊颜色不同，其分界应安排在门口门扇中间处。

(3) 试拼、试排。在正式铺砌前，根据设计要求对有图案、颜色、纹理的石材按分格位置进行试排，调整花纹、颜色，使之协调美观，检查整体效果，将非整块石材对称排放在房间的靠墙部位。试拼达到要求后，逐块编序号，按顺序堆放整齐。

在房间内两个相互垂直的方向，铺两条宽度大于石材宽度的干砂，厚度小于 30mm，按照施工大样图及房间的实际尺寸,把石材铺排好,检查板块之间的缝隙,核对板块与墙面、柱、管线、洞口等相对位置,找出二次加工尺寸和部位,以便画线加工。

(4) 刮素水泥砂浆、铺结合层。试排后将干砂板材移开,按秩序放好。将基层面清理干净,用喷壶洒水湿润地面(不留明水),均匀地刷一层素水泥砂浆。不要刷得面积过大,随铺砂浆随刷。根据面层水平控制线确定结合层砂浆的厚度。拉十字通线控制,开始铺结合砂浆(通常 1:2~1:3 的干硬性水泥砂浆,干硬程度以手捏成团、落地即散为合适),铺砂浆厚度控制在放上石块板时宜高出面层水平控制线 3~4mm。铺好后,用大杠刮平,再用抹子拍实找平(铺摊面积不得过大)。

(5) 铺设标准板块。在大面积铺设石材板块时先要安装标准块,作为控制整个房间地面水平标高的标准和横缝的依据。如十字中心线为中缝,可在十字线交叉点对角安放两块标准块,也可以在房间四角各放一块标准块。这样便于拉通线控制整体地面的水平标高。

(6) 铺饰面板材。在铺设水泥砂浆结合层后,铺贴之前,将石材浸水湿润,待擦干或表面晾干后才能铺设,这样可以防止石材在铺贴时过快吸收结合层中的水分而降低粘结强度,防止空鼓、起壳等质量通病。

通常先由房间中部开始铺贴,逐渐往两侧退步法铺贴,也可在十字控制线交叉点开始铺贴。先试铺即搬起板材对好纵横水平控制线,再落在已铺好的干硬性砂浆结合层上。要将板材的四角同时落下,然后用橡皮锤轻轻地敲击石材。震实砂浆至铺贴高度后,再将石材板块掀起移至一旁,认真检查砂浆表面与板块之间是否吻合密实。如果发现有不严密的空虚处,要用砂浆填补平,再将石材板块四角同时下落,轻轻敲击直至砂浆与板材结合密实,没有空虚处,然后正式镶铺。再将石材板块掀起,先在水泥砂浆结合层上满浇一层水灰比为 1:0.5 的素水泥浆(用浆壶浇匀),然后再在石材板块背面满刮一层水灰比为 1:0.5 的素水泥浆,四周倒边刮浆。在安放石板时,四个角同时往下落,用橡皮锤子或木锤轻轻击打石材板块,边铺边用水平尺找平。铺完第一块,向两侧或后退方向顺序铺砌。铺完纵、横之后有了标准,可分段、分区依次铺砌。如有柱子,最好是先铺柱子之间的部分,然后向两边展开。一般房间宜先里后外进行,逐步退至门口,便于保护成品,但必须注意与楼道相呼应。也可从门口处往里铺砌,板块与墙角、镶边和靠墙处应紧密砌合,不得有空隙。

(7) 灌浆、擦缝。铺好的石材地面在 24~48 小时后进行洒水养护,两天后,经检查石材板块无断裂以及空鼓现象,方可进行灌浆擦缝。根据石材的颜色不同,将配置好的彩色水泥细砂浆用壶徐徐压入缝内(先灌 1:1 稀水泥砂浆至板缝高的 2/3 处,再灌表面色浆),并用小木条把流出的砂浆向缝内刮抹,面层上的水泥砂浆在凝结之前用布擦拭干净,3 天内禁止走动。

(8) 养护、打蜡。当砂浆强度达到 70%以上条件(抗压强度达到 1.2MPa)时,方可进行打蜡。首先清洗天然大理石上的灰土、污物,再清洗干净,然后打上蜡。已经铺好的地面应用锯末及塑料薄膜保护,3 天内禁止上人或堆置重物。

3) 踢脚板施工技术

踢脚板一般为 100~150mm 高,厚度为 10~20mm,施工前要认真清理墙面,提前一天浇水湿润,按需要数量将阳角处的踢脚板的一端,用无齿锯切成 45°斜角,并将踢脚板用水刷净,阴干备用。

铺贴时,由阳角开始向两侧试铺。检查踢脚板是否平直,缝隙是否严密,有无缺边掉角等缺陷,合格后才可实铺。铺贴时,先在墙面两端各铺贴一块踢脚板,其上沿高度应该在同一条水平线上,出墙厚度达到一致,然后沿两块踢脚板上沿拉通线,逐块依顺序安装。

天然大理石踢脚板的构造(图 2.12),一般有胶贴法和灌浆法两种工艺方法。

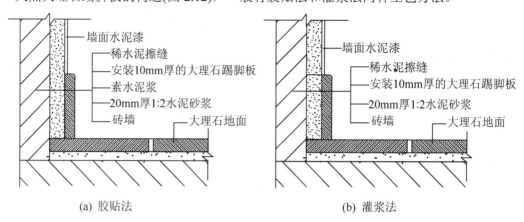

图 2.12 大理石踢脚板安装示意

(1) 胶贴法。根据墙面标筋和标准水平线,用 1∶2～1∶2.5 水泥砂浆抹底层并刮平划纹,待底层砂浆干硬后,将已湿润阴干的踢脚板抹上 2～3mm 素水泥浆进行粘贴,用橡皮锤敲击平整,并随时用水平尺及靠尺找平与找直,第二天用与板面相同颜色的水泥浆擦缝。

(2) 灌浆法。将踢脚板临时固定在安装位置,用石膏将相邻的两块踢脚板以及踢脚板与地面、墙面之间稳牢,然后用 1∶2 水泥砂浆(体积比)灌缝。注意随时把溢出的砂浆擦拭干净,待灌入的水泥砂浆终凝后,再把石膏铲掉擦净,用与板面同色水泥浆擦缝。

① 施工流程。天然大理石踢脚板的施工顺序如下:弹线→装踢脚板→灌砂浆→处理板缝→打蜡→验收。

② 工艺流程简述

a．弹线。根据主墙+50cm 标高线,测出踢脚板上口水平线,弹在墙上,再用线坠吊线,确定出踢脚板的出墙厚度,一般 8～10mm。

b．装踢脚板。拉踢脚板上口水平线,在墙两端各安装一块踢脚板,其上楞高度在同一水平线内,出墙厚度要一致,然后逐块依顺序安装,随时检查踢脚板的水平度和垂直度。相邻两块之间及踢脚板与地面、墙面之间用石膏稳牢。

c．灌砂浆。装完踢脚板后,即时灌1∶2 稀水泥砂浆,并随时把溢出的砂浆擦干净,待加入的水泥砂浆终凝后,把石膏铲掉。

d．处理板缝。用棉纱蘸与踢脚板同颜色的稀水泥浆擦缝。

e．打蜡。参照前面所介绍的地面施工中的相关内容。

4) 施工注意事项

(1) 防止板面产生空鼓。由于混凝土垫层清理不净或浇水湿润不够,刷素水泥浆不均匀或刷的面积过大、时间过长已风干,干硬性水泥砂浆任意加水,大理石板而有浮土未浸水湿润等因素,都易引起空鼓。因此必须严格遵守操作工艺要求,基层必须清理干净,结合层砂浆不得加水,随铺随刷一层水泥浆,大理石板块在铺砌前必须浸水湿润。

(2) 防止接缝高低不平。接缝高低不平,缝隙宽窄不匀的主要原因是板块本身有厚薄及宽窄不匀、窜角、翘曲等缺陷,铺砌时未严格拉通线进行控制等因素,均易产生接缝高低不平、缝隙不匀等缺陷。所以应预先严格挑选板块,凡是翘曲、拱背、宽窄不方正等块材应剔除不予使用。铺设标准块后,应向两侧和后退方向顺序铺设,并随时用水平尺和直尺找准,缝隙必须拉通线不能有偏差。房间内的标高线要有专人负责引入，且各房间和楼道内的标高必顺相通一致。

（3）防止门口处石板活动。为了防止过门口处板块活动，一般铺砌板块时均从门框以内操作，而门框以外与楼道相接的空隙(即墙宽范围内)面积均后铺砌。由于过早上人，易造成此处活动，故在进行板块翻样时，应同时考虑此处的板块尺寸，并同时加工，以便铺砌楼道地面板块时同时操作。

（4）踢脚板不顺直，出墙厚度不一致。主要是由于墙面平整度和垂直度不符合要求，装踢脚板时未吊线、未拉水平线，随墙面镶贴所造成。在镶踢脚板前，必须先检查墙面的垂直度、平整度，如超出偏差，应先进行处理后再镶贴。

4. 施工质量要求

石材地面工程质量要求及检验方法见表2-9，大理石和花岗石面层(或碎拼大理石、碎拼花岗石)的允许偏差和检验方法见表2-10。

表 2-9　石材地面工程质量验收要求与检验方法

项 目	项 次	质 量 要 求	检 验 方 法
主控项目	1	大理石、花岗石面层所用板块的品种、质量应符合设计要求	观察检查和检查材质合格记录
	2	面层与下一层应结合牢固，无空鼓	用小锤轻击检查
一般项目	3	大理石、花岗石面层的表面应洁净、平整、无磨痕，且应图案清晰、色泽一致、接缝均匀、周边顺直、镶嵌正确、板块无裂纹、掉角、缺棱等缺陷	观察检查
	4	踢脚线表面应洁净，高度一致，结合牢固、出墙厚度一致	观察和用小锤轻击及钢尺检查
	5	面层表面的坡度应符合设计要求，不倒泛水、无积水；与地漏、管道结合处应严密牢固，无渗漏	观察、泼水或坡度尺及蓄水检查

注：凡单块板块边角有局部空鼓，且每自然间(标准间)不超过总数的5%可不计。

表 2-10　大理石和花岗石面层(或碎拼大理石、碎拼花岗石)的允许偏差表

序 号	检 查 项 目	允许偏差或允许值/mm	检 查 方 法
1	表面平整度	1.0	用2m靠尺和楔形塞尺检查
2	缝格平直	2.0	拉5m线和用钢尺检查
3	接缝高低差	0.5	用钢尺和楔形塞尺检查
4	踢脚线上口平直	1.0	拉5m线和用钢尺检查
5	板块间隙宽度	1.0	用钢尺检查

2.3　木质材料地面施工技术

室内地面装饰工程中，木质材料地面的做法非常普遍和常见。木地板的种类大约有实木地板、实木复合地板、强化地板、软木地板和竹木地板等。以天然的木材、竹材而制成的地板，具有地面弹性好、纹理自然、感觉舒适等特点。

目前，木质材料地板的铺设方法，按施工类型分架铺法、实铺法和浮铺法 3 种形式；按地板面层连接固定方法分为榫接、钉接和粘接 3 种形式。

2.3.1 木质材料地面架铺施工技术

架铺木质地板主要采用钉接式，分为单层木地板面层铺钉和双层木地板面层铺钉。

1. 施工准备

1) 材料

(1) 木质地板。实木地板应用有比较悠久的历史，然而在现代建筑中的装修工程中，其应用非常广泛，品种和应用方式也有了新的发展。由于木地板具有：

① 优良的装饰性。木质的年轮自然而各具特点，千变万化，使人得到享受自然之感。

② 独特的力学性能。木材的抗张能力为天然大理石的 50 倍左右，所以不会产生断裂，而且木地板具有一定的弹力，可以缓冲地面对人体的反作用力，从而使人在行走时有柔和自然之感，对人体的健康有益。

③ 有益于保温和调节湿度。木地板的导热性能差，故有良好的保温作用。木地板有许多微孔结构，借此可以吸收室内过多的湿气或在室内干燥时释放出水分以调节室内湿度，使人有舒适的感觉。

正是由于木地板所具有独特性能，因而受到人们的青睐，特别是在高档住宅、博物馆、饭店等民用建筑中更常见。

近些年由于提倡环境保护、节约资源，因而又出现了木地板的替代品——强化复合板和竹地板等。

木地板通常已由木地板生产厂家经窑干法干燥后，再经机加工制成，含水率一般控制在 8%～13%。目前，市场上的木地板品种繁多，但归纳起来不外乎下面几种：嵌木地板、榫槽木地板、平接木地板、竖木地板、实木复合地板、强化复合木地板、软木地板和竹地板等。

(2) 木方材。架铺用的木方材料，通常用截面尺寸 50mm×50mm、40mm×60mm 的松木、杉木、桦木木方。所用的木方应干燥，其含水率不应大于 18%。

(3) 架铺基面板。架铺基面板可用实木板和厚木夹板，实木板通常用松木、杉木和桦木板，其含水量应小于 12%。最好应采用窑干法干燥的木材，实木板的厚度 20mm 左右，厚木夹板应采用 15mm 厚度以上。在一些人流量不大的场合，还可采用厚度 25mm 左右的刨花板作为基层板。

(4) 地面防潮防水剂。主要用于地面基础的防潮处理，常用的防水剂有再生橡胶-沥青防水涂料、JM-811 防水涂料、确保时高效防水涂料。

(5) 粘接材料。 地面与木地板的直接粘贴常用环氧树脂胶和石油沥青。木基面板与木地板的粘贴常用 309 胶、利时得胶等万能胶。

(6) 油漆材料。木地板的油漆材料通常是用虫胶漆和聚氨酯清漆，虫胶漆用于上色打底，聚氨酯清漆用于罩面。一些较高级的地板，也可用进口的水晶油来进行罩面。

2) 机具

木地板铺设常用的机具如下：

(1) 电动工具：手提电锯、手提电刨、手电钻、冲击电钻、磨光机等；

(2) 手动工具：平刨、槽刨、手锯，锤子、斧子、冲子、手铲、凿子、螺钉锭具、方尺、割角尺、木折尺、墨汁等。

2. 施工结构图

实木地板架铺结构，如图 2.13 和图 2.14 所示。

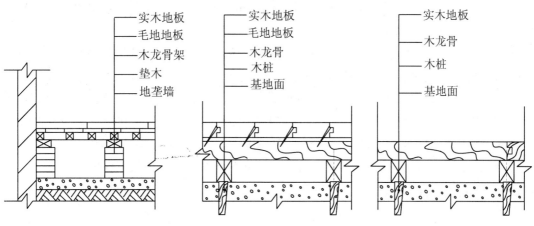

(a) 有地垄的双层木地板铺装节点　　(b) 双层木地板架铺节点　　(c) 单层木地板架铺节点

图 2.13　木地板架铺安装示意

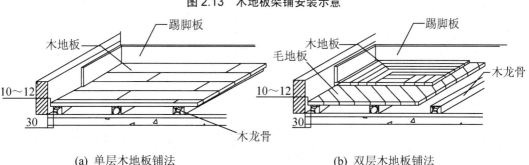

(a) 单层木地板铺法　　　　　　　　(b) 双层木地板铺法

图 2.14　实木地板架铺结构示意(单位：mm)

3. 工艺技术

1) 工艺流程

工艺流程为基层处理→弹线工艺→制作龙骨→固定龙骨→防火处理→斜向(与木龙骨夹角 30°～45°)铺设毛地板(双层木地板面层)→铺贴企口木地板→表面刨光、磨光→踢脚板安装→木地板油漆→打蜡→成品保护。

2) 工艺流程简述

(1) 基层处理。架铺木质地板有龙骨协调，地面平整度可比实铺略低。首先检查地面的平整度，若地面平整度误差大于 5mm，必须用水泥砂浆做找平层。然后在找平后的地面上涂刷两遍防水涂料，目的是防止地面的潮气侵蚀木地板使地板起拱。

(2) 弹线工艺。按设计以及地板排列的要求，弹出标高线及龙骨位置线。龙骨间隔尺寸一般为地板长度的整数倍，通常在 200～300mm 之间；根据水平基准线，在墙的四周弹出地面设计高线，供安装木龙骨调平时用。

(3) 制作龙骨。直接固定于地面的木龙骨所用的木方，一般是截面尺寸厚×宽为40mm×60mm 或 30mm×40mm 经干燥处理的松木方材或杉木方材。松木价廉而变形小，含水率不应大于 12%～15%，以和环境平衡，避免干缩。组成木龙骨的木方应为统一规格，接长方式通常为半槽扣接，扣接处要涂胶加钉。在木龙骨固定前，需对木龙骨找平。找平时应用长 2m 的直尺检查，尺与木龙骨之间的空隙不大于 3mm。找平一般用木垫片垫平木龙骨，木龙骨的上凸部分用修刨刨低木龙骨上的。

(4) 固定龙骨。木龙骨固定方法可采用木桩和地板钉结合、塑料膨胀螺栓和木螺钉结合、金属膨胀螺栓直接锁定或者预埋件固定等。如果采用塑料膨胀螺栓和木螺钉结合，施工一般用 $\phi 6$ 冲击电钻在地面钻洞，洞深约 35～40mm，孔位在地面弹出的木龙骨位置线上，孔距 300mm 左右，然后向孔洞内打入胀塞，最后木龙骨用木螺钉固定在胀塞内。如果采用金属膨胀螺栓固定，一般用 $\phi 20$ 冲击电钻地面钻洞，洞深约 35～40mm；木龙骨上也相对应的位置也同样钻孔，然后用 $\phi 18$ 的金属膨胀螺栓固定木龙骨调平，如图 2.15 所示。但现代室内装修做法中多用木桩和地板钉直接结合的方式。

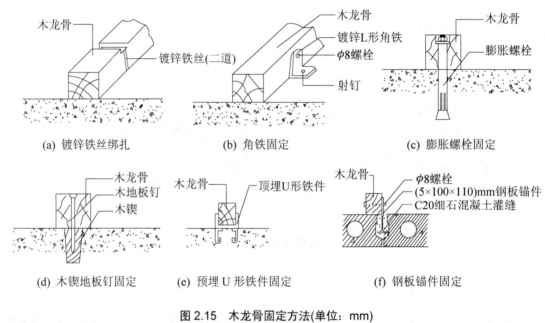

图 2.15 木龙骨固定方法(单位：mm)

(5) 防火处理。找平后的木龙骨及要铺装的地板的背面，都应刷一到两遍的防火涂料，主要防止因地面电线老化发生短路，引起火灾。常用防火涂料一般采用阻燃剂与脲醛预缩液混合使用，配制比为 1∶1(重量比)。

(6) 钉毛地板(双层木地板面层)。双层木地板的下层称为毛地板，毛地板一般采用白松板材，含水率不大于 12%，厚度 20mm 为宜。通常面层地板条走向须与龙骨垂直，所以毛地板应和木龙骨成 35°或 45°角斜向配置钉牢。这样毛地板与龙骨、面层地板条之间都成交叉配置，铺装后交成一体，平整而不易变形。毛地板的近髓心面向上，可减少因湿胀的起鼓。板间缝隙不大于 3mm，毛地板和墙之间应留一缝隙 10～12mm。

(7) 铺贴企口木地板。单层木地板面层铺钉：木地板一般采用长度 500mm 以上的条形企口板，直接安装在龙骨上，要顺入门进口方向，并与木龙骨应相互垂直铺钉。铺端接缝均应在木龙骨中心部位，接缝应有规则地错开。板与板间仅允许个别地方有空隙，宽度不得大于 0.5mm(硬木长条地板允许 1mm 的个别缝隙)。

铺设时，长条木地板一般采用一字式铺装，由一侧开始，木板向心面朝上，以便突出木地板的花纹，并在木方上涂刷地板胶，随涂随铺，然后采用长为面层木地板厚度的 2~2.5 倍圆钉(钉帽要砸扁)，从板的凹角处斜向钉入固定(钉最好顺木纹嵌入板内)。若木地板较硬，最好用手电钻斜向钻一个直径略小于圆钉的孔，以防钉裂木地板。当铺钉到最后一块无法斜向钉入时，可用钉帽砸扁的明钉钉牢，冲入板内 3~5mm。

铺装完后，将地板面清扫干净，再进行刨修操作。因为横纹刨比顺纹刨省力而快，但效果粗糙，所以刨修时先按垂直木纹方向粗刨一遍，再按顺木纹方向细刨一遍，然后顺纹磨光。刨磨的总厚度不宜超过 1.5mm，应无刨痕。

双层木地板面层的铺钉：双层木地板的下层为毛地板，毛地板的上面即可铺装长度在 500mm 以上的长条形企口木地板，也可铺装长度在 400mm 以下的企口式条形拼花木地板。铺设方法同单层长条企口木地板的铺钉，只不过企口式条形拼花木地板的铺设图案、弹线方法与实铺木地板相同。但应注意面层木地板铺装前应在毛地板面上铺好沥青油纸或油毡，主要是为了防止在使用中发生音响或潮气侵蚀。

实木地板与毛木地板的结合有搭接或者企口接的方式，如图 2.16 所示。木地板面层与墙面应留 10~12mm 的缝隙。木地板的排紧方法一般可在木格栅上钉一颗扒钉(或称扒锔)，在扒钉与地板之间夹一对硬木楔，打紧硬木楔就可使木地板排紧(图 2.17)。

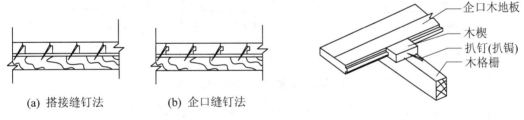

(a) 搭接缝钉法　　(b) 企口缝钉法

图 2.16　条形实木地板钉法　　　　图 2.17　企口地板排紧方法示意

(8) 表面刨光、磨光。实木地板安装后用刨光刨切，后用磨光机磨光。如果是烤漆木地板则无须刨光或者磨光。

(9) 安装踢脚板。木地板房间的四周墙角处应设木踢脚板，踢脚板一般高度为 120mm 左右，厚度为 10~12mm，所用材质最好与地板面相同。安装时，先在墙面上每隔 400mm 埋入经防腐处理过的木楔，然后用钉接法固定(钉帽砸扁并冲入板内 2~3mm)，木踢脚板接缝处应作暗榫或斜坡压搓，背面应加衬板，在转角处应做 90°斜角接缝。应注意踢脚板与墙面紧贴，上口要平直，不能呈曲线形，如图 2.18 所示。

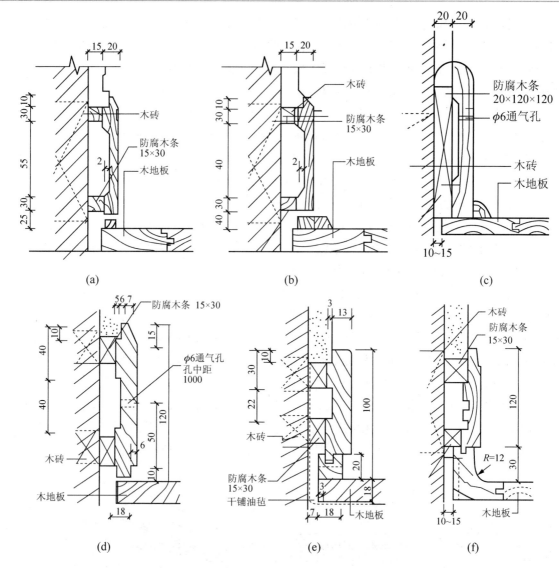

图 2.18 实木地板踢脚线节点图(单位：mm)

(10) 油漆。踢脚板安装完毕后,处理好的木地板表面应嵌缝填平油漆。嵌缝填平所采用的腻子用大白粉或立德粉加少量颜料调制成水粉子或油粉子浆料。油漆采用硝基清漆、聚氨酯清漆、不饱和酯清漆,需刷多遍,每遍之间必须经打磨后进行。油漆应涂刷均匀、光亮、平整、无斑点、不花。

(11) 上蜡。地板油漆后打蜡,主要是为了更好地保护木地板。但一般不宜打蜡,因为打蜡后的木地板不易再油漆,因经磨损后,蜡不易清除干净,再刷油漆时,油漆不易刷上。

3) 施工注意事项

(1) 毛地板可采用松木板、杉木板,毛地板的上下两面只需刨平、不必刨光。铺钉完毛地板后应刨削找平,以保证其平整度。铺放毛地板时应注意使其髓心向上。

(2) 毛地板的宽度应≤120mm,铺钉时应使用 2.5 倍于毛地板厚度的铁钉。

(3) 毛地板铺钉时,其长度方向应与搁栅呈 45°角,或呈 90°角;木地板铺设时,其长度方向应与毛地板的长度方向呈 45°角,或呈 90°角,还应与进门方向平行。

(4) 木搁栅与墙面之间应留≥20mm 的缝隙。

(5) 木地板与墙面之间应留 10～12mm 的缝隙以作为伸缩缝,留将来用踢脚板封盖。

(6) 粗刨时应选 5000r/min 以上的刨光机,长条木地板应顺纹刨,拼花地板应与木纹呈 45°角刨,应注意吃刀要浅,分层刨削,刨去总厚度应小于 1.5mm。

(7) 磨光时所采用的砂轮应先粗后细,磨向应与粗刨时的方向相同,并注意按顺序磨,停留时应先停机。如果局部有创槎难以磨光时,则可借用扁铲剔掉创槎,再用同种木纹相近的木材加胶镶补,然后再刨平、刨光、磨光。

4. 施工质量要求

木质地板地面工程质量要求及检验方法见表 2-11,木质地板面层的允许偏差和检验方法见表 2-12 的规定。

表 2-11 木质地板地面工程质量验收要求与检验方法

项 目	项 次	质 量 要 求	检 验 方 法
主控项目	1	实木地板面层所采用的材质和铺设时的木材含水率必须符合设计要求。木搁栅、垫木和毛地板等必须做防腐、防蛀处理	观察检查和检查材质合格证明文件及检测报告
	2	木搁栅安装应牢固、平直	观察、脚踩检查
	3	面层铺设应牢固;粘接无空鼓	观察、脚踩或用小锤轻击检查
	4	复合地板面层所采用的条材和块材,其技术等级和质量要求应符合设计要求	观察检查和检查材质合格记录
一般项目	5	实木地板面层应刨平、磨光,无明显刨痕和毛刺等现象;图案清晰、颜色均匀一致	观察、手摸和脚踩检查
	6	面层缝隙应严密;接头位置应错开、表面洁净	观察检查
	7	拼花地板接缝应对齐,粘、钉严密;缝隙宽度均匀一致;表面洁净,胶粘无溢胶	观察检查
	8	踢脚线表面应光滑,接缝严密,高度一致	观察和钢尺检查
	9	实木复合地板面层图案和颜色应符合设计要求,图案清晰,颜色一致,板面无翘曲	观察检查

表 2-12 木质地板面层允许偏差和检验方法

项次	项 目	允许偏差/mm				检验方法
		实木地板面层			实木复合地板、中密度(强化)复合地板面层、竹地板面层	
		松木地板	硬木地板	拼花地板		
1	板面缝隙宽度	1.0	0.5	0.2	0.5	用钢尺检查
2	表面平整度	3.0	2.0	2.0	2.0	用 2m 靠尺和楔形塞尺检查
3	踢脚线上口平齐	3.0	3.0	3.0	3.0	拉 5m 通线、不足 5m 拉通线
4	板面拼缝平直	3.0	3.0	3.0	3.0	和用钢尺检查
5	相邻板材高差	0.5	0.5	0.5	0.5	用钢尺和楔形塞尺检查
6	踢脚线与面层的接缝	1.0				楔形塞尺检查

2.3.2 木质材料地面实铺施工技术

实铺木地板基层施工地面要求平整、具有足够的强度、无油迹、不起层。地面处理一般情况下，原有水泥地面的平整度都不高，直接铺设时有些部位会把地板条支成跷跷板，所以水泥地面都应进行重抹找平。方法有三：第一种用素水泥加防水剂；第二种用防水砂浆，配制比为按水泥重量3%左右的防水浆掺入水泥砂浆内搅拌，水泥：中砂=1∶2(体积比)；第三种用胶与水泥配成的防水素水泥浆，配制比为107胶∶水泥=6∶100(质量比)。

铺设方法采用的是粘接式。常用生产厂家已成块制好的木地板，或长度400mm为以下的单块条形木地板对缝拼粘。拼花木地板粘贴前，应根据设计图案和尺寸进行弹线。对于成块制作好的木地板，应按所弹施工线试铺，以检查其拼缝高低、平整度、对缝等，经反复调整符合要求后进行编号，施工时按编号从房中间向四周铺贴即可。因此，主要本节介绍一下镶嵌木地板铺设的施工技术。

1. 施工准备

1) 材料

镶嵌木地板是采用地板条，按照一定的图案拼接成一定规格尺寸的地板单元。镶嵌木地板的每个单元均为刀形，拼接是用铅丝在木地板的背面镶嵌，或者用网丝、牛皮纸或塑料薄膜来粘接。镶嵌木地板具有良好的抗压和抗张的力学性能，良好的保温和调节室内湿度的功能，特别是由于每个镶嵌地板单元是在工厂中通过机械加工成独特的各种拼花图案，尺寸规格划一，并且由于每个地板单元四周均已开了榫槽和油饰完毕，所以施工简便快速，地面装修效果具有特色，从而使其在众多木地板中独树一帜。

木地板最合适的施工相对湿度为40%~60%。安装前，将地板除去包装铺在地上通风48h以上，使木地板适应施工环境温度和湿度。根据设计要求选择合格的木龙骨、基层底板等材料，并要求其品种、规格及质量应符合国家现行产品标准规定。

所用机具同2.3.1节中的机具。

2. 施工结构图

木质地板粘接施工的结构图，如图2.19所示。

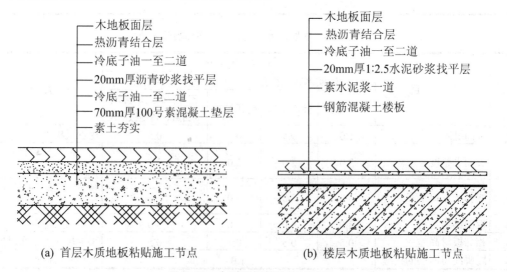

(a) 首层木质地板粘贴施工节点　　　　(b) 楼层木质地板粘贴施工节点

图2.19　木质地板粘贴施工结构

3. 工艺技术

1) 工艺流程

工艺流程为基层处理→弹线布置→粘贴木地板→安装踢脚板→清饰表层。

2) 工艺过程简述

(1) 基层处理。处理好的地面要彻底清扫干净，无尘土，干燥(含水率不大于15%)，不允许有油迹。若地面有油污现象，不宜采用汽油或煤油清洗，以免留下油性残余物影响粘接效果。宜用去油污剂，将其除掉。

(2) 弹线布置。根据木地板的尺寸和室内面积尺寸，对木地板花纹的排列进行安排，并在地面上弹出花纹排列的施工控制线，以保证铺贴后的木地板图案分明、规矩有序。

一字形花纹的弹线方法通过房间中心点，先弹出中轴木地板走向线，然后按一条木地板或两条木地板的宽度尺寸为间距，在中轴线的两侧弹出数条平行线，以此作为施工控制线。铺设时，令板条边紧靠施工控制线。

拼花地板的拼接方法有多种，如方格式、席纹式、人字式、阶梯式和墙砖式等，如图2.20所示。其铺贴方式主要有两种，一种是接缝与墙面成45°角，另一种是接缝与墙面平行。弹线时，通过房间中心点，弹出相互垂直的两条定位施工线。定位施工线与墙面成45°角，就可铺贴出成角度的木地板花纹定位施工线与墙面平行，就可铺贴出平行的花纹，如图2.21所示。铺设时，令板条边紧靠定位施工线，并从中心开始铺贴，这样可以减少铺设的积累误差。应注意若内外房间地板颜色不同，分色线应设在门框裁口处或门扇中间。

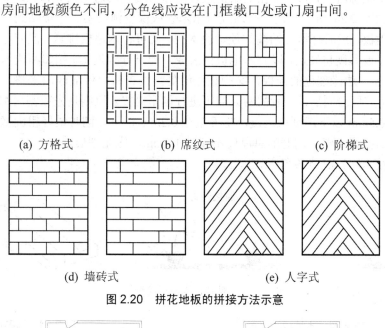

(a) 方格式　　　(b) 席纹式　　　(c) 阶梯式

(d) 墙砖式　　　(e) 人字式

图 2.20　拼花地板的拼接方法示意

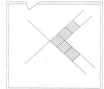 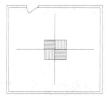

(a) 接缝与墙面成 45°　　　(b) 接缝与墙面平行

图 2.21　方格花纹木地板铺贴的弹线方法示意

人字形花纹的弹线方法弹线时也应以房间中心点为中心，首先弹出与墙面成45°角的两条互相垂直的定位线，然后再弹出施工线。施工线的作法是人字板花纹的角度一般采用45°，其余弦为0.7071，施工线间距=地板条长度×0.7071，第一条施工线是在地面上弹出一条通过房间中心点，并与墙面平行的直线，然后再按施工线间距的尺寸，作出数条平行线。铺贴时，从中心点开始，对准角度定位线和施工线，木地板就可铺得很规矩。当铺贴到墙边时，应留出一条木地板宽的空位，以便进行木地板的圈边或修边，如图2.22所示。

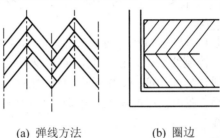

(a) 弹线方法　　　　(b) 圈边

图2.22　人字形花纹木地板铺贴的弹线方法

(3) 粘贴施工。木地板的粘贴应选用膏状胶粘剂或者沥青胶粘，用量约为1000~1500g/m²。铺粘时，木地板的背面两端涂胶均匀，随涂胶随粘贴。企口木地板胶粘的方法如图2.23所示。木地板要呈水平状态就位，同时要在铺贴挤紧方向相对位置的边上设置顶紧块，目的是为了将木地板排紧，如图2.24所示。铺后必须及时用木锤或橡皮锤敲实。当铺贴到另一个墙面时，用木块顶住木地板，然后打紧开始端的顶紧块木楔，就可将木地板排紧。但应注意木地板块之间不要排列过紧或者硬挤硬敲，以防木地板铺后成片起拱导致返工。相邻两块木地板的高度差不应大于0.5mm，边缘部位的地板，必须按接缝处画线锯料，保证四面平整。整个地面木地板铺贴完毕，待胶层凝固后，一般需两天即可进行刨平磨光。原则是先粗刨后细刨。粗刨推进快，吃刀量在0.5mm以下细刨推进慢，吃刀量在0.2mm以下。刨时最好粗刨横向、细刨顺向循序前进，然后打磨光滑。刨磨的总厚度不超过1.5mm，应无刨痕。

其余施工技术同2.3.1节各工序。

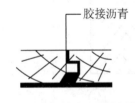

(a) 沥青粘贴企口木地板接缝

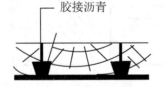

(b) 沥青粘贴裁口木地板接缝

图2.23　木地板接缝形式

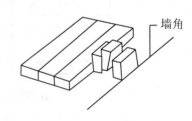

图2.24　铺贴顶紧示意

3) 施工注意事项

(1) 混凝土结合层在施工中必须要格外仔细认真，保证其表面平整，因为地板是直接粘接于结合层上，因此，结合层表面是否平整是关系到粘铺地板后的地板表面质量优劣的关键所在。结合层表面的平整度应≤3mm(用2m靠尺检查)。

(2) 在粘铺实木地板或复合地板前，一定要确保混凝土结合层彻底干燥透，这有利于粘接地板，是粘接强度的关键因素之一。

(3) 结合层的表面在粘贴地板前一定要将油污清除干净，并用溶济将渗入混凝土中的残留物除去。并将结合层表面的浮尘、碴粒凸起等清除干净。

(4) 在正式粘铺地板前，应对所使用的胶粘剂进行粘贴试验，一定确保胶粘剂的有效、可靠后，方可正式粘铺地板。

(5) 在画线完毕后，应先对地板进行试铺(不使用胶粘剂)，并对花色、纹路等进行调配，并将其进行编号，以便正式粘铺时按顺序编号进行粘铺。

(6) 对于实木地板或复合木地板的背面施胶的方法，针对地板的形状、尺寸不同可选用刮涂法、条涂法、点涂法等三种方法。

(7) 当粘铺地板之后，不得在上面踩踏。只有当粘结剂固化完全之后(一般 2~3 天)，方允许在地板上上人，但应注意不要使地板受力过大。

(8) 当粘铺地板时，应随时清洁地板表面的残留胶水，以免粘铺所有的地板之后，清理残胶不方便，否则会影响粘铺的强度和装修效果。

(9) 如果使用的地板有榫舌和嵌槽，则应在粘铺纵向第一排地板时，应将地板纵向带嵌槽的那一边面向墙边，而粘铺第二排的地板时应将地板的嵌槽与第一排的舌榫相嵌合。

(10) 粘铺地板时，应将地板的边缘也涂上胶粘剂，粘合后，应将溢出的胶粘剂立即擦净。

4. 施工质量要求

参见表 2-11 和表 2-12 的相应要求。

2.3.3 强化复合木地面浮铺施工技术

强化复合地板、实木地板采用浮铺的施工方法比空铺法和实铺法施工更为简便易行。采用浮铺法来进行强化复合地板或实木地板的施工，它对地板尺寸的精确要求相对于空铺法和实铺法来讲则较高。这是由于浮铺地板不依靠钉或胶粘剂来将地板固定，而完全依靠地板的榫舌和槽口之间的嵌合。正因如此，浮铺法较多地是用于复合木地板或者强化木地板(浸渍纸层压木质地板)的铺装施工中，这是由于该种地板尺寸极为精确，且无变形之虞。

浮铺法在施工中浮铺于室内地面或者楼面的结合层之上，可以轻易地拆卸和重复使用，对于临时性的室内装修非常有用。

1. 施工准备

(1) 材料。强化复合木地板(浸渍纸层压木质地板)是由含有耐磨材料的三聚氰氨树脂浸渍装饰纸表层、中(或高)密度纤维板(或刨花板)中层和浸渍酚醛树脂底层构成。然后经过热压固化、纵切、横切、时效处理、纵向开榫槽、横向开榫槽等工序加工而成。

强化复合地板具有尺寸精度高、耐磨性好、抗静电性好、耐化学腐蚀性好、抗冲击能力强和耐擦洗等性能，而且安装很方便快速，是一种装饰性好、拆装方便、价格较低的地板材料，适合于各种建筑的室内地面装修。

(2) 机具要同 2.3.1 节。

2. 施工技术

1) 工艺流程

工艺流程为基层处理→铺设衬垫层→弹线工艺→铺设复合地板→调整及固定→安装踢脚线。

2) 工艺过程简述

(1) 基层处理。施工前，顶面、墙面工程已完工，管道电气设备已经安装完成，基层地面要求清洁、干燥、牢固、平整，无油脂及杂物，还不得有麻面、起砂、裂缝等缺陷。如达不到要求，应先用水泥砂浆找平基层，待完全干燥后才能铺装。

(2) 铺设衬垫层。为了防潮湿，增加地板的弹性、稳定性，弥补基层 2mm 内的不平度和减少行走时产生的噪音，达到脚感舒适的目的，应铺设一层防水聚乙烯薄膜做的防潮层，一般用宽为 1000mm 的卷材，接口用透明胶带粘接牢固，剪裁的尺寸要大于房间净尺寸 120mm，将衬垫铺平，用胶粘剂点涂固定在基层上，垫层展开方向要与地板纵向垂直。

(3) 铺设强化复合木地板。

① 铺设可以从一侧开始，通常顺从房间较长的一面墙或者顺着光线方向铺设。应先计算出所铺设的块数，尽量避免出现过窄的地板条。

首先将地板条带槽的一边朝墙摆放，从左向右横向铺设。板的槽面与墙相接处插入木块，临时塞紧，如图 2.25(a)所示，预留 10~12mm 伸缩缝隙，最后可用地脚线掩盖伸缩缝。还要注意地板短边接缝在行与行之间要相互错开，依次连接地板块，先不粘胶。如墙不直，在板上画出轮廓线，按线裁切地板块，使之与墙体吻合。第一排最后一块板割锯下的部分，如果大于 300mm，可以作为第二排的第一块板；如果小于 300mm，应将第一排的第一块板锯除一部分，保证使最后一块板的长度大于 300mm。试排没有问题后，在每块地板的短边接缝槽中刷上胶合剂。将第二块与第一块的槽榫相接，用锤子垫着木块敲击，使地板挤紧，挤出的胶液及时擦净，依次逐块铺设至墙边。最后靠墙一块可先取一块整板，槽口端靠墙，并用木块预留伸缩缝，将其与前一块平行摆放，用角尺依照前一块端头位置画线，按线锯裁并将其平转 180°掉头，用其槽口端与前一块榫头插接，如图 2.25(b)所示。

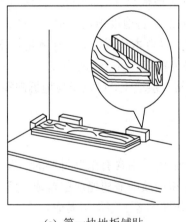 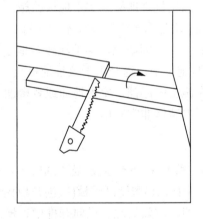

(a) 第一块地板铺贴　　　　　(b) 每行尾端地板铺法

图 2.25　复合地板铺贴示意

② 第二行首块用垫块紧靠第一行尾块铺贴，并在槽部和第一行的榫部涂上足够的胶液，使第一行和第二行的长边槽榫相连接，并用木垫块以轻力锤击使之靠紧无缝，并及时将挤出的胶液清除，照此方法依次铺贴，完后应等胶固化后(胶的固化时间大约为 2 小时)再继续进行下一排铺设。每完成一行都要按线检查，保证位置准确，边线顺直。现在市场上也有不用胶结法固定的地板，而是用地板卡子紧固。

③ 在铺设最后一行地板时，取一块整板放在已拼装好的前一行地板上，上下对齐，再取另一块整板放在其上，长边靠墙，然后沿上板边缘，在下板上画线，再顺着线锯断，就可得到所需要宽度的地板，涂好胶后用木楔将最后一块地板挤紧，挤出的胶液及时清除。最后用拉紧器把地板固定好。地板铺设完后 24 小时内不能使用，待胶干透后取出四周的木楔块。

④ 当地板与其他材料的收口处理时，采用如图 2.26 所示的方法。

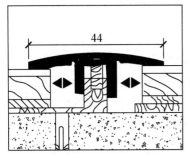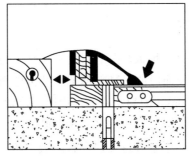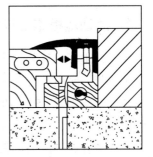

(a) 超宽超长过度桥　　(b) 与低于复合地板材料的连接　　(c) 与高于复合地板材料的连接

图 2.26　复合地板收口工艺示意(单位：mm)

铺设完后，要及时清理污渍杂物，可采用吸尘器、湿布或中性清洁剂，但不得使用强力清洁剂、钢丝刷等尖锐物，以免损伤地板面。

(4) 调整及固定。待所有地板安装完毕之后，可检查接缝等处是否严紧，如有不足之处可小心地进行调整，并在四周使用弹簧或橡胶块、密度较大的泡沫塑料填塞，以便将四周固定。

(5) 安装踢脚板。踢脚板可选用仿木塑料踢脚板、普通木踢脚板和复合木地板，最好选用和复合木地板配套销售的踢脚板。安装时先按踢脚板高度弹水平线，打孔安装浸油木楔或安装塑料膨胀头，标出木楔位置，清理地板与墙缝中的杂物，把踢脚板放到位，用钉固定在木楔上。接头尽量设在拐角处，踢脚板的阴阳交角处应锯成 45°角进行对接，两边接头应固定在木楔上。如果有配套的踢脚板卡块(条)，就在其上面钻孔(孔径比木螺钉小 1~1.2mm)，并按弹线位置用木螺钉固定，最后将踢脚板卡在卡块(条)上。踢脚板安装示意如图 2.27 所示。

图 2.27　踢脚板安装示意

3) 施工注意事项

(1) 在铺设铺垫宝或聚氯乙烯泡沫塑料卷材时，注意不可重叠铺覆。

(2) 如果室内地面(并非是楼面)，而地面的结合层下又没有做防水层，室内地面标高又高于室外地面的标高，环境相对湿度并不大的情况下，对于强化木地板(注意：仅限于强化木地板,而不能是实木地板),对于要求不高的装修可以考虑进行浮铺法施工,但应注意对于铺垫宝或聚氯乙烯卷材在其拼缝处必须密封可靠,密封材料可采用密封膏等,同时应注在四周靠墙处亦应密封好。

3. 施工质量要求

参见表2-11和表2-12的相应要求。

2.3.4 活动地板施工技术

活动式地板也称装配式夹层地板。由不同型号和材质的面板块、桁条(横梁、行条、龙骨),可调节支架、底座等组合拼装而成的一种新型架空装饰地面,活动地板构造,如图2.28所示。它与楼面基层形成250～1000mm的架空空间,用以满足敷设电缆、各种管线及安装开关插座的要求。如在适当的部位设置通风口,安装通风百叶,可以满足静压送风等空调方面的要求。它具有质量轻、强度大、表面平整等特点,并有防火、防虫、防鼠、导静电及耐腐蚀等功能,富有强烈的装饰性优点,广泛应用计算机房、程控、通信以及其他防静电要求的室内场所。

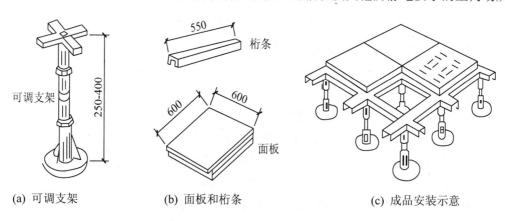

图2.28 活动地板构造(单位:mm)

1. 施工准备

在安装活动地板时,室内吊顶、墙面、门窗、涂刷工程均已经完工及超过地板承载力的设备进入室内预定位置后方可进行施工。如果是大面积施工,应先放大样,并做样板间,经有关部门鉴定合格后再进行大面积施工。不得和其他工程交叉施工。

1) 材料

活动地板的面板有抗静电和不抗静电,构造上分有桁条和无桁条两种。面材有全塑料面板、双面贴塑刨花胶合板面板、铝合金复合石棉塑料贴面板、玻璃钢空心夹层复合铝合金板并以镀锌角钢四边加强的面板、铝塑复合型面板等。目前市场上应用较广泛的是复合型地板和全钢地板。复合型抗静电地板夹层为木质芯层,如刨花板芯层、上下以铝合金板复合;全钢抗静电地板以水泥为芯层,用钢板六面包封而形成一个整体,承载力及防火性能较强。活动地板面层承载力不应小于7.5MPa,其系统电阻为A级板$1.0\times10^5 \sim 1.0\times10^8 \Omega$;B极板$1.0\times10^5 \sim 1.0\times10^{10}\Omega$,地板耐火时间最低要求为1小时。

可调整支架应该具有足够的刚度和强度,可调部分灵活,不锈蚀,下部经镀锌防腐处理。

支架底座应该有一定的重量以增强其稳定性，底座的地面应平整稳固并与地面之间有足够的摩阻力。

辅助材料环氧树脂、滑石粉、泡沫塑料条、木条、橡胶条、铝型材和角铁、铝型角铁等应符合设计要求。

2) 机具

水平仪、水平尺、方尺、2～3m 靠尺板、切割铝型材无齿锯、涉及木工工具等。

2. 施工结构图

活动地板施工结构如图 2.29 所示。

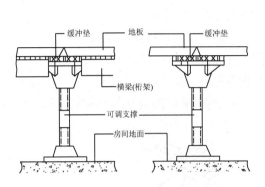 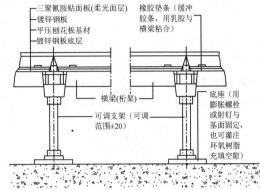

(a) 活动地板架设结构示意　　　　　　(b) 活动地板安装结构示意

图 2.29　活动地板安装节点

3. 工艺技术

1) 工艺流程

工艺流程为基层处理→弹线定位→固定支架→安装桁架→安装面板→清理养护。

2) 工艺过程简述

(1) 基层处理。基层必须有足够的强度，要坚硬、平整、光滑、光洁、干燥，不起灰，含水率不大于 8%。铺设活动地板的基层面可以是水泥地面或现浇水磨石地面等。安装前认真清擦干净，必要时根据设计要求涂刷清漆。

(2) 弹线定位。墙面上的+500mm 标高线已经弹好，四周墙面上已弹出面层的标高水平控制线。根据设计要求在基层上弹出支架的定位方格十字线。测量底座水平标高，在墙面四周弹好水平线。当房间是矩形时，用方尺测量相邻的墙体是否垂直，不垂直则应该预先对墙面进行处理，避免在安装时，在靠墙处出现锲形板块。根据已经测量好的尺寸进行计算，如果不符合活动板板块模数时，依据已经找好的从横中线交点，进行对称分格，考虑非整块板放在室内靠墙处，在基层表面上就按板块尺寸弹线形成方格网，并标出设备预留部位。

(3) 固定支架。在地面方格网上的十字交叉点上打孔，安装膨胀螺栓(也可采用射钉)，再用膨胀螺栓将支架固定在地面上。底座与基层面之间间隙应灌注环氧树脂，应连接牢固。调整支架顶面标高，用水平尺校准支架托板，锁紧顶面活动部分。

(4) 安装桁架。桁条的安装方法有多种，根据活动地板配套产品不同类型，依据产品说明书的有关要求进行安装。桁条与地板支架的连接方式有多种，有的是用平头螺钉将桁条与支架顶面固定；有的是采用定位销进行卡结；有的产品设有橡胶密封垫条，此时，可用白乳胶将垫条粘贴到桁条上，如图 2.30 所示。安装完毕后，测量桁条水平度、方正度，各种管线就位。

(5) 安装面板。注意检查地板块成品的尺寸误差，应将规格标准、尺寸准确的地板块安装在显露的部位，不够标准、尺寸不精确的地板块安装于设备及家具放置处或其他较隐蔽的位置。

对于抗静电活动地板，地板与周边墙柱面的接触部位要求缝隙严密，接缝较小者可用泡沫塑料填塞嵌缝，如缝隙较大，可用木条嵌缝。有的设计要求桁条与四周墙或柱体内的预埋铁件连接固定，此时可用连接板与桁条以螺栓连接或焊接。地板的安装要求周边顺直，粘、钉或销结严密，各接缝均匀并高度一致。

当铺设活动地板不符合模数时，不足部分可根据实际尺寸将地板切割后镶补，并配装相应的可调支撑和桁条。切割的边应采用清漆或环氧树脂胶加滑石粉，按一定的比例调成腻子刮灰封边，或用防潮腻子封边，也可以用铝型材镶嵌。活动地板在门口处或预留洞口处应符合设置构造要求，四周侧边应用耐磨硬质材料封闭或用镀锌钢板包裹，胶条封边应符合耐磨的要求。

铺设时要先在桁条上铺设缓冲胶条，并用胶与桁条粘接。铺设活动地板时，应调整水平度，保证四角接触平整、严密，不得采用加垫的方法。活动地板组装的构造节点示意如图 2.29 所示。

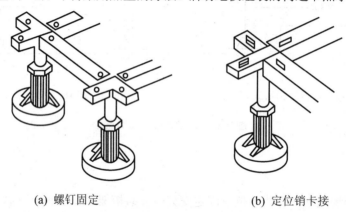

(a) 螺钉固定　　　　　　　　(b) 定位销卡接

图 2.30　横梁与支架的连接

(6) 清理养护。注意保护好上道工序中各分部分项工程成品，在运输过程中对门套扇、玻璃制品等的保护以及地板本身的保护，卸载堆放要注意保护面板不刮花损坏。

在安装过程中，做到随污染随清除，严防树脂或胶水污染地板。在已经铺设好的地板上行走或作业，应该穿塑料拖鞋或干净胶鞋，不能穿带有金属钉的鞋子，更不能用利物、硬物在地板表面拖拉、划刮及敲击。

进行设备安装前，必须注意采取保护面板的措施，一般应铺设 3mm 以上的橡胶板，上垫五层胶合板做临时保护措施。安装设备是应观察支撑情况，如属于框架支撑可随意码放；如是四点支撑，则应该尽量靠近板框；如设备重量超过地板规定荷载时，应该在板下面增设地板支撑架。

为了保证地板面层清洁，可涂擦地板蜡，当局部沾污时可用汽油、酒精或皂水擦净。

3) 施工注意事项

(1) 一般活动地板表面可打蜡；而抗静电地板(计算机房、电动机房等)切忌打蜡。

(2) 地板上放置重物处，其地板下部应加设支架。

(3) 金属活动地板要有接地线,以防静电积聚和触电。
(4) 活动地板上皮应尽量与走廊地面保持一致,以利设备的进出。
(5) 活动地板下有管道设备时,应先铺设管道设备,再安装活动地板。

4. 施工质量要求

活动地板工程质量要求及检验方法见表 2-13。

表 2-13 活动地板工程质量验收要求与检验方法

项 目	项 次	质 量 要 求	检 验 方 法
主控项目	1	面层材质必须符合设计要求,且应具有耐磨、防潮、阻燃、耐污染、耐老化和导静电等特点	观察检查和检查材质合格证明文件及检测报告
主控项目	2	活动地板面层应无裂纹、掉角和缺楞等缺陷。行走无声响、无摆动	观察和脚踩检查
一般项目	3	活动地板面层应排列整齐、表面洁净、色泽一致、接缝均匀、周边顺直	观察检查

活动地板面层的允许偏差和检验方法见 2-14。

表 2-14 活动地板面层的允许偏差表

序 号	检 查 项 目	允许偏差或允许值/mm	检 查 方 法
1	表面平整度	2.0	用 2m 靠尺和楔形塞尺检查
2	缝格平直	2.5	拉 5m 线和用钢尺检查
3	接缝高低差	0.4	用钢尺和楔形塞尺检查
4	踢脚线上口平直	—	拉 5m 线和用钢尺检查
5	板块间隙宽度	0.3	用钢尺检查

2.4 卷材类地面施工技术

卷材类地面材料近年来发展很快,品种繁多,现已成为主要的室内装饰材料之一。卷材类地面按材料性质可分为地毯地面、塑料地毯地面、橡胶地面及油地毡 4 大类。

2.4.1 室内地毯地面施工技术

室内地毯通常有固定式和活动式两种地毯的铺设施工技术。

活动式铺设就是将地毯直接摊铺在基层上,不与基层固定在一起。这种方法简单方便,易于更换,装饰性强的手工工艺性地毯和方块地毯,一般采用这种方法。铺设活动地毯,基层可以是水泥砂浆基层,也可以铺于其他材料基层。施工要求表面应坚硬,平整光滑,表面不能有凹凸现象,用 2m 直尺检查,其允许偏差不应大于 4mm。同时,地面要求干燥,含水率小于 8%。

固定式铺设是将地毯裁边,粘接接缝成一片,四周与房间地面固定,使其不变形。常用倒刺板固定地毯。为了保证地毯的脚感舒适，一般是在地毯下面加设一层弹性胶垫。在公共空间室内装修中通常采用这种施工工艺。

1. 施工准备

1）材料

（1）地毯。地毯强烈的艺术风格魅力早已为世人所知，作为一种理想的装饰材料，地毯具备其他材料难以替代的高贵、华丽、赏心悦目的视觉效果。在居室中，地毯的大面积使用导致不易清洁十分不方便，现在人们的倾向把地毯用作局部装饰，在地面局部装饰以方块地毯、圆形地毯、椭圆形地毯、半月形地毯等。市场上的地毯品种繁多，风格各异，以下是几种常用地毯的特点：

① 纯毛地毯：其质感非常突出，弹性好、吸收噪声、不反光不刺眼，豪华舒适，隔热隔寒不易老化，装饰效果理想，但应考虑防蛀虫、防腐烂的问题，分手织与机织两种。

② 混纺地毯：由毛纤维及各种合成纤维混纺而成，色泽艳丽，易清洁，可以克服纯毛地毯不耐虫蛀及易腐蚀。

③ 化纤地毯：以丙纶、纤维为材料，再与磨布底层加工制成，触感似羊毛，行走舒适、耐磨、耐燃、色彩鲜艳、重量轻、防静电、防虫蛀，即可摊铺，也可粘铺。

④ 植物纤维地毯或垫席：环保绿色型产品，原材料极为丰富，一般用海草或琼麻及剑麻等天然材料，具有极为自然的粗犷质感和色彩，行走舒适，不打滑，弹性适中。当室内空气潮湿时，它吸收一定水分，室内干燥时又可释放水分，起到"呼吸"作用，其价格也非常低廉。

⑤ 塑料地毯：家庭中一般用在厕所和厨房门口，作用主要用于滤水。选购地毯时首先要了解地毯纤维的性质，简单的鉴别方法一般采取燃烧法和手感、观察相结合的方法，棉的燃烧速度快，灰末细而软，其气味似燃烧纸张，其纤维细而无弹性，无光泽；羊毛燃烧速度慢，有烟有泡，灰多且呈脆块状，其气味似燃烧头发。质感丰富，手捻有弹性，具有自然柔和的光泽。化纤及混纺地毯燃烧后熔融呈胶体并可拉成丝状，手感弹性好并且重量轻，其色彩鲜艳。

⑥ 地毯选择：地毯的品种、规格、主要性能和技术指标必须符合设计要求。选定地毯要依据地毯的铺设部位、使用功能、所达到的装饰效果，造价等因素，还要进行现场实测，保证地毯的干燥、干净，无油污、斑点、色差。选择地毯时，其颜色应根据室内家具与室内装饰色彩效果等具体情况而定，一般客厅或起居室内宜选择色彩较暗、花纹图案较大的地毯，卧室内宜选择花型较小、色彩明快的地毯，还要注意查看颜色是否均匀，花型是否正确，毯面是否平整，有无死褶。同时也要注意内存质量，主要看毯面是否工整，再看毯背是否牢固，织造是否整齐，有无断径、缺纬等现象。

（2）胶粘剂。要求无毒、不霉、快干，半小时内使用张紧器时不脱缝；对地面有足够的粘接强度，可剥离；施工方便，符合以上要求的胶粘剂，均可用于地毯与地面、地毯与地毯连接拼缝处的粘接。一般采用天然乳胶添加增稠剂、防霉剂等制成的胶粘剂。常用的有聚醋酸乙烯胶粘剂和合成橡胶胶粘剂两类。

地毯与地毯连接拼缝处使用的粘结带是150mm宽，为热熔式，表面为一层热熔胶，熔点为130～180℃，用电熨斗烫压即可。

（3）地毯垫层。大多使用波纹的海绵衬垫，厚度在10mm左右。加设垫层，可增强地毯地面的柔软性、弹性和防潮性。

（4）收口条。用于地毯端头或与其他饰面材料交接处以及地面高低差部位收口处，起到保护地毯端口、防边缘被踩踏损坏的作用。如两种地面高度一致可选用铜压条或者不锈钢压条；如两种地面标高不一致，通常选用铝合金L形收口条，将地毯的毛边伸到收口条内，再把收口条端部砸扁,起到固定地毯及收口的双重作用。铝压条宜采用厚度为 2mm 左右的铝合金材料制成,用于门框下的地面处,压住地毯的边缘,使其免于被踢起或损坏,如图 2.31 所示。

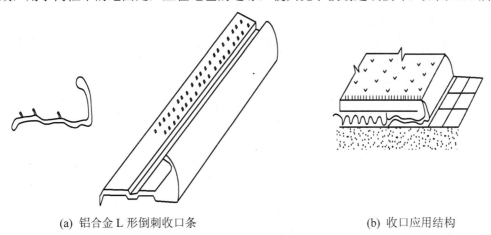

(a) 铝合金 L 形倒刺收口条　　　　　　(b) 收口应用结构

图 2.31　地毯收边处理

(5) 倒刺条。倒刺条是用来固定地毯的挂件。采用 1200mm 长、宽 24~25mm、厚 4~6mm 的三合板条,钉上两排斜钉(钉向上斜钉,斜度为 60°~75°),可勾挂地毯,通常用于室内的四周墙脚固定。还可选用成品铝合金倒刺条。

2) 机具

(1) 裁毯刀、裁纸机。有手推剪刀、手握剪刀两种。前者用于铺设操作中的少量裁切,后者用于施工前的大批下料。裁纸机用于现场施工的地毯裁边,可高速转动裁边,使用方便、快速,不会使地毯边缘处纤维维硬结。不至于影响地毯的拼缝。

(2) 地毯撑子。用于地毯拉伸,也称张紧器,有大撑子和小撑子两种。大面积铺设时用大撑子,操作时,通过可以伸缩的杠杆撑头及铰接承脚将地毯张拉平整。撑头与撑脚之间可任意接装连接管,以适应房间的尺寸,使承脚顶住对面的柱或墙。小撑子用于墙角或操作面狭窄处,操作者可用膝盖顶住尾部的空心橡胶垫,两手可以自由操作,地毯撑子的扒齿长短可以根据地毯的厚度进行调整,以适用于不同厚度的地毯,为了安全,使用完后应将扒齿缩回。

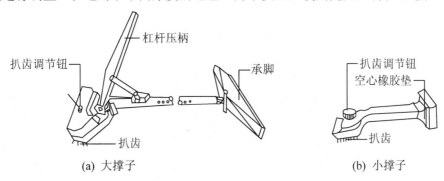

(a) 大撑子　　　　　　　　　　　(b) 小撑子

图 2.32　地毯撑子示意图

(3) 扁铲。一般用于墙角处或踢脚板下端的地毯掩边。

(4) 墩拐。用于钉固定倒刺板条时,如遇障碍不易用锤击,即可用墩拐垫着砸。此外,还有地毯缝合用的尖嘴钳子、电熨斗。对地毯边进行加工时所用的地毯裁边机、直尺、米尺、电钻等常用的木工工具。

2. 工艺技术

1) 地毯工艺流程

(1) 卡条式固定方式。

卡条式固定方式流程为基层处理→弹线与定位→裁剪地毯→钉倒刺板→铺地毯垫层→地毯拼缝→地毯张平→固定地毯→地毯收边→地毯面修整→清饰表层→保护。

(2) 粘贴法固定方式。

粘贴固定方式流程为基层处理→弹线放样→裁剪地毯→刮胶晾置→铺设辊压→清理、保护。

2) 工艺过程简述

(1) 卡条式固定方式。

① 基层处理：铺设地毯的地面基层，要求表面平整、光滑、洁净，如果有油污，须用丙酮或者松节油擦净，水泥地面要求有一定的强度，不得有空鼓和裂缝，如果有就要用掺和107胶的水泥砂浆修补。水泥地面含水率不大于8%，表面平整偏差不大于4mm。

② 弹线与定位：严格按照图样设计要求对各个不同的部位和房间的具体要求进行弹线与定位。如果图样有规定和要求时，则严格按照图施工；如没有具体的要求，应对称找中并弹线定出铺设的位置。

③ 裁剪地毯：要在比较宽阔的地方集中统一进行，一定要精确测量房间尺寸，确定铺设方向。然后在地毯背面弹出尺寸线和形状，用手推剪刀从地毯背面下刀。每段地毯的长度要比房间长出20mm左右，宽度要以减去地毯边缘后的尺寸计算。如果是圈绒地毯，裁切时应从环毛的中间剪断；如果是平绒地毯，应注意切口处绒毛的整齐。裁好后的地毯卷成卷与铺设位置对应编号进入对号的房间。地毯裁割下料如图2.33所示。

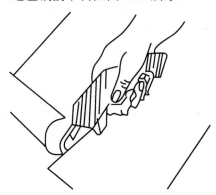

图 2.33 地毯裁剪下料示意

④ 钉倒刺板条：在距离踢脚板8～10mm处沿着房间或走道四周用水泥钢钉(或采用塑料胀管与螺钉)将倒刺板固定在基层上(钉朝内墙方向)，钉距在300～400mm内。在大面积铺地毯时，建议沿墙、柱、钉上双道刺板条，两条倒刺板之间净距离约2mm。钉倒刺板时，应该注意不能损坏踢脚板，必要时可用钢板保护。

⑤ 铺设地毯垫层：地毯垫层应按倒刺板之间的净距离下料，避免铺设后垫层皱折、覆盖倒刺板或远离倒刺板。应离倒刺板10mm左右，避免拉伸地板时影响倒刺板上的钉尖对地毯面的勾结。设置垫层拼缝应考虑到与地毯拼缝至少错开15mm。垫层一般用107胶或白乳胶粘接到基层面上。

⑥ 地毯拼缝：将裁好的地毯翻过来虚铺在垫层上，然后将地毯卷起来，将缝合拼接部位对齐。缝合时，先用直针隔一定距离临时固定几针，然后用大针满缝。如果地毯较长，可从中

间往两端缝合，也可分成几段，可几个人同时作业。背面缝合完毕，将地毯翻到正面平铺到垫层上。将接缝胶带放置到接缝处下面。接缝两侧地毯对缝压在接缝胶带上，然后用电熨斗(加热至130～180℃)在接缝胶带上熨烫，使胶质熔化，随着熨斗的向前移动立即把地毯紧压在胶带上，使两块地毯粘接牢固。然后再用弯针在接缝处正面做绒毛密实的缝合，接缝处不齐的绒毛要先修齐。并反复揉搓接缝处绒毛，直至表面看不出接缝的痕迹。地毯缝合示意如图2.34所示。

⑦ 展平地毯：接缝拼接完毕之后，先将地毯的一条长边固定在倒刺板上，在铺装前必须进行实量，测量墙角是否规方，准确记录各角角度。根据计算的下料尺寸在地毯背面弹线、裁割。倒刺板固定式铺设沿墙边钉倒刺板，倒刺板距踢脚板8mm。接缝处应用胶带在地毯背面将两块地毯粘贴在一起，要先将接缝处不齐的绒毛修齐，并反复揉搓接缝处绒毛，至表面看不出接缝痕迹为至。粘接铺设时刮胶后晾置5～10min，待胶液变得干粘时铺设。地毯铺设后，用撑子针地毯拉紧、张平，挂在墙边的倒刺板上，图2.35所示。用胶粘贴的，地毯铺平后用毡辊压出气泡。多余的地毯边裁去，清理拉掉的纤维。裁割地毯时应沿地毯经纱裁割，只割断纬纱，不割经纱，对于有背衬的地毯，应从正面分开绒毛，找出经纱、纬纱后裁割。

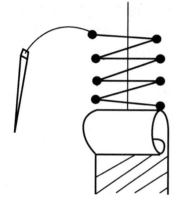

图2.34 地毯缝合示意

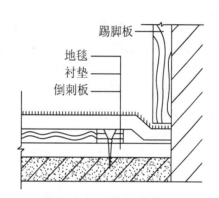

图2.35 地毯靠墙固定方法

⑧ 地毯收边：通常地说，地毯的收口在门扇下面的中部。如使用两种不同的材质，要加设收口条和分格条。门口处人流来往频繁，为防止地毯被踢起来，需要加一条铝合金收口条。安装时，铝合金收口条用螺丝或钢钉固定在地面上。将地毯边插入其槽内，再将收口轻轻地敲下去，便将收口条内的倒挂钩压住地毯，将地毯扣牢。收口的目的一方面是为了固定地毯，另外一方面就是为了防止地毯外露毛边，影响美观。

室内卫生间和厨房的地面，因为要排水，一般低于室内房间地面20mm左右，在有高低差的部位，常用L形铝合金收口条装饰。对于室内地毯与走廊地面的分隔处，最好选用铝合金倒刺条，既起到固定作用又起到了收口装饰作用，图2.36所示。对于同一标高的两种不同材料的地面相交部位，宜用分格条进行收口，分格条一般用铜条或不锈钢条。

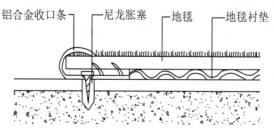

图2.36 门边收口构造

⑨ 地毯修整：要注意门口压条的处理，门框、走道与门厅地面、管根、暖气罩、槽盒、走道与卫生间门槛，楼梯踏步与过道平台，内门与外门，不同颜色地毯交接处和踢脚板等部位地毯的套割、固定和掩边工作，必须粘接牢固，不应有显露、后找补条等。地毯铺完后，固定收口条后，应用吸尘器将地毯面上脱落的绒毛彻底清理干净。

(2) 胶粘固定法。把胶粘剂直接刷到基层上，然后铺上地毯，使其胶粘固定。

刷胶有满刷胶与局部刷胶两种，不常走动的房间，一般采用局部刷胶，在公共场所，因人活动频繁，应采用满刷胶。其操作要点如下。

① 铺设地毯的地面需具有一定的强度，地面要平整，无凸包、麻坑、裂缝等现象。施工地面应扫除干净，并保持干燥。

② 拼缝的地毯，如有花纹应对称完整，地毯面平整，无脏污、空鼓、死折、翘边，对缝不允许偏差，不离缝、不搭缝。

③ 用胶粘固定地毯，一般不放垫层，把胶刷在基层上，然后将地毯固定在基层上。胶可选用铺贴塑料地板胶，刷好后应静停一段时间，然后铺放地毯，铺设应根据房间尺寸灵活掌握。

④ 对面积不大的房间，先在地面的中间刷一道地毯胶，晾 5 分钟后，然后将地毯铺上，再用地毯撑子往四边撑拉，再沿墙边的地面刷一遍地毯胶，将地毯压平掩边。对狭长的走廊或过道，宜从一端铺向另一端。

⑤ 当地毯需要拼接时，在拼缝处刮一层胶，将地毯拼密实。

⑥ 其他铺设要求与倒刺板条固定法相同。

3) 楼梯地毯施工技术

楼梯是行人往来的通道，地毯的铺设必须牢固，才能方便行走。铺设的重点是保证铺设固定的稳妥。根据楼梯使用功能、地毯材料性能及装饰装修的不同要求来选择铺设方式。施工准备工作与和平面地毯铺设基本一致。

(1) 地毯剪裁与拼缝。地毯剪裁前应该进行楼梯测量，测量楼梯每级的深度与高度，计算踏步的级数，以估计所需地毯的长度。即将每级的深度与高度相加，再乘以楼梯踏步的级数，最后再加上 450~600mm 的余量，以便使地毯在今后的使用中可挪动常受磨损的位置。按楼梯铺设的宽度在地毯上画粉线，剪裁时应按地毯的粉线位置，找出地毯的纺织缝，并使纺织缝剪裁，这样不致剪伤、剪乱地毯的纤维，并使边缘整齐。地毯拼接应纹理同向。拼缝时先将地毯两边对齐、修齐。再将两地毯用针线粗接起来，最后用地毯拼条将拼缝粘牢；把拼好缝的地毯面向内卷起待用。

(2) 固定地毯衬垫。固定地毯衬垫有两种方法，一种是用粘接剂粘固在楼梯上，另一种是钉牢在楼梯上。用粘接法时，楼梯表面应冲刷清洗干净，待干燥后在楼梯面上刷胶，每个梯级的平面和竖面各刷一条宽 50mm 的胶带，再将地毯衬垫压贴在楼梯上，使其平整。钉固法，是用地毯挂角条将衬垫压固，地毯挂角条是用厚 1mm 左右的铁皮制成，有两个方向的倒刺爪，可将地毯背抓住而不露痕迹，图 2.37 所示。钉固前，先将衬垫在楼梯上铺平，然后用水泥钉将挂角条钉在每个梯级的阴角处，图 2.38 所示。如果地面较硬打钉子困难，可在钉位处用冲击钻打孔，孔内埋入木楔，通过木楔与钉将地毯挂角条压固在楼梯上。如果不用衬垫的地毯铺设，可事前将地毯挂角条直接固定在楼梯梯级的阴角处。挂角条的长度要小于地毯宽度 20mm 左右。

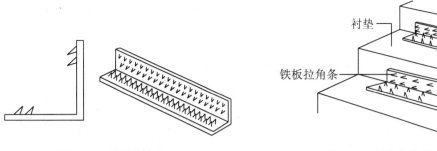

图 2.37　地毯挂角条　　　　　　图 2.38　挂角条位置

(3) 铺设。把地毯卷抬到楼梯的顶端，从顶端展开地毯卷，一边铺设一边展开，将每一阴角处地毯推压到角位，使其背面挂在地毯挂角条的倒刺钩上，并拉平地毯使其拉紧包住梯级。这样连续直到最下级，将多余的地毯朝内摺转，钉于底级的竖板上。

地毯的最高一级应在楼梯面或楼层的地面上，并用铝合金收口条或木卡条收口，收边处应与楼层面的地毯对接拼缝，如图 2.39(a)所示。如楼层面上没有地毯，楼梯地毯的最高一级处，应将始端固定于竖板上的铝合金收口条内，如图 2.39(b)所示。

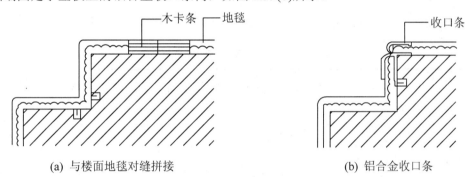

(a) 与楼面地毯对缝拼接　　　　　(b) 铝合金收口条

图 2.39　楼梯地毯收口

所选用的地毯如果已有海绵衬垫，那么，可用地毯胶粘剂代替地毯挂角条，将胶粘剂涂抹在压板与踏板面上粘贴地毯。铺设前，将地毯的毯毛理顺，找出毯毛最为光滑的方向，铺设时，以毯毛的走向朝下为准。在梯级阴角处用扁铲敲打，以使地毯规整地铺贴在楼梯上。地板木条上都有突起的抓钉，能将地毯紧紧抓住。在每级压、踏板转角处用不锈钢螺钉拧紧铜或铝角防滑条。楼梯地毯铺设、固定方法如图 2.40 所示。

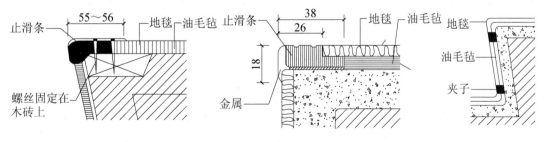

图 2.40　楼梯地毯铺设固定方法(单位：mm)

4) 施工注意事项

(1) 应根据建筑室内类型和地毯使用部位，在充分了解了某种地毯的使用特性后，才能购买。如使用量大，可根据具体情况，与厂家商定加工成合适的规格。不应选用材质差、色泽不统一的地毯，以免影响装饰质量。准确测量房间尺寸和计算下料尺寸，以免造成浪费。

(2) 地毯铺装对基层地面的要求较高，地面必须平整、洁净，含水率不得大于 8%，并已安装好踢脚线。

(3) 踢脚板下沿至地面间隙应比地毯厚度大 2～3mm。

(4) 凡能被雨水淋湿、有地下水侵蚀的地面，特别潮湿的地面不能铺设地毯。

(5) 地毯铺设后务必拉紧、展平、固定，防止以后发生变形。

(6) 在墙边的踢脚处以及室内柱子和其他突出物处，地毯的多余部分应剪掉，可先大略地剪去一部分，再精细修整边缘，使之吻合服帖。靠柱子处地毯固定方法同四周墙体。

(7) 地毯拼缝应尽量小，不应使底衬、缝线露出，要求在接缝时用张力器将地毯展平服帖后再行接缝。接缝处要考虑地毯上花纹的衔接，否则会影响装饰质量，在购买和定制地毯时就应考虑到这个问题。

(8) 铺完后的地面应达到毯面平整服帖、图案连续、协调，不显接缝，不易滑动，墙边、门口处连接牢靠，毯面无脏污、损伤。

(9) 注意成品保护，用胶粘贴的地毯，24 小时内不许随意踩踏。

3. 施工质量要求

地毯地面工程质量要求和检验方法见表 2-15。

表 2-15 地毯地面工程质量验收要求与检验方法

项目	项次	质量要求	检验方法
主控项目	1	地毯的品种、规格、颜色、花色、胶料和辅料及其材质必须符合设计要求和国家现行地毯产品标准的规定。	观察检查和检查材质合格记录
	2	地毯表面应平服、拼缝处粘贴牢固、严密平整、图案吻合	观察检查
一般项目	3	地毯表面不应起鼓、起皱、翘边、卷边、显拼缝、露线和无毛边，绒面毛顺光一致，毯面干净，无污染和损伤。	观察检查
	4	地毯同其他面层连接处、收口处和墙边、柱子周围应顺直、压紧。	观察检查

2.4.2 塑料类地面施工技术

塑料或者橡胶地板具有不易沾灰尘、噪音小、脚感舒适、耐磨、绝缘、防滑、耐化学腐蚀等特点，PVC 塑胶地板面层施工，工艺简单，施工人员便于操作，工程质量容易掌握，已经广泛地在室内装修中使用。

1. 施工准备

当水暖管线已安装完，并已经试压合格；顶、墙面喷浆或墙面裱糊及一切油漆活已完成；室内细木装饰及油漆活已完成；地面及踢脚线的水泥砂浆找平层已抹完成，其含水率不应大于9%。基层地面应达到"平整好、硬度够、温度可行"的标准。水泥基层抗压强度不得低于1.2MPa，面层采用 1∶2.5 水泥砂浆找平，养护时间要合理，含水率小于 5%，pH 小于 9.5。"温度可行"的标准是目测面层发白；手摸无粗糙感，平整度检查误差应不大于 4mm。

1) 材料

(1) PVC 塑料。板块表面应平整、光洁、无裂纹、色泽均匀、厚薄一致、边缘平直，板内不应有杂物和气泡，并应符合产品的各项技术指标，进场时要有出厂合格证；塑料卷材的材质及颜色符合设计要求。

(2) 胶粘剂及其他。

胶粘剂可采用乙烯类(聚醋酸乙烯乳液)、氯丁橡胶型、聚氨酯、环氧树脂、合成橡胶溶液型、沥青类和 926 多功能建筑胶等。水泥宜采用硅酸盐水泥、普通硅酸盐水泥,其标号不宜低于 425 号;二甲苯、丙酮、硝基稀料、醇酸稀料、汽油、软蜡等;聚醋酸乙烯乳液、107 胶。

2) 机具

橡胶滚筒、橡胶锤、刮板、焊接设备、划针、钢尺、方尺、墨斗、裁剪刀等。

2. 工艺技术

1) 工艺流程

工艺流程为基层处理→弹线工艺→裁剪、试铺→刮胶→铺贴→焊接→滚压(铺贴卷材时)→铺贴踢脚线→养护。

2) 工艺过程简述

(1) 基层处理。地面基层为水泥砂浆抹面时,表面应平整、坚硬、干燥、无油污及其他杂质。当表面有麻面、起砂、裂缝现象时,应采用乳液腻子处理,处理时每次涂刷的厚度不应大于 0.8mm,干燥后应用 0 号铁砂布打磨,然后再涂刷第二遍腻子,直到表面平整后,再用水稀释的乳液涂刷一遍;基层为预制大楼板时,将大楼板过口处的板缝勾严、勾平、压光,将板面上多余的钢筋头、埋件剔掉,凹坑填平,板面清理干净后,用 10%的火碱水刷净,晾干,再刷水泥乳液腻子,刮平后,第二天磨砂纸,将其接槎痕迹磨平。

(2) 弹线工艺。铺设地板前必须测量地面面积,大面积空间要分几部分,板块定位方法一般有对角定位法和直角定位法,可采用十字形、丁字形等方式弹线标出地板起始铺设位置和定位基准线。如房内长、宽尺寸不符合板块尺寸倍数时,应沿地面四周弹出加条镶边线,一般距墙面 200~300mm 为宜。卷材应扣除接缝宽度(10~20mm),有花纹的卷材应考虑拼花对缝要求。

(3) 裁剪、试铺。确定镶边块板尺寸并切割,裁剪方法如图 2.41 所示。卷材应该在铺贴前 3~6 天进行裁切,并留有 0.5%的余量,因为塑料在切割后有一定量的收缩。按弹线及设计预拼花纹,进行裁剪试铺,即按定位图及弹线应先试铺,并进行编号,然后将板块掀起按编号码放好,将基层清理干净。

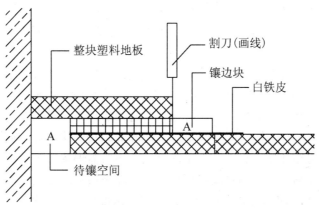

图 2.41 镶边板块切割示意

(4) 刮胶。按施工面积准备充足的施胶量,基层清理干净后,用专用的地板胶刮板(图 2.42)涂胶。涂布量约 350g/m², 一次涂布面积不宜过大, 必须保证在规定时间内施工完毕。当用乳液型胶粘剂,应在地板刮胶的同时在塑料背板刮胶;当用溶剂型胶粘剂,只在地面上刮胶即可。

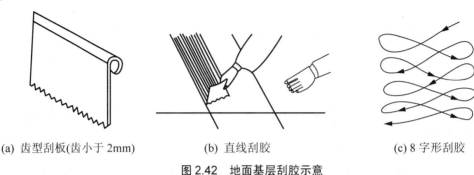

(a) 齿型刮板(齿小于 2mm)　　(b) 直线刮胶　　(c) 8 字形刮胶

图 2.42　地面基层刮胶示意

(5) 铺贴。

① 片材铺贴：铺贴 PVC 塑料片材时, 按地板花纹方向或背面虚线提示摆放。根据设定起始铺设线和定位基准线,从中间向四周墙铺设。铺设时用轻微滑动的动作将地板贴到胶水上(一般移动 3mm)。在地板铺设的同时,必须用滚筒碾压已铺的地板,以确保地板与胶水完全接触。大面积施工时采取分区作业,并及时收边。地板铺设完毕,须再次用滚筒滚压(图 2.43)以排除空气,保证地板与基层全面接触,以取得最佳的粘合效果。

 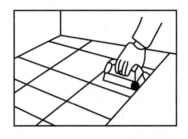 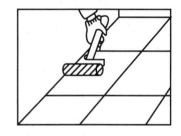

图 2.43　铺贴压实示意

② 卷材铺贴：预先按已计划好的卷材铺贴方向及房间尺寸裁料,按铺贴的顺序编号,刷胶铺贴时,将卷材的一边对准所弹的尺寸线,用压滚压实,要求对线连接平顺,不卷不翘。然后依以上方法铺贴。

(6) 焊接。接缝采用热焊接的连接方法,该法接缝坚固,防水且卫生。热焊应待地板与胶水完全粘合后进行,接缝边必须密实,因接口缝隙过大会影响焊接质量,槽口深度必须是地材厚度的 2/3, 以保证焊接强度与粘接力。开槽口时必须清理干净,末端用手工开槽刀。焊接时应使用能保证合适温度的专业高质量焊枪并配备 5mm 口径的快速焊枪嘴,焊枪预热温度保持在 350~450℃, 即可熔化地面材料和焊条的温度。将所需焊条的一半以上长度插入焊枪嘴,把开段压入槽内 1min 后, 再往后移动热焊枪, 掌握焊条熔解的速度, 焊条两端需形成小圆珠状。焊条未完全冷却时, 即用月牙刀和修剪刀剪除多余部分, 另一端重复以上步骤往中央进行焊接, 交接处应重叠 2mm, 待焊条完全冷却后做最后修整。

(7) 铺贴塑料踢脚板。地面铺贴完后,弹出踢脚上口线,并分别在房间墙面下部的两端铺贴踢脚后，挂线粘贴，应先铺贴阴阳角，后铺贴大面，用滚子反复压实，注意踢脚上口及踢脚与地面交接处阴角的滚压，并及时将挤出的胶痕擦净，侧面应平整、接槎应严密，阴阳角应做成直角或圆角。

(8) 擦光并上蜡。铺贴好塑料地面及踢脚板后，用墩布擦干净、晾干，然后用砂布包裹已配好的上光软蜡，满涂 1～2 遍(质量配合比为软蜡：汽油=100：20～100：30)，另掺入 1%～3% 与地板相同颜色的颜料，稍干后用净布擦拭，直至表面光滑、光亮。

3) 施工注意事项

(1) 施工时地表温度不得低于 5℃，基层含水率高于 3%时不得施工。胶水须经晾胶(在 20℃ 静置约 10min 即可铺设地板，视气温情况，用手指触摸进行判断)。可铺设时间在 35min 左右，高温干燥天气时间相应缩短。施胶后应及时铺设地板和收边，晾胶时间不可过长。

(2) 应根据基层所铺材料和面层材料使用的要求，通过试验确定。胶粘剂应存放在阴凉通风、干燥的室内。超过生产期 3 个月的产品，应取样检验，合格后方可使用。超过保质期的产品，不得使用；胶粘剂应放置阴凉处保管，避免日光直射，并隔离火源(3m 以外)，其环境温度不宜高于 32℃。

(3) 施工前应先做样板，对于有拼花要求的地面、应绘出大样图，经用工方及质检部门验收后，方可大面积施工。

(4) 在运输塑料板块及卷材时，应防止日晒雨淋和撞击。

(5) 施工时，室内相对湿度不应大于 80%。

3．施工质量要求

PVC 塑胶地面工程质量要求和检验方法见表 2-16。

表 2-16　PVC 塑胶地面工程质量验收要求与检验方法

项　目	项　次	质　量　要　求	检　验　方　法
主控项目	1	塑料板面层所用的塑料板块和卷材的品种、规格、颜色、等级应符合设计要求和现行国家标准的规定	观察检查和检查材质合格证明文件及检测报告
	2	面层与下一层的粘接应牢固，不翘边、不脱胶、无溢胶	观察检查和用敲击方式及钢尺检查
一般项目	3	塑料板面层应表面洁净，图案清晰，色泽一致，接缝严密，美观，拼缝处的图案、花纹吻合，无胶痕；与墙边交接严密，阴阳角收边方正	观察检查
	4	板块的焊接，焊缝应平整、光洁，无焦化变色、斑点、焊瘤和起鳞等缺陷，其凹凸允许偏差为 ±0.6mm。焊缝的抗拉强度不得小于塑料板强度的 75%	观察检查和检查检测报告
	5	镶边用料应尺寸准确、边角整齐、拼缝严密、接缝顺直	用钢尺和观察检查

注：卷材局部脱胶处面积不应大于 20cm²，且相隔间距不小于 50cm 可不计；凡单块板块料边角局部脱胶处且每自然间(标准间)不超过总数的 5%者可不计。

塑料板面层的允许偏差和检验方法见表 2-17 的规定。

表 2-17　塑料板面层的允许偏差表

序　号	检 查 项 目	允许偏差或允许值/mm	检 查 方 法
1	表面平整度	2.0	用 2m 靠尺和楔形塞尺检查
2	缝格平直	3.0	拉 5m 线和用钢尺检查
3	接缝高低差	0.5	用钢尺和楔形塞尺检查
4	踢脚线上口平直	2.0	拉 5m 线和用钢尺检查
5	板块间隙宽度	—	用钢尺检查

2.5　案例分析

2.5.1　案例一：某洗浴中心室内地面综合施工技术

1. 施工准备

本项目涉及防滑砖、玻化砖、大理石材、陶瓷锦砖、景观喷泉水体等的施工技术。主要涉及的材料有米白色防滑砖、米黄玻化砖、米黄石材、米白色陶瓷锦砖、异型石材；涉及的工种主要是泥水工、水电工等，主要机具包含泥水工、水电工所需的各项工具等。

做好隐蔽工程、防水工程并进行两次蓄水试验等的验收合格、符合设计要求后进行面材贴饰。材料进出现场到位、各种设备就位并进行施工前交底工作。

2. 施工设计及节点大样

施工设计及节点大样具体参见图 2.44～图 2.47。

3. 工艺流程

(1) 玻化砖。工艺流程为基层处理→做冲筋→刷水泥素浆、抹找平层→弹线、定位→铺贴玻化砖→压平、拨缝→安装踢脚线→勾缝→养护。

(2) 陶瓷锦砖。基层处理→做冲筋→刷水泥素浆、抹找平层→弹线、定位→铺设陶瓷锦砖→揭纸拨缝→灌浆、擦缝→养护→清饰表层。

(3) 米黄石材。基层处理→弹线→试拼、试排→刮素水泥浆、铺结合层→铺设标准板块→铺设米黄石材→灌浆、擦缝→养护、打蜡→清饰表层。

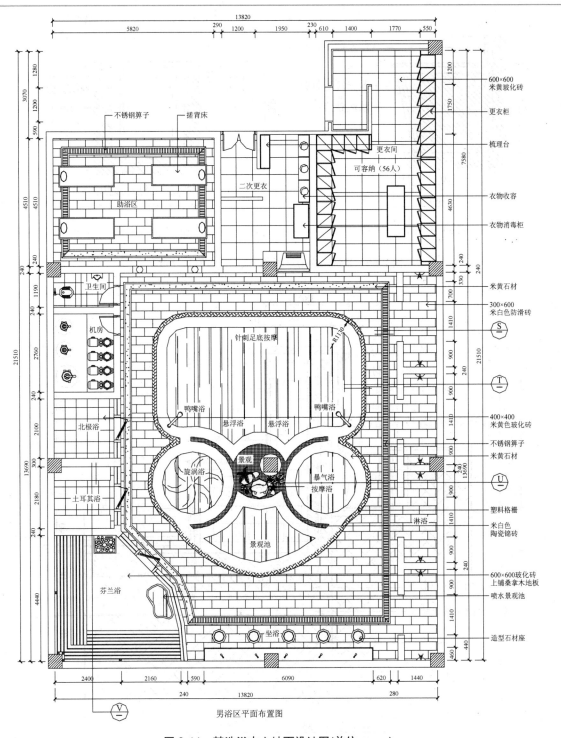

图 2.44 某洗浴中心地面设计图(单位：mm)

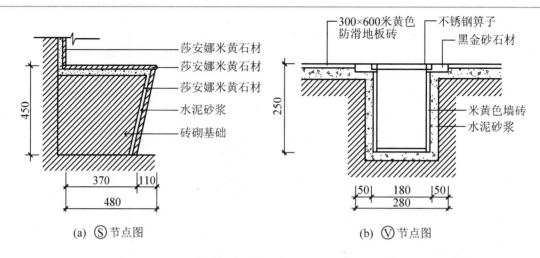

图 2.45 某洗浴中心地面节点图(一)(单位：mm)

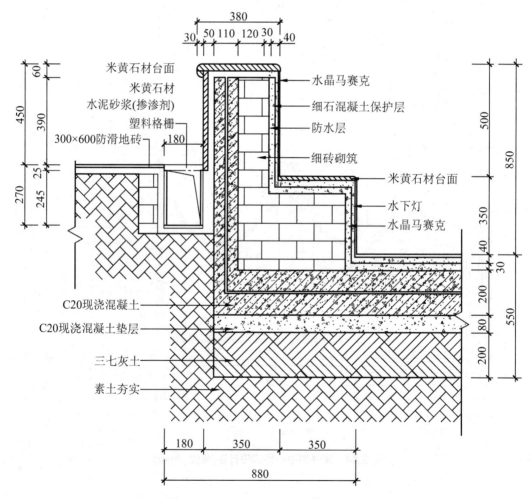

图 2.46 某洗浴中心地面节点图(二)(Ⓣ 节点)(单位：mm)

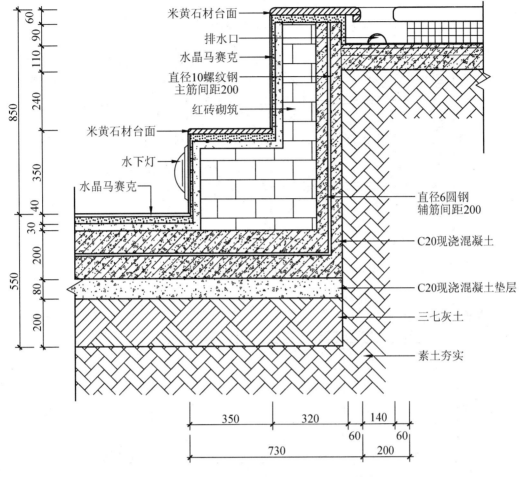

图 2.47 某洗浴中心地面节点图(三)(Ⅱ节点)(单位：mm)

2.5.2 案例二：室内玻璃地面施工技术

1. 施工准备

本项目涉及黑色大理石材、无色钢化玻璃(参见活动地板施工技术)的施工技术。主要涉及的材料有黑色大理石材、无色钢化玻璃、T形黄铜条型材、霓虹灯等；涉及的工种主要是泥水工、水电工、金属工等，主要机具包含泥水工、水电工、金属工所需的各项工具等。

材料进出现场到位、各种设备就位并进行施工前交底工作。龙骨架安装就位，霓虹灯布置就位并调试完毕且符合设计要求后进行钢化玻璃安装。

2. 施工设计及节点大样

施工设计及节点大样如图 2.48~图 2.49 所示。

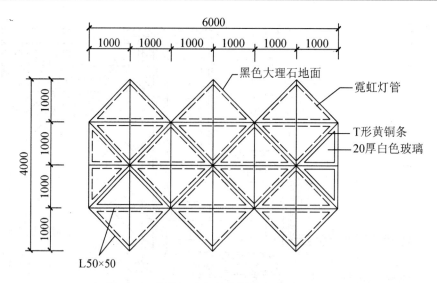

图 2.48 某地面玻璃安装平面图(单位：mm)

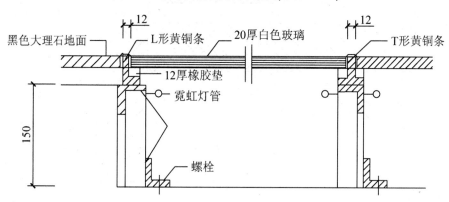

图 2.49 某地面玻璃安装节点大样(单位：mm)

3. 工艺流程

1) 钢化玻璃安装

安装流程为基层处理→弹线定位→综合布线→检查隐蔽工程→底层处理→固定支架→霓虹灯安装→安装桁架→安装钢化玻璃→清理养护。

2) 大理石铺设

基层处理→弹线→试拼、试排→刮素水泥浆、铺结合层→铺设标准板块→铺设黑色大理石→收口处理→灌浆、擦缝→养护、打蜡→清饰表层。

小 结

在室内空间中，人们在楼地面上从事各项活动，安排各种家具和设备；地面要经受各种侵蚀、摩擦和冲击作用，因此要求地面有足够的强度和耐腐蚀性。地面作为地坪或楼面的表面层，首先要起保护作用，使地坪或楼面坚固耐久。按照不同功能的使用要求，地面应具有耐磨、防水、防潮、防滑、易于清扫等特点。在高级房间，还要有一定的隔声、吸声功能及弹性、保温和阻燃性等。在楼地面上进行各种饰面装饰，不仅满足了楼地面的各种使用功能，也使楼地面的使用功能与装饰美感有很大程度的改善。楼地面装饰已成为建筑装饰工程中不可缺少的重要组成部分。

本章系统介绍了现代室内装饰中常碰到的不同类型的楼地面工程的施工技术，也着重介绍了新型地面材料及施工工艺。本章内容以实际的工作过程为依据，以施工结构图为主线，贯穿施工准备、施工流程及施工工序和施工验收等室内楼地面装饰施工技术的核心问题，最后用案例研究形式体现了理论知识体系应用到具体施工；突出了应用性知识点包括楼地面工程涉及的材料及机具、楼地面工程施工工艺及操作要点、楼地面工程质量检测。侧重的能力目标是所学知识的实际灵活运用，以及对楼地面工程中实际问题的处理解决能力。

思考与练习

2-1 楼地面有哪些装饰类型？楼地面的基本构造层次有哪些？
2-2 楼地面常用的装饰材料有哪些？
2-3 绘制陶瓷地砖地面的构造做法示意图。
2-4 陶瓷地砖、石材地面的施工工艺及操作要点分别有哪些？
2-5 木地板有哪些类型？实木地板的施工工艺有哪些？
2-6 地毯有哪些种类？地毯施工有哪些铺设方式？如何进行地毯的收边处理？
2-7 活动地板适用在什么范围？其施工工艺有哪些？
2-8 PVC 塑胶地面施工条件有哪些？简述 PVC 塑胶地面的施工工艺技术。
2-9 如图 2.50 所示为某地面设计图，请画出图中标出的 A、B、C、D 各节点大样。

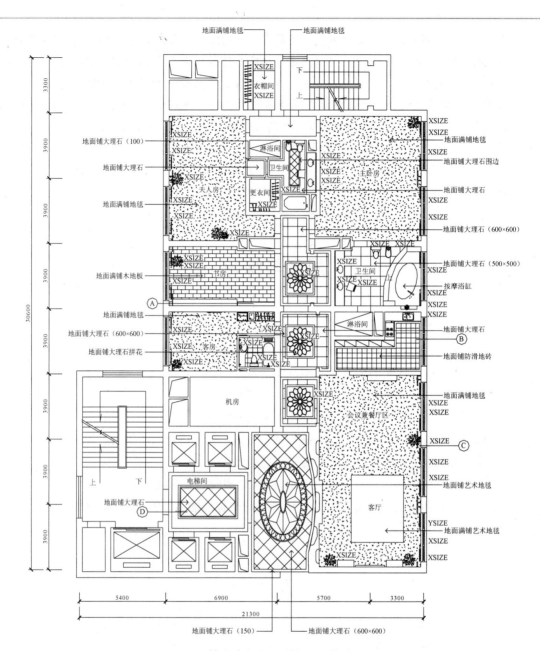

图2.50 某总统套房地面施工图(单位：mm)

第三章 室内墙柱面装饰施工技术

教学提示：室内墙柱面是室内装饰的重要界面，往往是室内的视觉中心，根据室内空间功能需求、视觉需求、装饰材料的特点以及装饰施工的特点来选择墙柱面的施工技术。本章主要介绍：室内墙柱面的抹灰和装饰抹灰施工技术，涂饰和喷塑施工技术，石材、陶瓷墙面施工技术，木质材料墙柱面施工技术和壁纸、壁布墙柱面施工技术，隔墙隔扇的施工技术。

教学要求：了解室内墙柱面装修不同分类方法及其特点，明确墙柱面装修的意义。重点掌握室内墙柱面各种类型的施工技术、工艺要求和施工质量要求以及施工验收方法。

室内墙柱面工程是室内的主要组成部分。室内墙柱面工程包含墙面和柱面两个部分。本章从施工性质和工艺特点的角度对墙柱面装饰施工进行系统介绍，主要分为涂刷类饰面、块料(陶瓷类饰面、石材类等)、结构类装饰饰面和软包材料饰面以及柱面装饰饰面等技术。

3.1 涂刷类墙面施工技术

3.1.1 抹灰工程施工技术

墙面抹灰装饰工程是建筑装饰工程中最普遍、最常用的一项内容，也是室内装饰工程其他项目的基础。室内墙面装饰除了功能性的要求，如保护墙体、改善清洁条件、改善隔音、隔热、防潮等外，还有美观的要求，特别是现代房产商品化后，美观的要求则更高。因此，掌握抹灰施工技术显得尤为重要。

抹灰工程根据面层的不同分为一般抹灰和装饰抹灰两大类，装饰抹灰更讲究装饰效果，除了面层施工方法不同外，其他施工过程和质量要求同一般抹灰基本相同。一般抹灰按操作工序和质量要求分为普通抹灰、中级抹灰和高级抹灰3种。

抹灰通常由底层、中层、面层组成。普通抹灰由一底层、一面层组成，或者不分层，一遍完成，适用于一般建筑物；高级抹灰由一层底灰、数层中层、一层面层组成，适用于大型公共建筑物、高级住宅等。抹灰类饰面的构造组成如图3.1所示。带有引条线的抹灰结构如图3.2所示。

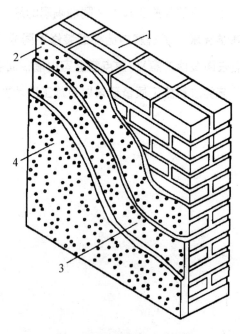

图3.1 抹灰类饰面构造组成

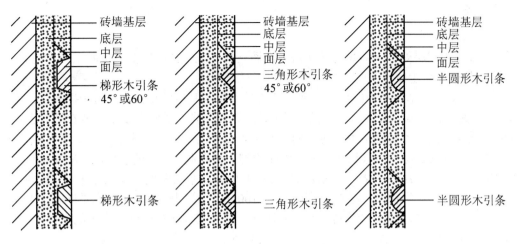

图 3.2 带有引条线的抹灰结构

1. 施工准备

抹灰之前组织结构验收是建筑工程质量管理程序的要求,相当于隐蔽工程验收,主要检查水、电管线、配电箱是否安装完毕,门窗框等是否已全安装完毕,标高是否准确,预埋的木砖或铁件是否有遗漏等。

1) 材料

对于抹灰工程所用的材料,大部分设计图样和标准图集都有明确的要求,有些也要现场自定。现场确定材料要考虑部位和功能的要求,例如外墙处于露天,要求有一定的防水性能,最好选用水泥砂浆或混合砂浆,不适合用石灰砂浆;踢脚板、墙裙、勒脚等处,处于经常潮湿或易于碰撞之处,要求防水、坚固,最好用水泥砂浆。抹灰用砂最好是中砂或粗砂与中砂混合使用,砂在使用前应过筛。石灰膏应洁白细腻,不得含有未熟化颗粒。面层材料质地应细腻均匀。

2) 机具

抹灰工程除了砂浆机、垂直运输、脚手架搭设等施工条件外,还要准备班组操作工具、质量检验工具。抹灰的操作工具很多,光抹子就有木抹、铁板抹、阴角抹、阳角抹等,因为抹灰作为装饰工程的内容,对阴、阳角等细部要求比较高,很多的工具是用来做细部构造的。抹灰的质量检验工具与砌墙工程所用的差不多,有托线板、靠尺和塞尺,另外还有方尺、小锤子。

2. 施工结构图

抹灰采取分层进行,因为这样有利于使抹灰抹得牢固,控制抹平,保证质量。如果一次抹得太厚,由于内外收水快慢不同,容易出现干裂、起鼓和脱落。底层的作用在于使抹灰与基层牢固地结合和初步抹平;中层的作用在于抹平墙面,面层使表面光滑细致,起装饰作用。每层抹灰的厚度一般为水泥砂浆 5~7mm,石灰砂浆或混合砂浆 7~9mm,面层用纸筋灰、石膏灰时,经赶平压实后,厚度不大于 2mm。抹灰的总厚度也要控制,因为过厚容易产生收缩裂缝,一般内墙面不大于 18mm,外墙不大于 20mm,顶棚抹灰因处于悬挂状态,对粘接力的要求较高,厚度要控制在 15mm 以内。

3. 工艺技术

1) 工艺流程

工艺流程为基层处理→弹线→做灰饼、冲筋→抹底灰→抹中层灰→罩面灰→压光。

2) 工艺过程简述

(1) 基层处理。基层处理的作用主要是改善抹灰层与基层的粘接力，防止抹灰层产生空鼓现象。主要是清除砖墙、砼等基层表面上的灰尘、污垢，光滑的砼面要凿毛或在墙面上刷一道纯水泥浆或介面剂以增加粘接力。对墙面凹凸不平太多的部位，事先进行凿平或用砂浆补齐。门窗框和墙之间的缝隙用砂浆嵌填密实，墙面的脚手架孔洞、管道的穿墙洞、凿墙安装管道留下的凹槽等都要用水泥砂浆堵严。墙体与砼交接的地方因基层温度变化胀缩不一，粉刷后容易出现裂缝，要求铺设钢板网，搭接宽度不小于100mm。预制砼顶棚抹灰前要将板缝用细石砼灌实。墙体抹灰之前，要浇水湿润，湿度要适宜，这与砌墙前对砖进行浇水的道理是一样的。

(2) 墙面抹灰。

① 弹线：以一个房间的内墙高级抹灰为例，主要工序为阴阳角找方，做灰饼设置标筋，做护角，分层赶平、修整、表面压光。阴阳角找方对地面要铺方形地砖的房间特别重要。对于小房间，可以以一面墙作基线，用方尺规方即可，如房间面积较大，要在地面上先弹出十字线作为墙角抹灰准线，在离墙角10cm左右，用线锤吊直，在墙上弹一立线，再按十字线及墙面平整度向里反弹，弹出墙角抹灰准线，并弹出墙裙或踢脚板线。

② 做灰饼、冲筋：灰饼是用来控制抹灰层厚度的。先用托线板检查墙面平整度和垂直度以大致决定抹灰层的厚度(最薄处不小于7mm)，按照厚度再在墙的上角各做一个大小5cm见方的标准灰饼，然后根据这两个灰饼用线锤挂垂直做墙面下角两个标准灰饼(高低位置一般在踢脚线上口)。再用钉子在左右灰饼附近的墙缝里，栓上小线挂好通线，并根据通线每隔1.2～1.5m加做几个标准灰饼。待灰饼稍干后，在上下灰饼之间抹上宽约10cm的砂浆冲筋，用木刮尺刮平，作为抹底子灰填平的标准，如图3.3所示。抹灰前，室内墙面、柱面的阳角和门窗洞口的阳角要做护角，因为这些地方最容易受到碰撞而损坏，所以对强度有特别的要求，如设计无规定时，可用1:2的水泥砂浆抹出护角，高度不低于2m，每侧宽度不小于50mm，其做法是，根据灰饼厚度抹灰，然后粘好八字靠尺，并找方吊直，用1:2水泥砂浆分层抹平，待砂浆稍干后，再用水泥浆和抒角器抒出小圆角，圆角做法如图3.4所示。而当室内大面积抹灰时同样要做引条线，引条线起到分块抹灰的作用，也带点装饰的意义，如图3.5所示。

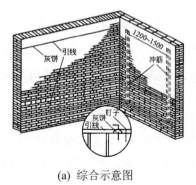
(a) 综合示意图

(b) 做灰饼

(c) 墙面冲筋

图3.3 墙面做灰饼、冲筋示意

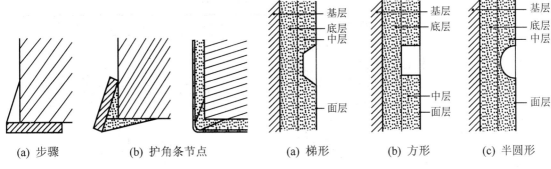

(a) 步骤　　　　(b) 护角条节点　　　　(a) 梯形　　　(b) 方形　　　(c) 半圆形

图 3.4　护角条做法示意　　　　　　　　图 3.5　引条线做法示意

③ 抹灰、压光：待砂浆冲筋稍干后，就应抹上底灰、中灰("装档"或"刮糙")，如图 3.6(a)所示。如等冲筋干了再上底灰，会因墙面砂浆收缩出现冲筋高出墙面的现象，边上底灰边用木刮尺靠在两边冲筋上，由下往上刮平，然后用木抹子抹平。墙面的阴角部位，要用方尺上下核对方正，然后用阴角抹具(阴角抹子及带垂球的阴角尺)抹直、抹平，如图 3.6(b)所示。待底子灰五六成干后，进行罩面压光。压光后，为墙面光洁，可以用排笔蘸水沿同一方向刷一遍。

　　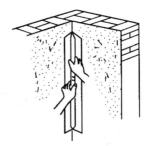

(a) 墙面装档　　　　　　　　(b) 阴角抹平

图 3.6　墙面抹灰示意

卫生间、厨房间等采用水泥砂浆面层时，须将底子灰表面扫毛或划出纹道，面层应注意接槎平整，表面压光不得少于两遍，罩面后次日进行洒水养护。在抹灰过程中，踢脚线等处的留槎要平整顺直，用靠尺靠在线上，用铁抹子切齐，修边清理。

外墙窗台、窗楣、雨篷、阳台、压顶等，上面应做流水边，下面应做滴水线或滴水槽。滴水槽的深度和宽度均不应小于 10mm，并整齐一致。滴水槽现一般采用铝合金或塑料 U 形条，比较美观。

(3) 顶棚抹灰。顶棚因为距人的视觉比较远，抹灰的平整度和光洁度一般比墙面的要求要低，一般不要求做灰饼，其施工方法是先在靠近顶棚的墙上弹出水平线，作为顶棚抹灰找平依据。再从顶棚墙角开始，沿顶棚四周，围边找平。为了避免掉灰，头道灰一般宜抹得薄一些，底子灰抹完后，紧跟着抹找平层，并用刮尺刮顺平，用木抹子搓平。待找平层灰有六七成干时，即应进行罩面；罩面灰稍平后，即用铁皮抹子压实、赶光，表面应顺平，接槎应平整，不应有抹纹和气泡。顶棚与墙面相交的阴角，应顺直清晰。

(4) 装饰抹灰。主要指砂浆装饰抹灰和石碴装饰抹灰。砂浆装饰抹灰包含拉毛灰、拉条、人造大理石；石碴装饰抹灰包含水刷石、干粘石、斩假石和拉假石、扒拉石、假面砖等工艺，见表 3-1 和表 3-2。

表 3-1 砂浆装饰抹灰工艺表

序号	类型	施 工 准 备	工 艺 流 程	结 构 图 例
1	拉毛	①工具：基本同一般抹灰，小拉毛需要棕刷 ②材料：底层、中层抹灰同一般抹灰用料，面层应掺入适量砂子和石灰膏。石灰膏：小拉毛水泥量的5%～20%，大拉毛20%～50%。	基层处理→找规矩→抹底灰→弹线粘分格条→抹面灰→拉毛	1:3水泥砂浆(拉毛)含5%石灰膏和3%纸筋(拉花不同配比不同) 7mm 1:3水泥砂浆找平 5mm 1:3水泥砂浆打底
2	拉条	①材料准备：同拉毛灰 ②机具：基本同一般抹灰，拉条模具(线模)、木轨道等	基层处理→抹底层、中层灰→弹木轨道位置线，贴木轨道→抹面层砂浆→拉条→刷涂料	水泥:砂:细纸筋灰=1:2.5:0.5(拉条) 7mm 1:3水泥砂浆找平 5mm 1:3水泥砂浆打底
3	人造大理石	①材料：石膏、水胶、颜料、滑石粉、地板蜡 ②工具：挠子、专用刨子、扁铲、小长刀、细油石、木盘	基层处理→抹底层、中层砂浆→弹线、找规矩、做石膏灰饼→刮石膏浆结合层→面层抹色石膏→磨光→上蜡→清洁	面层石蜡 石膏滑石粉面层(磨光) 石膏浆层 5mm 1:3水泥砂浆打底

表 3-2 石碴装饰抹灰工艺表

序号	类型	施 工 准 备	工 艺 流 程	结 构 图 例
1	水刷石	①材料：水泥采用不低于325号普通水泥、白水泥或彩色水泥。矿物颜料——中、小八厘石，着色砂粒——瓷粒等； ②工具：同一般抹灰、喷雾器	基层处理→抹底子灰、中层灰→弹线、贴分格条→抹面层石子浆→刷洗面层→起分格条及浇水养护	1:1.5水泥中八厘石粒砂浆 素水泥浆1道 7mm 1:3水泥砂浆找平 5mm 1:3水泥砂浆打底
2	干粘石	①材料：同水刷石； ②工具：托盘、木拍、空压机、干粘石喷机等	基层处理→抹底层、中层灰→弹木轨道位置线、贴木轨道→抹面层砂浆→拉条→刷涂料	4～6mm水泥中八厘彩色石粒砂浆 水泥石膏 聚甲醛胶砂浆 7mm 1:3水泥砂浆找平 5mm 1:3水泥砂浆打底
3	斩假石	①材料：小八厘、2mm粒径米粒石、0.15～1.0mm石屑 ②工具：斧子，其余同一般抹灰	基层处理→抹底层、中层砂浆→弹线、粘接分格条→抹面层水泥石子浆→斩剁面层→清洁	3～4mm厚彩色水泥 7mm 1:3水泥砂浆找平 5mm 1:3水泥砂浆打底

续表

序号	类型	施工准备	工艺流程	结构图例
4	拉假石、扒拉石、假面砖	①材料：同水刷石、斩假石；②工具：拉假石、木靠尺、抓耙；扒拉石、钉耙；假面砖、靠尺板、铁梳子、铁勾子和铁皮刨子等	基层处理→抹底层、中层砂浆→弹线、粘分格条→抹面层水泥石子浆→面层施工→清洁	3～4mm厚彩色水泥 7mm1:3水泥砂浆找平 5mm1:3水泥砂浆打底

3) 施工注意事项

(1) 抹灰前必须找好规矩、弹好基准线、抹好标准灰饼、拉横线找平、吊垂线找直找正。如墙面分格，应先弹好分格线。

(2) 抹水泥砂浆墙面时必须用同一批号的水泥，同一配比的水泥量，不使墙面出现明显的结合面。罩面完毕后次日要浇水养护。

(3) 抹装饰灰线时，应按设计要求做成型模子，一般单线待墙面、外柱面灰抹完之后进行。抹多线条应在墙面和柱面灰的中层砂浆抹完后进行，应分多遍成活，表面要赶平，慢慢修正撸光，手要稳，不可过急操作。中层与底层可掺少量麻刀，以便减少成型模子拉抹时灰浆开裂。

(4) 在加气混凝土砌块墙面上抹灰时应在墙面上钻上深 10mm、直径为 $\phi(6\sim8)$ 圆斜孔，等距 2～10cm。然后浇水，一定要浇透。待表面没有水渍时涂一遍 1:2 的 107 胶水溶液，然后抹砂浆。

(5) 当气温降至 5℃时不宜进行室外抹灰。

(6) 施工时要注意安全，防止砂浆进入眼中，一旦进入眼中应及时用洗眼液洗净，以免伤害眼睛。

4. 施工质量要求

装饰抹灰施工质量要求和检验方法见表 3-3 和表 3-4。

表 3-3 装饰抹灰质量与验收方法

项目	项次	质量要求	检验方法
主控项目	1	抹灰前基层表面的尘土、污垢、油渍等应清除干净，并应洒水润湿	检查施工记录
	2	装饰抹灰工程所用材料的品种和性能应符合设计要求。水泥的凝结时间和安定性复验应合格。砂浆的配合比应符合设计要求	检查产品合格证书、进场验收记录、复验报告和施工记录
	3	抹灰工程应分层进行。当抹灰总厚度大于或等于 35mm 时，应采取加强措施。不同材料基体交接处表面的抹灰，应采取防止开裂的加强措施，当采用加强网时，加强网与各基体的搭接宽度不应小于 100mm	检查隐蔽工程验收记录和施工记录
	4	各抹灰层之间及抹灰层与基体之间必须粘接牢固，抹灰层应无脱层、空鼓和裂缝	观察；用小锤轻击检查；检查施工记录

续表

项目	项次	质量要求	检验方法
一般项目	5	装饰抹灰工程的表面质量应符合下列规定： (1) 水刷石表面应石粒清晰、分布均匀、紧密平整、色泽一致，应无掉粒和接槎痕迹； (2) 斩假石表面剁纹应均匀顺直、深浅一致，应无漏剁处；阳角处应横剁并留出宽窄一致的不剁边条，棱角应无损坏； (3) 干粘石表面应色泽一致、不露浆、不漏粘，石粒应粘接牢固、分布均匀，阳角处应无明显黑边； (4) 假面砖表面应平整、沟纹清晰、留缝整齐、色泽一致，应无掉角、脱皮、起砂等缺陷	观察；手摸检查
	6	装饰抹灰分格条(缝)的设置应符合设计要求，宽度和深度应均匀，表面应平整光滑，棱角应整齐	观察
	7	有排水要求的部位应做滴水线(槽)。滴水线(槽)应整齐顺直，滴水线应内高外低，滴水槽的宽度和深度均不应小于10mm	观察；尺量检查
	8	装饰抹灰工程质量的允许偏差和检验方法应符合表 3-4 的规定	

表 3-4 装饰抹灰允许偏差与验收方法

项次	项目	允许偏差/mm				检验方法
		水刷石	斩假石	干粘石	假面砖	
1	立面垂直度	5	4	5	5	用 2m 垂直检测尺检查
2	表面平整度	3	3	5	4	用 2m 靠尺和塞尺检查
3	阳角方正	3	3	4	4	用直角检测尺检查
4	分格条(缝)直线度	3	3	3	3	拉 5m 线，不足 5m 拉通线，用钢直尺检查
5	墙裙、勒脚上口直线	3	3			拉 5m 线，不足 5m 拉通线，用钢直尺检查

3.1.2 涂料涂饰工程施工技术

涂料涂饰的效果不仅取决于涂料的优良性能，更重要的还要有优良的施工技术和技巧相配套，才能达到预期的目的，否则涂料自身的优良性能难以发挥出来。因此，施工技术是影响涂料装饰效果至关重要的因素。内墙涂料品种繁多，色彩品种丰富，质地平滑、细腻，色调柔和，装饰效果优良，是室内装饰中较为普遍的一种做法。工艺简单易行，施工方法多样，可用刷涂、辊涂、喷涂等多种施工方法，可适用于混凝土、水泥砂浆、石棉水泥板、纸面石膏板、胶合板、纸筋石灰等基层上。

1. 施工准备

1) 材料

(1) 106 内墙涂料。以聚乙烯醇和水玻璃为基料的内墙涂料。操作简单、价格低廉、无毒、无味、不燃、干燥快、施工方便，适用于一般的建筑物的内墙饰面。

(2) 803 内墙涂料。以聚乙烯醇缩甲醛胶为基料配制的水溶性内墙涂料。涂料的基料经过氨基化处理，因而显著减少了施工中甲醛对环境的影响。涂料附着力、耐水性、耐擦性好。

(3) 815 内墙涂料。一种水溶性涂料，其基料除采用聚乙烯醇、水玻璃外，还采用了甲醛，使聚乙烯醇与少量的甲醛进行结合，使得处理后的聚乙烯醇的用量比一般涂料的要少。涂膜细腻柔软，色泽鲜艳，装饰效果好，表面光洁平滑、不脱粉、无反光，粘接力强，有一定的耐水性。涂料能在任何水泥或石灰墙基面上施工，能调配各种颜色，涂层干燥快，施工方便。

(4) 聚醋酸乙烯乳胶漆。以聚醋酸乙烯乳液为主要成膜物质，再加入适当的颜料、填料和其他助剂后，经研磨和分散处理加工而成的一种乳液涂料。聚醋酸乙烯乳胶漆涂料的耐水性、耐碱性和耐候性比其他乳胶漆差，比较适合内墙的装饰，不宜用作外墙装饰。具有色彩鲜艳、无毒无味、涂膜细腻平滑、透气性好、易于施工、价格较低的特点，适用于中高档场所的内墙装饰。

(5) 乙-丙乳胶漆。以聚醋酸乙烯与丙烯酸酯共聚乳液为主要成膜物质，掺入适量的颜料、填料和辅料，经过研磨和分散处理后配制而成的半光或有光内墙涂料。乙-丙乳胶漆的耐碱性、耐水性和耐候性要优于聚醋酸乙烯乳胶漆，且具有光泽。因其具有外观细腻、耐水性和保色性好的优点，所以常用于高级内墙装饰。

(6) 苯-丙乳胶漆。由苯乙烯和甲基丙烯酸酯类的单体、乳化剂、引发剂等，通过乳液的聚合反应得到苯-丙共聚乳液，以该乳液为主要成膜物质，掺入适量颜料、填料和助剂等材料制得的各色无光内墙涂料。苯-丙乳胶漆具有良好的耐光性、耐候性、耐碱性、耐水性、耐擦洗性和漆膜不泛黄等优点，性能均优于以上介绍的内墙涂料。漆膜层外观细腻、色泽鲜艳，与水泥基层的附着力好，适用于内、外墙面的涂饰，是一种高档的内墙涂料。

(7) 多彩内墙涂料。又称多彩花纹内墙涂料，是将带色的溶剂型树脂涂料慢慢地掺入甲基纤维素和水组成的溶液中，经不断搅拌，使其分散成细小的溶剂型油漆涂料滴，形成不同颜色的油滴混合悬浊液而成的水包油型涂料(水包油型的储存稳定性最好)。多彩内墙涂料涂层色泽丰富、质地较厚、立体感强、施工方便、装饰效果好，而且耐污染性能、耐刷洗性、耐久性能较好，适用于水泥混凝土、砂浆、石膏板、木材、金属等多种基材，是一种中高档装饰涂料，在国内外得到广泛的应用。

(8) 天然真石漆。由天然石料与水性耐候树脂混合加工而成的一种高级的水溶性建筑装饰内外墙涂料，具有天然石材质感。适用于水泥墙体、木板、石膏板、石棉瓦、玻璃、泡沫、金属板等材料的表面喷涂，使装饰表面呈现天然石材质感和外观，具有阻燃、防水、环保三大特点。天然真石漆近几年广泛应用于建筑外墙装饰、内墙装饰、壁画装饰等。

(9) 仿瓷涂料。仿瓷涂料又称瓷釉涂料，是以多种高分子化合物为基料，掺入各种颜料、填料和助剂加工而成的有光泽涂料。仿瓷涂料的漆膜坚硬光亮、色泽柔和，具有陶瓷釉料的光泽感，耐磨性、耐水性和耐腐蚀性好，施工方便。这种涂料可在水泥、金属、塑料及木器表面进行涂饰，适用于多种场所的墙面装饰。

(10) 彩砂涂料。由合成树脂乳液与彩色石英砂、着色颜料及助剂等物质组成。具有无毒、不燃、附着力强、色泽持久、耐蚀、表面有较强的立体感等特点。

(11) 珠光乳胶漆涂料。由优质改性丙烯酸共聚物制成。漆膜坚实耐用、附着力强、耐擦洗。半光效果，可清洗，减少油污附着。有防霉抗碱、遮盖能力强、颜色多样等优点。适用于高级酒店、机关、公共建筑及民用住宅等室内墙面、天花板及石膏板等装饰。

(12) 油漆辅料。内墙腻子、油老粉、水老粉、滑石粉、颜料、染料、金属酸洗料。

2) 机具

(1) 基层处理工具。尖类锤和尖头锤、锉刀、钢丝刷、钢丝束、刮铲、手提式角向磨光机(角磨机)、旋转钢丝刷、钢针除锈机。

(2) 涂刷工具。扁刷、圆刷和歪柄刷、油漆刷、排笔、漆刷、油画笔、毛笔和底纹刷、铲刀、半角刮刀和凿刀、铁抹子、绒毛滚筒、橡胶滚筒、砂纸、砂布等。

(3) 机械涂刷工具。空气压缩机、斗式喷枪、喷涂枪、喷漆枪。

2. 内墙涂饰施工技术

1) 施工结构图

内墙涂料施工种类很多，图 3.7 为乳胶漆、水性水泥漆和钢化涂料的涂饰结构图。其他的涂料结构大致与它们相似。

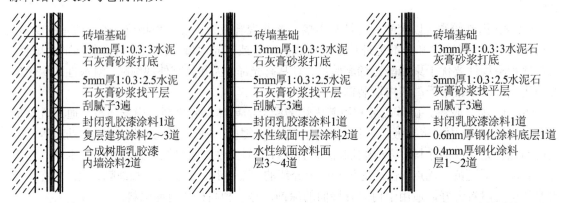

图 3.7　涂料类饰面构造组成

2) 施工工序

具体施工顺序见内墙、顶棚薄质涂料施工顺序表(表 3-5)。

表 3-5　内墙、顶棚薄质涂料施工顺序表

项次	工序名称	水性薄涂料		乳液薄涂料			溶剂型薄涂料			无机薄涂料	
		普通	中级	普通	中级	高级	普通	中级	高级	普通	中级
1	清扫	☆	☆	☆	☆	☆	☆	☆	☆	☆	☆
2	填补腻子	☆	☆	☆	☆	☆	☆	☆	☆	☆	☆
3	磨平	☆	☆	☆	☆	☆	☆	☆	☆	☆	☆
4	第一遍满刮腻子		☆		☆	☆		☆	☆		☆
5	磨平		☆		☆	☆		☆	☆		☆
6	第二遍满刮腻子					☆			☆		
7	磨平					☆			☆		
8	干性油打底						☆	☆	☆		
9	第一遍涂料	☆	☆	☆	☆	☆	☆	☆	☆	☆	☆
10	复补腻子		☆		☆	☆		☆	☆		☆
11	磨平(光)		☆		☆	☆		☆	☆		
12	第二遍涂料	☆	☆	☆	☆	☆	☆	☆	☆	☆	☆
13	磨平(光)					☆			☆		
14	第三遍涂料				☆	☆		☆	☆		
15	磨平(光)					☆			☆		
16	第四遍涂料					☆			☆		

注：①表中"☆"表示应进行的工序；②湿度较大或局部有明水的房间，应用耐水性的腻子和涂料；③机械喷涂可不受表中遍数的限制，以达到质量要求为准；④高级内墙、顶棚薄涂料工程，必要时可增加刮腻子的遍数及涂饰 1～2 遍涂料。

3) 工艺技术

(1) 工艺流程。工艺流程为基层处理→填补腻子、局部刮腻子→打磨→满刮三遍腻子→涂刷第一遍涂料→复补腻子、磨光→滚涂第二遍涂料→复补腻子、磨光→喷涂第三遍涂料。

(2) 施工过程简述。

① 基层处理：水泥基层表面施工前的处理。新水泥饰面，一般不可马上涂漆，要经过几个月的放置时间，让水分充分挥发，盐分固化之后才可进行涂料施工。如工程急需涂漆，可以采用15%～20%浓度的硫酸锌或者氧化锌溶液，将水泥基层表面涂刷几次，干燥后扫除残留在水泥面上的析出物，才可涂刷涂料，也可以用盐酸或醋酸溶液进行处理后再进行涂漆施工。

对于直径3mm以下的凹孔洞可用水泥聚合腻子填补，然后用砂纸打磨平整；直径3mm以上的孔洞应用聚合物砂浆填实，待固结硬化后，用砂轮机打磨平整；若混凝土板块出现较深的小裂缝，应用低黏度的环氧树脂或水泥浆进行压力灌浆，使裂缝被浆体充满；水泥或砖砌墙面的起霜或粉化可用清水冲洗，并用钢丝刷刷干净，在完全干后即可涂乳胶漆。

混凝土墙面在基层清理完后，应涂刷一层胶水，质量比为水：白乳胶=5：1。要达到增强基层表面与腻子粘接力的目的，涂刷操作时，涂刷应均匀一致，不得有漏刷、少刷。最好使用与涂料体系相同或相应的稀乳胶漆液，让其渗透到基层内部，使基层坚实，起到封闭的作用。

② 填补腻子、局部刮腻子：用石膏腻子将墙面不平及坑洼缝隙处填补均匀。操作刮腻子时，要横平竖直、填实抹平，将多余的腻子收拾干净，对于接缝处应用嵌缝腻子填实塞满，并在接缝上糊一层玻璃网格布、绸布条或麻布，用胶粘剂将布粘贴在拼缝处，粘贴布时应该将布条拉直、糊平。粘贴后再刮石膏腻子，刮石膏腻子时要盖过布的宽度，所用的石膏腻子质量配合比为石膏粉：白乳胶液：纤维素水溶液=100：45：60，纤维素水溶液浓度为3.5%。

③ 打磨：腻子填补完后，待其完全干透后用砂纸磨平，并将打磨在表面的浮尘打扫、擦拭干净。

④ 满刮三遍腻子：根据墙体基层的不同和等级要求不同，刮腻子的遍数和材料不同。一般情况下，常用腻子的质量配合比有两种：一是适用于室内的腻子，其配合比为：聚醋酸乙烯乳液(即白乳胶)：滑石粉(或大白粉)：20%羧甲基纤维素溶液=1：5：3.5。二是用于外墙、厨房、厕所、浴室的腻子，其配合比为聚醋酸乙烯乳液：水泥：水=1：5：1。调制腻子时要用电动搅拌机将腻子搅拌均匀后，才能使用。刮腻子时应横平竖直，并注意接槎和收头时腻子要刮净，应满刮腻子三遍，每遍腻子干后应用砂纸打磨平，并将表面的浮尘清理干净。打磨时要检查平整度，方法是用200W白炽灯斜照墙面，找到墙面不平处，再用腻子刮平，干后打磨，直至达到平整的效果。

刮腻子时，刮板(钢板抹子)与墙面倾斜成50°～60°角往返刮涂，但不可过多往返，以免造成腻子表面卷曲，影响对腻子基层的附着力。第一遍腻子横向满刮，一板接一板，接头不得留茬，不得漏刮，每板最后收头要干净利索，干燥后用砂纸打磨，以获平整、细腻的表面。打磨用力要均匀、平稳，将浮腻子及斑迹磨光，再将墙面清扫干净。然后刮第二遍，应纵向满刮，方法与第一遍相同。刮第三遍腻子应尽量薄，将墙面刮平并压光，干燥后用细砂纸磨平、磨光，不得遗漏或将腻子磨穿，刮腻子要保证基层细腻平整、均匀、光滑、密实，线角及边棱整齐，墙面阴阳角一定要垂直，天棚阴角一定要平行垂直。每一工序都是保证涂刷质量的重要环节，要求施工人员认真对待，严格要求。

⑤ 刷涂第一遍涂料：一般使用排笔进行涂刷，横竖交叉涂刷，如常用的"横三竖四"基本手法。涂刷时应先左后右、先上后下、先难后易、先边后面(先涂刷边角部位后涂刷大面)地进行。涂刷时刷子拖长范围为 200～300mm，反复涂刷 2～3 次即可。涂刷衔接处要严密，每一单元涂刷要一气呵成。大面积的部分可采取滚涂法。

⑥ 复补腻子、磨光：在第一遍涂料完全干透后应该对墙面上的麻点、坑洼、刮痕等用腻子重新复找、刮平、刮均匀，等干燥后再用细砂纸打磨光滑，并及时将表面浮尘清理干净。

⑦ 滚涂第二遍涂料：这是将选定品种的涂料采用纤毛滚类工具直接滚刷在建筑物的基层面，或是先将底层和中层涂料采用喷或刷的方法进行涂饰，然后使用表面为橡胶或塑料类压花滚筒滚压出浮雕式凹凸花纹图案效果，表面再罩清漆的施工方法。此法具有施工简单、操作方便、工效高、涂饰质量好及对环境无污染的特点。但其缺点是不能涂饰比较复杂的装饰图案和高级装饰施工。

具体操作时，首先把涂料在开盖前摇动，并搅匀调到施工所需黏度，每次取出少量倒入平漆盘中摊开，用滚筒均匀地蘸取涂料，并在底盘或滚网上滚动均匀后，再在作业面上滚涂。一开始就要慢慢滚动，不能一开始就快速度，这样会使涂料四处飞溅，还会流坠。滚动时，将滚筒先按"W"方向运动，将涂料大致滚涂在基层，然后用不蘸取涂料的滚筒紧贴基层上下、左右往复滚动，使涂料在基层面均匀展开，最后蘸取涂料的滚筒按一定方向滚涂一遍。对于阴角及上下口一般仍需要先用排笔、鬃刷刷涂。

⑧ 复补腻子、磨光：对施工表面的麻点、坑洼、刮痕等用腻子重新复找、刮平，干透后用细砂纸轻磨，打磨时要检查平整度。

⑨ 喷涂第三遍涂料：大面积喷涂前先应试喷，以利于涂料黏度调整，准确选择喷嘴及喷涂压力大小等施涂数据。喷涂时所用的空气压缩机的压力控制在 0.4～0.8MPa 范围内，根据气压、喷嘴直径、涂料稠度适当调节气门，以将涂料喷成雾状为佳。枪与被涂面保持垂直状态，喷嘴距喷面的距离应保持 500mm，以喷涂不流挂为宜。喷嘴应与被涂饰面做平行移动，运动中要保持匀速，纵横方向做"S"形连续移动，相邻两行喷涂面重叠宽度应控制在喷涂宽度的1/3；当喷涂两个平面相交的墙角时，应将喷嘴对准墙角线，如图 3.8 所示。

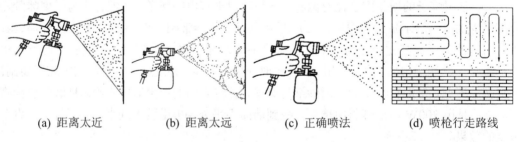

(a) 距离太近　　(b) 距离太远　　(c) 正确喷法　　(d) 喷枪行走路线

图 3.8　喷涂方法示意

(3) 仿石漆涂料施工技术。仿石漆俗称真石漆、石头漆、自然石漆，是一种高级水溶性油漆，质感逼真，适用于水泥墙体、木板、泡沫板、玻璃、胶合板等材料的喷涂。使用仿石漆进行装饰时要注意基层必须平滑、干燥、结实，否则会影响天然真石漆的效果。工艺流程为基层处理→涂刷封底漆→喷涂→打磨→喷涂面漆→清理、修整。

① 基层处理：对抹灰墙面应要求表面平整坚固，对缺棱掉角的地方要事先修补完整。修补采用刷一道水泥浆加 20%胶液后抹 1∶3 水泥砂浆局部勾抹平整，达到中级抹灰的要求。抹灰墙面要干燥，基层含水率 8%，然后进行饰面刮腻子处理，刮完腻子的饰面不得有裂缝、孔洞、凹陷等缺陷。

② 涂刷封底漆：为提高真石漆的附着力，应在基础表面涂刷一遍封底漆。封底漆用滚筒滚涂或用喷枪喷涂均可，涂刷一定要均匀，不得漏刷。

③ 喷涂：喷涂真石漆1～2遍后，一般采用6～8kg/m² 的用量，喷涂厚度为2～3mm。喷涂前应将真石漆搅拌均匀，装在专用的喷枪内，然后进行喷涂，喷涂压力控制在0.6～0.8MPa，喷涂按从上往下、从左往右的顺序进行，不得漏喷。真石漆喷涂时应先快速地薄喷一层，然后再缓慢、平稳、均匀地喷涂。喷涂的效果是根据喷嘴的大小与喷嘴和墙面的距离有关的，当喷嘴口径为$\phi(6～9)$，且喷嘴与墙面的距离适当调大，喷出的斑点较大，凸凹性比较强。当喷嘴的口径为$\phi(3～6)$，且喷嘴与墙面的距离适当调小，喷出的斑点较小，饰面比较平坦。但喷嘴与墙面的距离应控制在0.4～0.8m左右，不得过大或过小。

④ 打磨：在喷面漆之前，应将石漆表面有锐角的颗粒磨平30%～50%，可增加碎石美感，减少锐利并避免灰尘的积留。真石漆喷涂完毕应进行养护，24小时后，当真石漆彻底干燥后进行适当的打磨，并将饰面灰尘清理干净。

⑤ 罩面漆涂刷：当饰面清理干净后，对饰面进行罩面漆涂刷或喷涂。如用喷涂应将喷涂压力控制在0.3～0.4MPa。要求罩面漆涂刷(喷涂)要均匀，厚薄一致，不得漏刷。

⑥ 清理、修整：整个喷涂工序结束后，必须对操作的区域进行清理。严格进行质量自检，尤其是窗套、廊柱、线脚等艺术造型细部，如发现缺陷应该及时修整、补喷。

(4) 施工注意事项如下。

① 刷浆时要求基层干燥，室温均衡。

② 色彩和材料符合设计要求。加入的颜料要有好的耐碱性、耐光性，以免因碱蚀和光作用产生变色、咬色。从披腻子开始就可加颜色，以保证颜色一致、均匀。各种材料要在确认符合要求后方可使用。

③ 刷浆用浆料要按配比配制，稠度以不流坠、不显刷纹为宜。腻子应坚实牢固，不得起皮、裂缝。

④ 刷、涂、喷都要按次序进行。刷浆完工后要加以保护，防止损伤和尘土污染。

3. 木材混色涂饰施工技术

在室内装饰中，木质基层的油漆饰面工作技术性较强、工序多、工艺复杂，主要用于门窗、木地板、家具、隔断、挂镜线、木结构顶棚等木质基层中，油漆一般分混色油漆和清漆。松木等软质木质表面采用普通或者中级涂饰；硬木质表面一般采用高级涂饰。

1) 工艺流程

工艺流程为基层处理→涂刷底漆→嵌、刮腻子→砂磨→涂刷第二遍底漆→刮腻子、打磨→涂刷第三遍底漆→涂刷2～3遍面漆→抛光→清饰面层。

2) 工艺过程简述

(1) 基层处理。在涂刷油漆前，必须进行灰尘、油污胶迹、旧涂膜、木毛刺等疏松物质的木质基层处理，其饰面才能有好的光泽效果。对缺陷部位进行填补、磨光、脱色处理；除去木毛刺用稀释的虫胶清漆(虫胶∶酒精=1∶7～1∶8)涂刷，这样木毛刺既能竖起，又能变硬发脆，使得打磨很容易；木基层表面的疖疤、松脂部位应该用虫胶漆做封闭。

(2) 涂刷底漆。底漆的作用是封闭木材毛孔，从而节省面漆的用量。底漆的黏度(赛氏黏度，以秒为单位)一般在40～100s范围内比较合适，涂刷时，将毛刷蘸少许油漆，然后自上而下、从左至右、先里后外、先难后易、先斜后直、纵横涂刷，最后用漆刷轻轻修饰边缘棱角，使油漆在物体表面形成一层薄而均匀、光亮平滑的油漆膜，做到不流结、不挂堆、不起皱皮、不漏刷、不露刷痕。

(3) 嵌、刮腻子。底漆干透后、刮涂腻子(石膏：熟桐油：松香水：水=16：5：1：6)。将裂缝、边棱、钉孔及其残缺处嵌批平刮，尤其是上下冒头、榫头等处应批刮到位。腻子的购买或者配置要符合可塑性和易涂性，干燥后应达到坚固的基本要求，并且必须按基层底漆和面漆的性质配套使用。

(4) 砂磨。腻子干透坚固后，要对木基层表面用砂纸进行认真的砂磨。砂磨为了使木基层表面及涂层表面平整一般使用1号砂纸顺着木纹方向砂磨，先磨线脚、裁口，再磨四口平面。砂磨时要轻磨，不能将涂刷的漆膜磨穿，注意保护好棱角，来回砂磨至光滑为止，注意不能留下砂磨的痕迹。砂磨完后，应将表面打扫干净，做到边砂磨边刷灰，否则砂磨下来的灰尘容易嵌棕眼，影响表面光滑平整。

一般底漆要涂刷2~3遍，每刷一道底漆就要进行刮腻子、打磨工序。

(5) 涂刷2~3遍面漆。当最后一道底漆干透后，再对其进行打磨，越接近表面的漆层，质量要求越高，所使用的砂纸就越细，有时还可以用旧的水砂纸，既节约又不伤漆膜。对于要求比较高的木质基层表面，最后应采用棉纱蘸石蜡进行打磨，进一步提高表面的光洁度。对于混色漆一般是采用手扫漆的品种来涂饰局部木质材料造型、木线条及脚线表面；对于挥发性较强的硝基漆、过氯乙烯漆，一般不宜采用手工涂刷工艺，而宜采用油漆的喷涂工艺。喷涂面漆应由薄至厚，不可过薄过厚，每道面漆均用水砂纸结合洗衣粉润滑打磨。

(6) 抛光。上光蜡和砂蜡为常用的涂饰工程抛光材料，在打砂蜡(细度高、硬度小的磨料粉与油脂或胶结剂混合物)时，先将砂蜡捻细浸入煤油内使之成糊状，用棉纱蘸取后顺着木纹方向涂擦。涂擦的面积可大可小，当表面呈现光泽后，再用干净的棉纱将表面多余的砂蜡擦拭掉。如果光泽不够明显，需另用棉纱蘸取少许砂蜡，以相同的方法反复擦拭直至呈现符合设计要求的光泽度为止，最后应擦拭多余砂蜡以及煤油。

3) 施工注意事项

(1) 施工时环境温度应大于5℃，操作场所应有良好通风。

(2) 在涂刷每遍涂料时，应注意环境清洁工作，刮大风和清扫地面时不宜施工。

(3) 避免成品磕碰或弄脏，施工完毕后必须对成品进行保护。

4. 木质基层清漆磨退的施工技术

1) 施工流程

施工流程为基层处理→润色油粉→满刮腻子→刷油色→刷1遍清漆、砂磨纸→修色→刷2~3遍清漆→磨退、打砂蜡→打油蜡磨光。

2) 工艺过程简述

(1) 基层处理。首先将门窗和木材表面上的灰尘、油污、斑点、胶迹等用刮刀刮除干净。要顺木纹理方向刮，注意不要刮出毛刺和凹坑，然后用砂纸顺木纹打磨，先磨线角，后磨四口平面，直到光滑，用手摸细润、无划手的感觉。

(2) 润色油粉。大白粉：松香水：熟桐油=24：16：2(质量比)混合搅拌成色油粉，油粉不可调得太稀，以糊状为宜。润油粉用麻丝搓擦将棕眼填平，包括边、角都应润到、擦净。

(3) 满刮腻子。用润油粉调色石膏腻子，颜色按设计要求刮一遍。刮腻子不应漏刮。待腻子干后，用砂纸打磨平整，不得有砂纸划痕。批刮第二遍腻子后，应用砂纸磨平磨光，做到木纹清晰、棱角不破，每磨一次都应立即擦净，直至刮平无棕眼。

(4) 刷油色。先将铅油或调和漆、汽油、光油、清油等混合搅拌均匀，颜色要与样板的颜色相同，然后倒在小油桶内，使用时经常搅拌，以免沉淀造成颜色不均，刷油色应从外到内、从左到右、从上至下进行，顺木纹涂刷，刷到接头处，要轻飘，达到颜色一致。

(5) 刷清漆。清漆应涂刷2～3遍。将清漆涂料添加稀释剂搅匀，稠度要适宜，便于第一遍清漆刷后快干，刷时应横平竖直，厚薄均匀，木纹通顺，不漏刷、不流坠。待清漆完全干透后，用砂纸彻底打磨一遍，将头遍清漆面上的光亮基本打磨掉，再用潮湿布将粉尘擦净。

(6) 修色。将木质表面黑斑、节疤、腻子疤及材色不一致的应用漆片、酒精加色调配，调配颜色按设计要求绘制木纹色。修色后应该再涂清漆2～3遍。每涂1遍待清漆干后都要进行砂磨处理。最后刷罩面漆不要打磨。

(7) 打砂蜡。将配制好的砂蜡用双层呢布头蘸擦，擦时应用力均匀，直擦到不见亮斑为止，不可漏擦，擦后清除浮蜡。

(8) 擦上光蜡(油蜡)。用干净白布擦上光蜡，应擦匀擦净，光泽饱满。

3) 施工注意事项

(1) 在涂刷每一遍涂料时，都应保持环境清洁卫生，刮大风天气或清理地面时不应施工。

(2) 修色时，漆片加颜料要根据当时颜色深浅灵活掌握，修好的颜色应与原来颜色基本一致。

(3) 腻子的颜色或刷底色其色度应比要求的颜色略浅，一定要先做样板，符合要求后方可施工。

(4) 配置清漆时不能一次配太多，最好一次能用半天，避免浪费。

5. 金属表面涂饰施工技术

1) 工艺流程

工艺流程为基层处理→涂刷防锈漆→刮腻子、打磨→刷磷化底漆→涂刷厚漆→打磨→涂刷调和油漆。

2) 工艺过程简述

(1) 基层处理。首先将钢门窗和金属表面上的浮土、污迹、灰浆等打扫干净，还要对金属表面的油脂、污垢、锈蚀进行处理，用碱性水或者有机溶剂如汽油、甲苯、二甲苯等清洗，揩抹除去金属表面的油渍。金属表面生的锈实际上是氧化物，可用物理除锈和化学除锈两种方法。

① 物理除锈：砂布可以用来打磨小面积金属面，还可以用来除去工件上的锈蚀。大面积的锈蚀可以先用砂轮机、风磨机(圆盘打磨机)及其他电动除锈机具除锈，然后配以钢丝刷、锉刀、钢铲及砂布等工具，用刷、锉、磨等方法除去剩余的铁锈及杂物。如果除锈的工作量很大，还可以使用喷砂除锈方法。

② 化学除锈：一般用的是酸洗法，这种方法不会使金属变形及表面受到破坏，可以把金属上每个角落的锈除去，特别适用于形状比较复杂的小零件，工效较高。酸洗后，金属的表面由于附着酸液，还必须用温水把酸性完全冲洗掉。为了彻底把酸清洗掉，往往采用碱性液中和处理，最好是立即进行磷化处理后再进行冲洗。

(2) 涂刷防锈漆。常用的防锈漆有红丹防锈漆、铁红防锈漆等。金属基层处理完毕后，要对其涂刷1～2遍防锈漆。焊接的焊点要先清理焊渣，并打磨平整再涂刷防锈漆。刷防锈漆时，金属表面必须非常干燥，如有水汽必须擦干；刷防锈漆时，一定要刷满、刷匀。

(3) 刮腻子、打磨。对金属表面上的砂眼、凹坑、缺棱、掉角、拼缝等处要用腻子刮补、找平，做到平整平滑。一般地要用刮刀式牛角刮子满刮一遍原子灰腻子(腻子中间适量加入厚漆或红丹粉可增加腻子的干硬性)，要做到薄、均匀平整，无飞刺、刀痕。待腻子完全干透后，用砂纸轻轻打磨，将多余的腻子打磨掉，并用湿毛巾将粉灰彻底擦干净。

(4) 刷磷化底漆。磷化底漆由磷化液(工业磷酸∶一级氧化锌∶丁醇∶乙醇∶水=70%∶5%∶5%∶10%∶10%)和底漆(磷化液∶底漆=1∶4)两部分组成。磷化液必须按比例配制，不得任意增减；磷化底漆的配制必须在非金属容器内进行，调好的磷化底漆放置时间不宜过长，需在12h内用完。涂刷时以薄为宜，不能涂刷太厚，否则效果不好；当涂料的稠度较大时，可适量加入稀释剂进行稀释。一般情况下，涂刷后24小时，可用清水冲洗或用毛板刷除去表面的磷化剩余物。

(5) 涂刷油漆两遍。第一遍为厚漆，第二遍为调和漆。涂刷时用力要均匀，不能出现流挂及刮痕，不显刷痕，要厚薄均匀且要盖底。油漆稠度要适宜，厚度稍偏厚。油漆颜色要符合样板的色泽，涂刷顺序自上而下，从一侧到另一侧进行，应及时检查有无漏刷、分色是否正确，要重点检查线角和阴阳角处有无流坠、透底、裹棱等毛病，如有问题应及时修整达到色泽一致。

(6) 砂磨。待第一遍厚漆彻底干透后，用砂纸轻轻打磨，注意保护棱角的平直，做到表面平整光滑，及时清理表面的灰尘杂物，用湿毛巾将粉灰彻底擦干净。

3) 施工注意事项

(1) 刷油漆的棉纱应保持清洁，不允许零碎的棉纱头粘在涂料面上。

(2) 调好的磷化底漆放置时间不宜过长，必须在12小时内用完。

(3) 磷化底漆必须在非金属容器内配制。磷化液的使用量不得任意增减。

6. 施工质量要求

具体的施工质量要求和检验方法参见表3-6。

表3-6 墙面涂料涂饰施工质量与验收方法

项目	项次	质量要求	检验方法
主控项目	1	水性涂料、溶剂型涂料和美术涂饰工程所用涂料的品种型号和性能应符合设计要求	检查产品合格证书性能检测报告和进场验收记录
	2	水性涂料、溶剂型涂料和美术涂饰工程的颜色图案应符合设计要求	观察
	3	水性涂料、溶剂型涂料和美术涂饰工程应涂饰均匀粘接牢固，不得漏涂、透底、起皮和掉粉	观察、手摸检查
	4	水性涂料、溶剂型涂料和美术涂饰工程的基层处理应符合本表上头规定的要求	观察、手摸检查，检查施工记录
一般项目	5	薄涂料的涂饰质量和检验方法应符合表3-7的规定，色漆的涂饰质量符合表3-8的规定	观察
	6	厚涂料的涂饰质量和检验方法应符合表3-9的规定、清漆的涂饰质量应符合表3-10的规定	观察
	7	复层涂料的涂饰质量和检验方法应符合表3-11的规定	观察
	8	涂层与其他装修材料和设备衔接处应吻合、界面应清晰	观察

墙面薄涂层施工质量要求与检验方法见表3-7。

表3-7 薄涂层施工质量与验收方法

项次	项目	普通涂饰	高级涂饰	检验方法
1	颜色	均匀一致	均匀一致	观察
2	泛碱、咬色	允许少量轻微	不允许	
3	流坠、疙瘩	允许少量轻微	不允许	
4	砂眼、刷纹	允许少量轻微砂眼、刷纹通顺	无砂眼,无刷纹	
5	装饰线、分色线直线度允许偏差/mm	2	1	拉5m线,不足5m拉通线,用钢直尺检查

墙面色漆施工质量要求与检验方法见表3-8。

表3-8 色漆的涂饰质量和检验方法

项次	项目	普通涂饰	高级涂饰	检验方法
1	颜色	均匀一致	均匀一致	观察
2	光泽、光滑	光泽基本均匀光滑无挡手感	光泽均匀一致光滑	观察、手摸检查
3	刷纹	刷纹通顺	无刷纹	观察
4	裹棱、流坠、皱皮	明显处不允许	不允许	观察
5	装饰线、分色线直线度允许偏差/mm	2	1	拉5m线,不足5m拉通线,用钢直尺检查

墙面厚涂料施工质量要求与检验方法见表3-9。

表3-9 厚涂料涂饰质量与验收方法

项次	项目	普通涂饰	高级涂饰	检验方法
1	颜色	均匀一致	均匀一致	观察
2	泛碱、咬色	允许少量轻微	不允许	
3	点状分布		疏密均匀	

墙面清漆施工质量要求与检验方法见表3-10。

表3-10 清漆的涂饰质量和检验方法

项次	项目	普通涂饰	高级涂饰	检验方法
1	颜色	基本一致	均匀一致	观察
2	木纹	棕眼刮平、木纹清楚	棕眼刮平、木纹清楚	观察
3	光泽、光滑	光泽基本均匀光滑无挡手感	光泽均匀一致光滑	观察、手摸检查
4	刷纹	无刷纹	无刷纹	观察
5	裹棱、流坠、皱皮	明显处不允许	不允许	观察

墙面复合涂料施工质量要求与检验方法见表3-11。

表3-11 复合涂料涂饰质量与验收方法

项次	项目	质量要求	检验方法
1	颜色	均匀一致	观察
2	泛碱、咬色	不允许	
3	喷点疏密程度	均匀，不允许连片	

3.2 块料墙面装饰施工技术

本节的块料主要指材料的形状多为矩形,用浆料可以粘贴或者采用挂贴的技术来装饰墙面的装饰材料。一般指的是陶瓷材料(如釉面砖、玻化砖、陶瓷锦砖等)和石材(大理石、花岗岩、青石或者人造石材)两种。装饰板材(榉木、黑胡桃、核桃木、樱木、科技木、PVC装饰板、铝塑板、金属板材等)某种意义上也属于块料的范畴,但现代大多数在墙上的用法和陶瓷以及石材的做法差异性比较大,将在下一节做探讨。

3.2.1 陶瓷材料的施工技术

1. 施工准备

1) 材料

水泥选用425号普通或矿渣水泥,勾缝用325号以上的白水泥砂浆,骨料为中粗砂, 含泥量不大于3%,掺和料为107胶,内墙釉面砖、陶瓷锦砖。

陶瓷面砖是由耐火黏土、石英、长石等主要原料,通过采用半干法或者烧注法的生产工艺制成。具有质地坚硬、强度高、耐化学腐蚀性好、耐磨等特征。陶瓷面砖分为有釉的和无釉的;可以是单一釉色的,也可以是套色的;可以表面是平滑的,也可以表面是凸凹浮雕状的。此外,不同图案和规格的陶瓷面砖还可以通过不同的排列组合成特定的装饰面,其方式灵活多变,极为丰富。

陶瓷锦砖是以黏土、石英、长石等无机非金属材料为主要原料,经过粉碎、成型、素烧、施釉等工序而制成。具有良好的物理性能和装饰性能,其质地具有坚硬、耐酸、耐碱、耐火、耐磨、不渗水、易清洗的特点,色泽多种多样,有白色、粉色、灰色、绿色、棕色、黑色、蓝色、米黄色、浅绿、栗色等数十种,又因陶瓷锦砖的尺寸较小(一般为12～40mm),且有不同形状,这又为通过不同的组合而形成丰富多彩的不同图案和造型,也为建筑设计师提供了丰富的设计与想象空间来装修建筑的内外墙,从而增加艺术感染力。另外陶瓷锦砖价格较天然大理石、天然花岗石低得多,施工方便。一般陶瓷锦砖拼花产品,一般出厂前均已按各种拼花造型图案拼好反贴在牛皮纸上(故又称"纸皮砖"),每张大小约305.5mm见方,称作一"联",其面积为$0.093cm^2$,每40联为一箱,每箱约$3.7m^2$。图3.9为陶瓷锦砖的拼花图案示例。

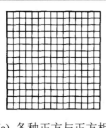
(a) 各种正方与正方相拼

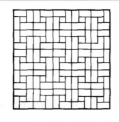
(b) 大方与长条相拼

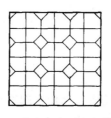
(c) 小方与小对角相拼

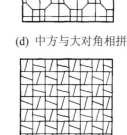
(d) 中方与大对角相拼

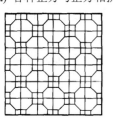
(e) 小方与小对角相拼

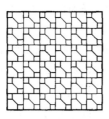
(f) 中方与大对角相拼

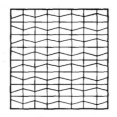
(g) 斜长与斜长条相拼

(h) 斜长条与斜长条相拼

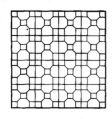
(i) 长条对角与小方相拼

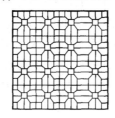
(j) 半八角与小方相拼

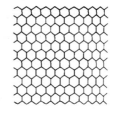
(k) 各种六角与六角相拼

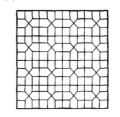
(l) 中方与小五角相拼

图 3.9 陶瓷锦砖的拼花图案示例

2) 机具

抹灰用铁板、灰桶、电动切割机、木槌、钢卷尺、靠尺等。

2. 施工结构图

陶瓷材料施工节点示例如图 3.10 所示

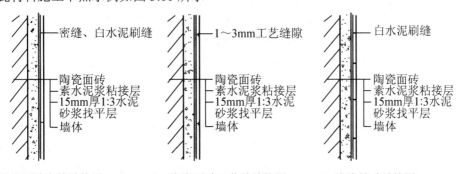

(a) 陶瓷面砖密缝结构图　　(b) 陶瓷面砖工艺缝结构图　　(c) 陶瓷锦砖结构图

图 3.10 陶瓷材料施工节点示例

3. 工艺技术

1) 工艺流程

陶瓷面砖工艺流程：基层处理→找平层→弹线工艺→选砖→预排饰面砖→饰面砖浸水→面砖铺贴→勾缝→清饰表层。

陶瓷锦砖工艺流程：基层处理→找平层→选砖→预排陶瓷锦砖→弹线→贴锦砖→揭纸、调缝→勾缝→清饰表层。

2) 工艺过程简述

(1) 陶瓷面砖。

① 基础层处理：砖墙将基体用水湿透后，用1∶3水泥砂浆(水泥∶砂)打底，用木抹子搓平，隔天浇水养护。矾混凝土墙将1∶1水泥砂浆(内掺胶20%107胶按每千克水泥可毛化处理3m²墙面)喷或甩到硅墙基体上，作"毛化处理"待凝固后用1∶3水泥砂浆打底，用木抹子搓平，隔天浇水养护。

加基体用水湿润墙表面，刷一道聚合物水泥砂浆(水泥5%107胶，按每千克水泥可粉刷5m²加气矾墙面)，然用1∶3∶9(胶∶水泥∶砂)混合砂浆分层找平，隔天再刷聚合物水泥砂浆，并抹1∶3水泥砂浆打底，用木抹子搓平，隔天浇水养护。

② 找平层：具体方法和质量要求见第3.1.1节的装饰抹灰工程。

③ 弹线：把沿墙四周+0.500mm线，作为房间内控制水平方向的基准线。按面砖预排的尺寸在水平和垂直方向弹出控制线，对窗心墙、墙垛等处也要弹出中心线、分格线、阴角线和阳角线。竖向线的间距和横向线的间距根据面砖的规格尺寸每3~5块弹一控制线，面砖缝隙大小由操作者在控制线以内自行控制调整，使得面砖缝隙大小均匀一致。

④ 选砖：选择饰面砖是保证饰面砖镶贴质量的关键工序，选砖的实质是使拼缝均匀，砖面美观，为达到此目的，铺贴前要对内墙砖按图案、色彩进行分选，并对砖的大小、厚薄分选归类，使其规格、颜色一致，形状平整方正，不缺棱掉角，不开裂脱釉，无凹凸翘曲，不合格的不能使用。选砖时选用的最好是同一品牌、同一编号、同一批次、同一生产时间的砖，这样色差就不明显。砖应一次性足量多采购，不得分批采购。

⑤ 试拼排：先在找平层上弹出水平和垂直线，从主立面向小面，从天棚阴角向下排线，使拼缝均匀，在同一墙面上的横竖排列不宜有一行以上的非整砖，非整砖(宽度不宜小于整砖的1/3)行排列在次要部位或阴角处。

a. 墙面饰面砖的排列不论是横向还是竖向，非整砖行越少越好，尽可能全部采用整砖。

b. 卫生间、厨房墙面镶贴饰面砖的形式一般不做要求，但由于房间过于高大或过于矮小、过于宽敞或过于窄小。设计人员就会考虑面砖的品种、规格、排列形式、色彩搭配、排缝宽度。此时操作人员要按设计要求预排各类面砖。

c. 当设计无具体要求时，操作人员要根据具体情况决定面砖是横向排列还是竖向排列，在公共建筑装饰中还要先做出板样，提前向甲方说明排列形式。

d. 室内镶贴饰面砖的缝隙宽度一般为1~1.5mm，设计人员或甲方另有要求时，施工方按其要求布置。缝隙宽度的确定，直接涉及非整砖是否出现及其大小问题，因此要具体随机处理。

⑥ 饰面砖浸水：饰面砖是精陶坯制成，孔隙率比较大，如果砖不浸水(或仅表面淋水)就将砖用水泥镶贴在抹底层上，水泥中的水分很快会被面砖吸收，水泥在胶凝时由于水分不足就会发生脱水现象，从而导致面砖粘接不牢，发生空鼓现象，造成严重的工程质量问题。饰面砖在镶贴前要清扫干净，而后置于清水中浸泡(不少于2h)，釉面砖浸泡到不冒气泡为止，外墙砖则要隔夜浸泡，然后取出阴干(不能暴晒，触摸时感觉表面潮湿，但无水迹，可确定为晾干合格)备用。

⑦ 铺贴：目前，陶瓷材料的贴法主要有湿法贴和胶贴两种。

a. 湿法贴：陶瓷面砖在铺贴时一般采用 1∶2 水泥砂浆(体积比)，为了改善砂浆的和易性，便于操作，可在砂浆中掺入<15%水泥用量的石膏。铺贴前可在墙面上先贴若干块废面砖作为标志块，上下用托线板挂直，以之作为铺贴厚度的依据。标志块一般横向间距为 1.5m，并用拉线或靠尺校正其平整度。铺贴陶瓷面砖时，应从下向上逐行进行，并且最好从阳角处开始。具体操作是用铲刀在面砖背面满刮厚度 5～6mm，最大不超过 8mm 的水泥砂浆(砂浆用量以铺贴后刚好满浆为好)，然后将面砖贴在基层上，并用力按压和用铲刀木柄或橡皮锤轻轻敲击，以使面砖与墙面结合密实。然后用靠尺校正做到表面平整、缝格平直、阴阳角方正。待最末一行的面砖铺贴完毕后，再用长靠尺校正一次。对于稍高于标志块的面砖可用橡皮锤将其校平；对于低于标志块的面砖则应将面砖取下重铺。注意阴阳角的处理，图 3.11 为阴阳角的结合图例。

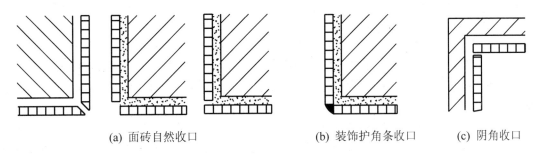

(a) 面砖自然收口　　(b) 装饰护角条收口　　(c) 阴角收口

图 3.11　陶瓷面砖阴阳角收口示意

b. 胶贴法：陶瓷面砖应采用专用的胶粘剂，胶粘剂分快干型与慢干型两种。快干型胶粘剂一般用在面砖的中心部位(方形陶瓷面砖用在两对角线的交叉部位，条形陶瓷面砖用在中段)，以便快速定位；慢干型胶粘剂则用在面砖的边缘部位(方形面砖用在四角部位，条形面砖用在上、下两端)。陶瓷面砖粘贴时，应从下向上逐行进行，并且最好从阳角处开始，并应注意将找平层表面及面砖背面上胶处打磨干净，过于光滑之处要打糙，以利于粘接。陶瓷面砖的背面涂胶粘剂的具体方法是采用点涂，每块面砖涂胶面积应不小于 $24cm^2/kg$(面砖质量)，涂胶厚度约为 3～4mm。陶瓷面砖涂好胶粘剂后，即可上墙就位。由于面砖中部点涂有快干型胶粘剂，所以就位后利用它作为临时固定，然后迅速调整面砖的平整及与相邻面砖的缝隙，完全调整好后，就不要再动，以便使面砖边缘部位点涂的慢干型胶粘剂将面砖与墙体粘牢。

⑧ 勾缝：陶瓷面砖全部铺贴完毕后，应用清水将面砖表面擦洗干净，并用白水泥调成与面砖颜色相同的水泥浆把面砖接缝处擦嵌密实。处理完接缝后，则应将所有砖面清整洁净。如果饰面砖污染严重，可用稀盐酸刷洗，再用清水洗净。

(2) 陶瓷锦砖。

① 基层处理：同上。

② 找平层：具体方法和质量要求见本章 3.1.1 节的装饰抹灰工程。

③ 选砖：陶瓷锦砖选材很重要，应有专人负责逐块剔选颜色、规格、棱角等，分类装箱。

④ 排砖：陶瓷锦砖与玻璃锦砖的排砖、分格必须依照建筑施工图样横竖装饰线、门窗洞、窗台、挑梁、腰线等凹凸部分进行全面安排。排砖时特别注意外墙、墙角、墙垛、雨篷面及天沟槽、窗台等部位构造的处理与细部尺寸。精确计算排砖模数并绘制粘贴锦砖排砖大样(亦称排版大样)作为弹线依据。

⑤ 弹线：根据设计、室内墙面总高度、门窗洞口和马赛克品种规格定出分格缝隙宽，弹

出若干水平线同时加工分格条。注意同一墙面不得有一排以上的非整砖,应该将其镶嵌在隐蔽的部位。

⑥ 贴锦砖:湿贴法,镶贴应自上而下进行。贴陶瓷锦砖时底灰要浇水润湿,并在弹好水平线的下口上,支上一根垫尺,一般三人为一组进行操作。一人浇水润湿墙面,先刷上一道素水泥浆(内掺水重10%的108胶);再抹2~3m厚的混合灰粘接层,其配合比为纸筋:石灰膏:水泥=1:1:2(先把纸筋与石灰膏搅匀过3mm筛子,再和水泥搅匀),亦可采用1:0.3水泥纸筋灰,用靠尺板刮平,再用抹子抹平;另一人将陶瓷锦砖铺在木托板上(麻面朝上),缝子里灌上1:1水泥细砂子灰,用软毛刷子刷净麻面,再抹上薄薄一层灰浆。然后一张一张递给另一人,将四边灰刮掉,两手执住陶瓷锦砖上面,在已支好的垫尺上由下往上贴,缝子对齐,要注意按弹好的横竖线贴。

胶贴法:将4联陶瓷锦砖放在木垫板上,放时要将砖的麻面朝上满涂薄胶层,胶层厚约为0.5~1mm(该薄胶层的胶液应属慢干型胶粘剂),并在每联的中心约 50mm 见方处涂上用来作为临时固定的快干型胶粘剂。然后,将锦砖上墙进行粘贴就位。贴砖时,要分层分段自下而上依次进行。首先利用每联中心的快干型胶粘剂做临时固定,并迅速与墙上相邻的锦砖调平、调直,必要时亦可将快干型胶粘剂涂于每联锦砖的四角,协助定位。最后用拍板将锦砖拍一遍,以使砖平实贴于墙面。

⑦ 揭纸、调缝:贴完陶瓷锦砖的墙面,要一手拿拍板,靠在贴好的墙面上,另一只手拿锤子对拍板满敲一响(敲实、敲平),然后将陶瓷锦砖上的纸用刷子刷上水,约等20~30min便可开始揭纸。揭开纸后检查缝子大小是否均匀,如出现歪斜、不正的缝子,应顺序拨正贴实,先横后竖,拨正拨直为止。

在快干型胶粘剂初凝前,用软毛刷蘸水将锦砖表面的牛皮纸湿润,约10min后开始揭纸。揭纸时要小心仔细地从上向下缓慢撕揭。在揭撕牛皮纸时,若有小块锦块随纸带下,则要及时补上。揭纸后,若锦砖之间的缝隙有大小不均、横竖不平直处,应用开刀调整。如有缺胶的锦砖亦应及时补胶。

⑧ 勾缝:粘贴后48小时,先用抹子把近似陶瓷锦砖颜色的擦缝水泥浆摊放在需擦缝的陶瓷锦砖上,然后用刮板将水泥浆往缝子里刮满、刮实、刮严,再用麻丝和擦布将表面擦净。遗留在缝子里的浮砂可用潮湿干净的软毛刷轻轻带出,如需清洗饰面时,应待勾缝材料硬化后方可进行。取出米厘条后的缝子要用1:1水泥砂浆勾严勾平,再用擦布擦净。全部的陶瓷锦砖粘贴完毕后,要将按锦砖排列组合所采用的控制缝隙的嵌条取出,然后用透明的胶粘剂调色勾缝。

3) 施工注意事项

(1) 饰面砖镶贴前应先选板预排,以使拼缝均匀。在同一墙面上的横竖排列,不宜有一行以上的非整砖。非整砖应排在次要部位或阴角处。

(2) 饰面砖的镶贴形式和拼缝宽度符合设计要求。如无设计要求时,可做样板以决定镶贴形式和接缝宽度。

(3) 饰面砖镶贴前应将砖的背面清理干净,并浸水2小时以上,待表面晾干后方可使用,冬季施工宜放入温盐水中浸泡2小时,晾干后方可使用。

(4) 镶贴饰面砖也可以采用新型化学胶粘剂或聚合物水泥砂浆镶贴,采用聚合物水泥砂浆时,其配合比由试验决定。

(5) 镶贴饰面砖基层表面,如遇突出的管线、灯具、卫生设备的支撑架等,应用整砖套割吻合,不得用非整砖拼凑镶贴。

(6) 镶贴饰面砖前必须找准标高，垫好底灰，确定水平及垂直标志，挂线镶贴面砖。做到表面平整不显接茬，接缝平直，接缝宽度应符合设计要求。

(7) 镶贴锦砖，刷水泥浆、胶粘剂一定要饱满均匀，粘贴要牢固，不允许有气泡。

(8) 镶贴玻璃锦砖，要考虑水泥浆、胶粘剂的颜色，对表面色彩的影响，应先做样板，经设计者同意方可施工。

(9) 清洁表面嵌缝后，应及时将面层残存的水泥浆或胶粘剂清理干净，并做好成品保护。

4. 施工质量要求

施工质量要求与验收方法主要参看《建筑装饰装修工程施工质量验收规范》(GB 50210—2001)，见表3-12及表3-13。

表3-12 陶瓷材料装饰贴面质量要求一览表

项 目	项 次	内 容	检 验 方 法
主控项目	1	饰面砖的品种、规格、图案、颜色和性能应符合设计要求	观察；检查产品合格证书、进场验收记录、性能检测报告和复验报告
	2	饰面砖粘贴工程的找平、防水、粘接和勾缝材料及施工方法应符合设计要求及国家现行产品标准和工程技术标准的规定	检查产品合格证书、复验报告和隐蔽工程验收记录
	3	饰面砖粘贴必须牢固	检查样板件粘接强度检测报告和施工记录
	4	满粘法施工的饰面砖工程应无空鼓、裂缝	观察；用小锤轻击检查
一般项目	5	饰面砖表面应平整、洁净、色泽一致、无裂痕和缺损	观察
	6	阴阳角处搭接方式、非整砖使用部位应符合设计要求	观察
	7	墙面突出物周围的饰面砖应整砖套割吻合，边缘应整齐。墙裙、贴脸突出墙面的厚度应一致	观察；尺量检查
	8	饰面砖接缝应平直、光滑，填嵌应连续、密实；宽度和深度应符合设计要求	观察；尺量检查
	9	有排水要求的部位应做滴水线(槽)。滴水线(槽)应顺直，流水坡向应正确，坡度应符合设计要求	观察；用水平尺检查
	10	饰面砖黏贴的允许偏差和检验方法应符合表3-13的规定	观察；用水平尺检查

表3-13 饰面砖黏贴的允许偏差和检验方法

项次	项 目	允许偏差/mm		检验方法
		外墙面砖	内墙面砖	
1	立面垂直度	3	2	用2m垂直检测尺检查
2	表面平整度	4	3	用2m靠尺和塞尺检查
3	阴阳角方正	3	3	用直角检测尺检查
4	接缝直线度	3	2	拉5m线，不足5m拉通线，用钢直尺检查
5	接缝高低差	1	0.5	用钢直尺和塞尺检查
6	接缝宽度	1	1	用钢直尺检查

3.2.2 传统石材墙面挂贴施工技术

用于室内墙面装修的石质板材,主要有天然大理石板、天然花岗石板,有也少数采用水磨石板的,而其中天然大理石板因其纹理自然、独特,价格较天然花岗石板低,又无放射性物质,故使用较多。采用天然大理石板进行墙壁的装修,实际上包括两个部分,即墙裙及墙面。墙裙及墙面的造型、色彩的配合直接关系到装修的效果,如果设计合理,则能充分与室内的功能、环境相协调,给人以高贵、典雅的感受。因此,在墙面装修设计中,要充分考虑到房间的室内用途、采光情况等诸多因素,从而选定一个较为经济,而又能充分体现主人的高雅气质的设计方案。

墙面石材施工方法主要有粘贴和挂贴,当石材规格较小、厚度小于 20mm 时,可以采用水泥砂浆和胶粘剂粘贴的方法;当石材长宽尺寸大于 400mm、厚度大于 20mm 时,一般采用挂贴技术;传统的做法一般采用湿挂法,挂贴技术随着科技的进步也有发展,近年来高档室内装修采用干挂的方法。

1. 施工准备

认真审视施工图样,编制好施工技术措施,做好班组技术交底,请监理工程师一起检查各种隐蔽工程是否安装妥当,并做好石材施工准备工作。

1) 材料

(1) 石材:根据设计要求,应先确定石材的品种、颜色、花纹和尺寸规格。严格控制、检查其抗折强度、抗拉强度、抗压强度、吸水率和耐冻融循环等性能。

(2) 膨胀螺栓、连接铁件、连接不锈钢件等配套的螺帽、铁垫板、垫圈及与骨架固定的各种连接件的规格和质量,必须符合设计要求及规范的规定。

(3) 干挂石材胶:其品种和性能均应符合设计要求,且要有产品合格证书。

(4) 材料下料:应严格按照设计图样的分隔尺寸预先排版,并要注明磨边、倒角的位置尺寸。宜在厂家进行下料加工,这样可以使材料裁割规矩、减少损耗。

2) 机具

石材墙面施工应具备的主要机具有台钻、无齿切割锯、冲击钻、手枪钻、力矩扳手、开口扳手、嵌缝枪、专用手推车、长卷尺、盒尺、锤子、各种规格的钢凿子、靠尺、铝制水平尺、方尺、多用刀、剪子、勾缝溜子、铅丝、墨斗、小白线、笤帚、铁锹、开刀、灰槽、灰桶、工具袋、手套、红铅笔等。

2. 施工结构图

大理石湿挂主要用钢筋和钢丝线把石材挂住的方法,具体施工结构图如图 3.12 所示。

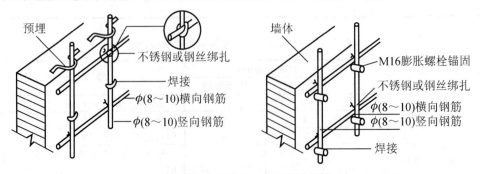

(a) 结构图(左预埋件、右为膨胀螺栓)

图 3.12 大理石湿挂工艺示意

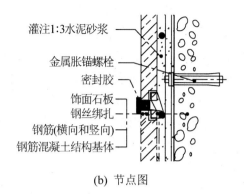

(b) 节点图

图 3.12 大理石湿挂工艺示意(续)

3. 施工技术

1) 工艺流程

工艺流程为清理基层→弹线工艺→绑扎钢筋或锚固→预拼排号→石材加工→石材板安装→灌注水泥砂浆→嵌缝清洗→打蜡、抛光。

2) 工艺过程简述

(1) 清理基层。应将墙面清整,去掉灰尘、油污,并洒水湿润。

(2) 弹线工艺。安装石材前,应用经纬仪打出横、竖向控制线,横向方向一般要先弹出水平控制线,再根据设计要求弹出膨胀螺栓的位置点,即横、竖向分隔尺寸进行分隔并弹出墨线。为保证安装位置的准确性,竖向施工应要求挂线,采用$\phi(1.0 \sim 1.2)$mm 的钢丝悬挂重物,钢丝上端挂在专用的挂线角钢架上,角钢架则用膨胀螺栓固定在墙面的顶端。

(3) 绑扎钢筋或锚固。当墙面有预埋钢筋件时,先剔凿出来备用;当墙面没有预埋钢筋,可用电锤在墙基体上钻直径 8~16mm、深 100mm 的孔,打入膨胀螺栓,用以焊接横向和竖向钢筋;按照施工图设计的要求来焊接或绑扎钢筋骨架,然后将直径 6~8mm 竖向钢筋焊接或绑扎在预埋钢筋上(间距可按饰面板宽度),而后将直径 6mm 的横向钢筋焊接或绑扎在竖向钢筋上,间距低于板高 30~50mm。第一道横筋焊接或绑扎在第一层板材下口上面约 100mm 处,此后每道横筋均在该板块上口 10~20mm 处。钢筋必须连接牢固,不得有颤动和弯曲现象,如图 3.12(a)所示。还有一种特别简单的做法是在墙体钻约 35°的斜孔,直接用浸油木楔套上U 形钢丝并楔紧,再灌入胶粘剂将 U 形钢丝与墙体嵌固,如图 3.13 所示。

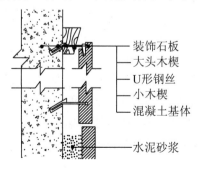

图 3.13 U 形钢丝安装法

(4) 预拼排号。安装前一般要按大样预编排号，这样才能使石材饰面板安装后能花色一致，纹理通顺，接缝严密吻合，满足设计要求。首先根据大样图要求的品种、规格、颜色纹理，在地面上试排，校正尺寸及四角套方，计算出实用的块数、需要切割块数和切割的规格尺寸以及使用部位，并考虑留缝的宽度。预排好的石材要按位置逐块由下向上编号，分类堆放好备用。有缺陷的板材应剔除，或改做小料使用或用于阴角不显眼处。

(5) 石材加工。按编号将板材侧面钻孔切槽，钻孔切槽通常有做成牛鼻孔或斜孔两种方法，如图 3.14(a)、(b)所示：前者，按设计要求用台钻或手电钻安装金刚钻头，直接在板材上下两端截面上钻 4 个直孔(孔位在距板材两端 1/4 处，位于板厚的中心，孔的直径为 5mm，深度为 30～50mm。板宽大于 1m 时中间上、下各增设一个孔)，再在板背面直孔位置打一横孔，使直孔与横孔连通成"牛鼻孔"，为了使钢丝挂绑时不能露出，钻孔后用合金钢錾子在板材背面与直孔正面轻打凿，剔出 4～6mm 小槽，避免造成拼缝间隙；后者，即孔眼与石板材成 35°，钻好后在板的上下端靠背面的孔壁处轻打凿，剔出 46mm 小槽，孔穿入 4mm 铜丝或不锈钢丝，用云石胶粘牢备用，如图 3.14 所示。挂丝应该用不锈钢丝或铜丝，不能用铁丝，因为铁丝容易腐蚀断脱。

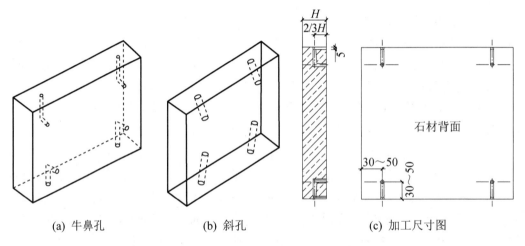

(a) 牛鼻孔　　　　　(b) 斜孔　　　　　(c) 加工尺寸图

图 3.14　石材加工示意(单位：mm)

(6) 石材板安装。

① 胶贴法：用水泥砂浆粘贴时，与陶瓷墙面做法基本相同，具体见陶瓷饰面施工技术。当用胶粘时，首先应将墙面与板材背面上胶处预先用砂纸打磨干净，对于较光滑之处要将其打磨粗糙。胶粘剂调好后即可在板材背面按预定位置进行点涂，涂胶粘剂时要注意胶粘剂的厚度要稍厚于粘贴的空间距离。随后，将涂好胶粘剂的板材依照顺序安装就位。其方法是先利用板材背面中间的快干型胶粘剂使得板材得以临时定位，然后迅速地对板材与相邻各板进行调平、调直，必要时还可用快干型胶粘剂涂于板材边缘以帮助定位。要注意对于双组分的胶粘剂必须随用随调，不可一次调配过多，以免胶液固化而影响粘接效果。定位后应对各粘贴点进行检查，如有必要，可用胶粘剂再予以补强，如图 3.15 所示。

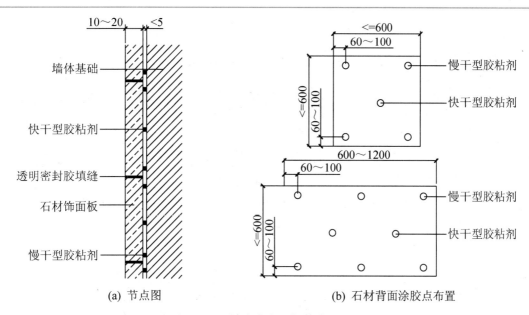

(a) 节点图　　　　　　　　(b) 石材背面涂胶点布置

图 3.15　石材胶贴法示意(单位：mm)

② 湿挂法：安装的顺序一般是由下往上，每层板块由中间或一端开始。先根据施工大样图弹出墙面第一层石板标高，再用线锤从上至下吊线，考虑留出板厚和灌浆厚度及钢筋焊绑所占的位置，来确定出饰面板的位置，在墙面上画出第一层石板的轮廓尺寸线，也作为第一层板的安装基准线。依此位置在标高位置的两侧拉通直水平线，按预排编号将第一层石板就位。如地面未做出来，可用垫块把石板垫高至地面标高线位置。先把下口的铜丝扭扎在横筋上扎牢并将板扶正，再将上口铜丝扎紧，并用大头定位木楔塞紧垫稳，随后用靠尺与水平尺检查表面平整度与上口的水平度，发现问题应及时用大头定位木楔调整垂直度，在石板下加垫薄铁片或铅条，调整水平度。完成第一块后，依次进行安装其他石材，柱面可按顺时针方向进行安装。第一层安装完毕，应用挂线靠尺、水平尺调整垂直度、平整度和阴阳角方正，保证板材间隙均匀，上口平直，如图 3.12 所示。凡阴阳角处，相邻的两块板应磨边卡角，根据设计要求进行拼接处理，如图 3.16 和图 3.17 所示。

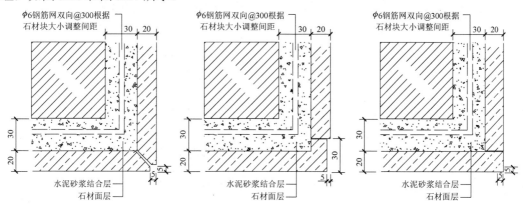

图 3.16　石材饰面阳角处理节点(单位：mm)

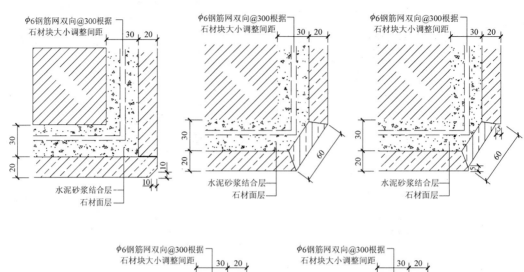

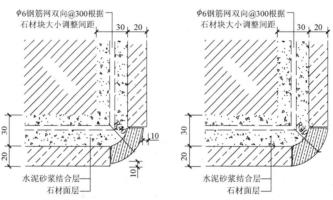

图 3.16 石材饰面阳角处理节点(单位：mm)(续)

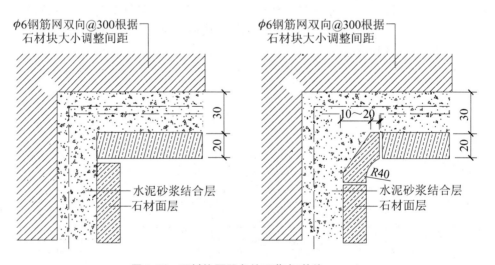

图 3.17 石材饰面阴角处理节点(单位：mm)

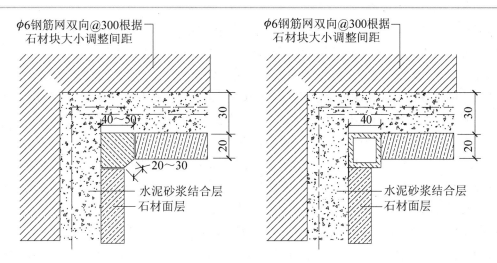

图 3.17 石材饰面阴角处理节点(单位：mm)(续)

(7) 灌注水泥砂浆。当第一层石材安装完毕后用熟石膏做临时固定,即将熟石膏拌成糊状贴在调整好的石材拼缝处。待临时固定的石膏硬化后可进行灌注水泥砂浆操作,操作前还要重新校正垂直度、平整度。为了防止板侧竖缝露浆,应在竖侧缝内填塞泡沫塑料条、麻条或用环氧树脂等胶粘剂做封闭,同时用水润湿板材的背面和墙体基层面。用 1:3 的水泥砂浆,稠度要合适,分层灌注,注意不能碰动板材,也不能只从一处灌注。同时检查板材是否因灌浆而外移,边灌注边用橡皮棰轻轻敲击或在上口用木棍插捣,排除气泡,提高水泥浆的密实度和粘接力。每层灌注的高度为 150~200mm,不得大于板高的 1/3,灌浆过程中应从多处均匀灌注,不得猛捣猛灌。等第一层灌完 1~2 小时水泥初凝后;检查板材是否移动错位,如正常就进行第二层灌浆,同样等 1~2 小时水泥初凝后继续灌注第三层浆直至距石板上口 50mm 处停止。首层板灌浆完成后,待砂浆初凝就可清理板材上的余浆,并用棉纱擦干净。正常养护到 24 小时以后,再安装第二排板材,这样依次由下往上逐排安装、固定、灌浆,如图 3.18 所示。

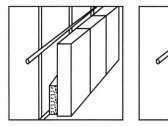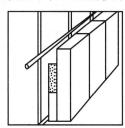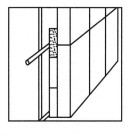

图 3.18 石材饰面灌浆示意

(8) 嵌缝清理。

安装完毕后,清除所有石膏和余浆痕迹,以待进行嵌缝。对人造彩色板材,安装于室内的光面、镜面饰面板材的干接缝,应调制与饰面板的色彩相同的胶浆嵌缝。粗磨面、麻面、条纹面饰面板材的接缝,应采用 1:1 水泥砂浆勾缝,并要采取相应的措施保护棱角不被碰撞。

(9) 上蜡、抛光。嵌缝清理后,可进行上蜡擦拭抛光,并把多余的蜡清理干净即可。

3.2.3 新型石材干法挂贴技术

干挂作业是近几年发展的新工艺,较湿法作业具有抗震性能好、操作简单、施工速度快、质量容易保证且施工不受气候条件影响等优点,但造价较高。它是在石材板上打孔后直接用不锈钢连接件与埋在钢筋混凝土墙体内的膨胀螺栓相连,石材与主体结构面之间形成 80～90cm 宽的空气层。这种方法多用于钢筋混凝土墙,不适用于砖墙和加气混泥土墙。石板材的厚度≥20mm,这样才能保证石材有足够的强度和使用的安全性,并且要求悬挂基体必须具有较高的强度,才能承受饰面板传递过来的外力。选用不锈钢的连接件和膨胀螺栓,才能达到高强度和耐腐蚀性的要求。根据所用连接形式不同,干挂法有很多种,主要分为销针式(钢销式)、板销式、背挂式 3 种。第一种是销针式,在石板材的上下端面打直径为 6～7mm 的孔,插入直径为 57mm、长度为 20～30mm 不锈钢销,同时连接不锈钢舌板连接件,并与建筑结构基体固定,如图 3.19 所示。第二种是板销式,是将上面介绍销针式勾挂石板的不锈钢销改为 3mm 厚以上(由设计师经计算确定)的不锈钢板条式挂件(扣件),在施工时插入石板的预开槽内,用不锈钢连接件(或本身即呈 L 形的成品不锈钢构件)与建筑结构体固定。板销式石板干挂示意图如图 3.20 所示。第三种是背挂式,是一种崭新的石材干挂法,优点是可达到饰面板的准确就位,而且调节很方便。安装简单容易,可以消除饰面板的厚度误差。在建筑结构立面安装金属龙骨,于石材背面开半孔,用特制的柱锥式的铆栓与金属龙骨架连接固定即成,如图 3.21 所示。

1. 施工结构图

大理石干挂主要用于石材厚度大于 20mm 的石材墙面施工,主要的方法有:石材背挂式干挂工艺(图 3.19)、石材销针式干挂工艺(图 3.20)和石材板销式干挂工艺(图 3.21)。

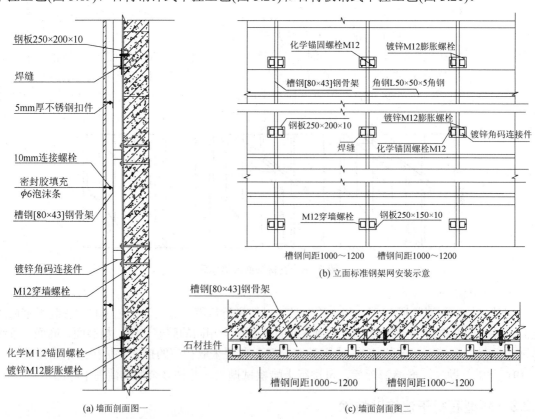

图 3.19 石材背挂式干挂工艺结构示意(单位:mm)

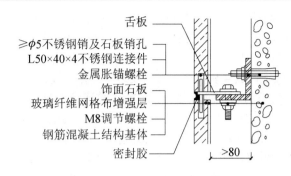 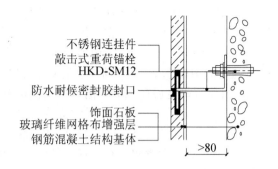

图 3.20　石材销针式干挂工艺结构示意　　　图 3.21　石材板销式干挂工艺结构示意

2. 工艺技术

1) 工艺流程

工艺流程为基层处理→墙面定位放线→固定连接件→固定主龙骨→固定次龙骨→安装挂件→石材安装就位→填嵌密封条→打胶勾缝→清理→检验→成品保护。

2) 工艺技术简述

(1) 基层处理。对主体结构砼表面进行测量，检查其平整度，检查主体结构的质量是否符合吊挂石材要求，并根据图样对混凝土外墙面进行基层处理，且将基准面清理干净。

(2) 墙面定位放线。将骨架的位置弹线到主体结构上，放线工作根据骨架中心线及标高点进行，一般先弹出竖向位置，水平向控制线采用以500mm水平线为依据向上(或向下)量距来控制石材的水平度和垂直方向分块。在每个立面中间位置的墙上选定一个窗口，从上到下准确找出窗口的中心线位置，弹上墨线作为竖向控制线，以此为依据向左右量距来控制石材的垂直度和水平分块。弹出固定槽钢角码的位置，并按设计要求钻孔。

(3) 固定连接件。以竖向控制线为依据的向左右量距来控制石材的垂直度和水平向的分块为基准，核定主龙骨宽度将连接件与预埋铁件焊接。埋件可直接埋入混凝土结构预置埋件中或通过膨胀螺栓、化学锚栓与混凝土结构固定后置埋件。后置埋件有更多的优越性，膨胀螺栓及化学锚栓的直径不宜小于10mm。

(4) 固定主龙骨(立柱)。如果装饰石材为石材幕墙或石材厚度较大时需要通过计算确定龙骨的规格、形状、焊接要求及对埋件、挂件的要求。计算荷载包括石材自重、风荷载、地震荷载。验算项目包括主次龙骨的受力、挠度变形情况，抗剪螺栓的个数、连接挂件的受力状况等。龙骨的相对挠度不应大于 $L/300$(L 为主龙骨、次龙骨在两支点间的跨度)，绝对挠度不应大于15mm。根据主龙骨将龙骨进行编号分类放置，然后进行主龙骨安装，安装主龙骨时将主龙骨与连接件(角码)按设计图要求焊接牢固。

(5) 固定次龙骨(横梁)。根据石材规格分块，确定次龙骨长度。主龙骨安装完毕检查合格后，可以进行次龙骨的安装。次龙骨与主龙骨外侧水平方向焊接，焊接长度与主龙骨宽度一致，不得小于7mm，焊缝不小于6mm，同时次龙骨连接时也应留置温度伸缩缝。次龙骨安装前根据石材的布局要求，在次龙骨上打眼，连接挂件。

(6) 安装吊件。挂件与次龙骨间的固定根据图样设计位置处理，先使挂件一端与次龙骨焊接，另一端用M6螺栓并调整挂件的水平距离与石材固定。在安装固定吊件后要检查防雷电系统设施是否完善。

(7) 吊挂石材施工。对批量生产的同一种石材，经认真挑选后，剔除缺棱角及有裂纹后按部位顺序编号，根据设计要求画线打孔。石材采用至上而下施工，定出第一块石材高度后，用不锈钢挂件插住石材底边,并用挂件固定石材上口,以避免移位。石材位置、垂直度验收后,在挂件与孔洞之间用云石胶固定。完成第一排石材安装后,将第二排石材底孔插入第一排石材上边的挂勾上,并用石胶填充固定,上边再用不锈钢挂件固定,如此循环。按设计要求,安装前预先制作8mm见方的塑料垫块,第一排安装后,在每块石板上口放4块垫块,然后安装第二排石板。

石材位置确定后在上下沟槽内注入粘接胶,将石材与挂件连接牢固。粘接胶连接石材和挂件,对石材起着重要作用,如果粘接胶质量差,连接能力不够,将导致石材松动,甚至脱落,粘接胶必须具有良好的粘接性和耐久性、快速固化、粘接强度高、耐候、耐化学品等。

(8) 清理、填缝密封。石材在安装时往往留置板缝,用密封胶勾缝,防止雨水渗透。板缝一般为4～10mm,先在板缝之间填充硬泡沫塑料等材料,在板缝周围处1mm粘贴胶带(防止打密封胶时污染石材),然后用密封胶勾缝,最后撕掉胶带。板缝还可以借助装饰线条(铜条、铝合金条)进行处理,方法多样,具体见图3.22的节点。最后除去墙面上的污渍、残浆等,还可进行上蜡、抛光等工艺。

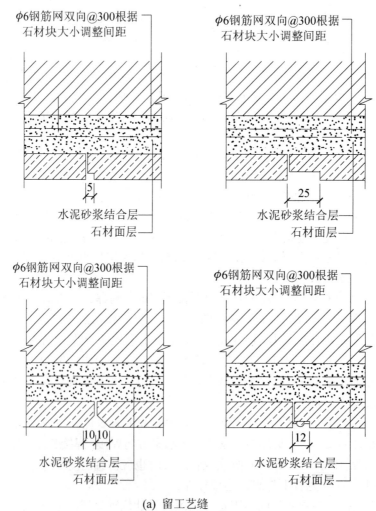

(a) 留工艺缝

图3.22 石材饰面间收口节点(单位:mm)

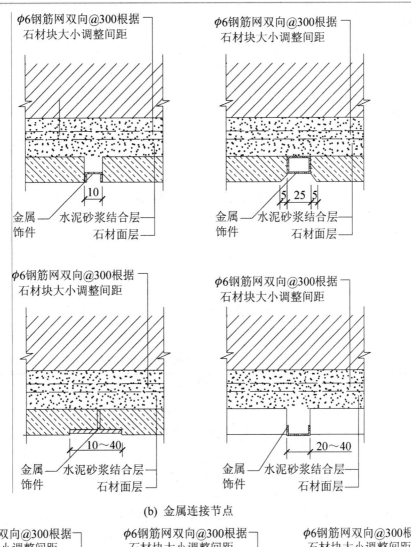

(b) 金属连接节点

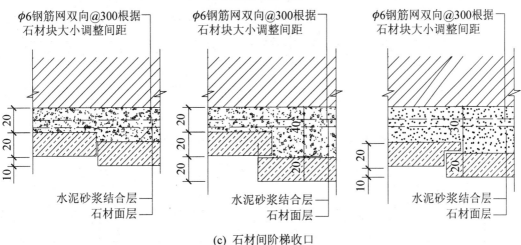

(c) 石材间阶梯收口

图3.22 石材饰面间收口节点(单位:mm)(续)

3) 施工注意事项

(1) 施工前,应根据墙面的尺寸、门窗洞口的位置及尺寸、勒脚的尺寸、装饰线条、接缝的宽度等进行排版设计,以控制总体装饰的效果。

(2) 对石材应进行预排和挑选,尤其要挑选石材的纹路,使墙面的整体色泽协调一致,避免出现缺边掉角、大片瑕疵、大片裂缝和严重擦伤的石材上墙等现象。

(3) 在饰面板安装过程中,应采用靠尺、直角尺、拉线绳等方法进行检查,若不符合要求,要及时进行处理。

(4) 石材孔、槽和固定件应清理干净。孔、槽内应灌填足够的胶粘剂,以使饰面板固定牢固。

(5) 接缝注胶时应连续、密实。

4) 成品保护

(1) 在施工过程中,要随时清除石材饰面板上的粘接物。

(2) 架子翻改和拆除时,应避免碰撞石材饰面板。

(3) 阳角、柱角等突出部位应做护角保护处理。

(4) 当石材饰面板上部进行其他工序施工时,应对饰面板覆盖保护。

3. 施工质量要求

室内石材墙面的施工质量主要参看建筑装修装饰石材幕墙的工程质量与验收标准,见表3-14至表3-16。

表3-14 石材墙面工程验收质量要求和检验方法

项 目	项 次	质量要求	检验方法
主控项目	1	石材幕墙工程所用材料的品种、规格、性能和等级,应符合设计要求及国家现行产品标准和工程技术规范的规定。石材的弯曲强度不应小于8.0MPa;吸水率应小于0.8%。石材幕墙的铝合金挂件厚度不应小于4.0mm,不锈钢挂件厚度不应小于3.0mm	观察;尺量检查;检查产品合格证书、性能检测报告、材料进场验收记录和复验报告
	2	石材幕墙的造型、立面分格、颜色、光泽、花纹和图案应符合设计要求	观察
	3	石材孔、槽的数量、深度、位置、尺寸应符合设计要求	检查进场验收记录或施工记录
	4	石材幕墙主体结构上的预埋件和后置埋件的位置、数量及后置埋件的拉拔力必须符合设计要求	检查拉拔力检测报告和隐蔽工程验收记录
	5	石材幕墙的金属框架立柱与主体结构预埋件的连接、立柱与横梁的连接、连接件与金属框架的连接、连接件与石材面板的连接必须符合设计要求,安装必须牢固	手扳检查;检查隐蔽工程验收记录
	6	金属框架和连接件的防腐处理应符合设计要求	检查隐蔽工程验收记录
	7	石材幕墙的防雷装置必须与主体结构防雷装置可靠连接	观察;检查隐蔽工程验收记录和施工记录
	8	石材幕墙的防火、保温、防潮材料的设置应符合设计要求,填充应密实、均匀、厚度一致	检查隐蔽工程验收记录
	9	各种结构变形缝、墙角的连接节点应符合设计要求和技术标准的规定	检查隐蔽工程验收记录和施工记录
	10	石材表面和板缝的处理应符合设计要求	观察
	11	石材幕墙的板缝注胶应饱满、密实、连续、均匀、无气泡,板缝宽度和厚度应符合设计要求和技术标准的规定	观察;尺量检查;检查施工记录
	12	石材幕墙应无渗漏	在易渗漏部位进行淋水检查
一般项目	13	石材幕墙表面应平整、洁净,无污染、缺损和裂痕。颜色和花纹应协调一致,无明显色差,无明显修痕	观察
	14	石材幕墙的压条应平直、洁净、接口严密、安装牢固	观察;手扳检查

续表

项目	项次	质量要求	检验方法
一般项目	15	石材接缝应横平竖直、宽窄均匀；阴阳角石板压向应正确，板边合缝应顺直；凸凹线出墙厚度应一致，上下口应平直；石材面板上洞口、槽边应套割吻合，边缘应整齐	观察；尺量检查
	16	石材幕墙的密封胶缝应横平竖直、深浅一致、宽窄均匀、光滑顺直	观察
	17	石材幕墙上的滴水线、流水坡向应正确、顺直	观察；用水平尺检查
	18	每平方米石材的表面质量和检验方法应符合表3-15的规定	
	19	石材幕墙安装的允许偏差和检验方法应符合表3-16的规定	

表3-15 每平方米石材的表面质量和检验方法

项次	项目	质量要求	检验方法
1	裂痕、明显划伤和长度>100mm的轻微划伤	不允许	观察
2	长度≤100mm的轻微划伤	≤8条	用钢尺检查
3	擦伤总面积	≤500mm^2	用钢尺检查

表3-16 石材幕墙安装允许偏差与检验方法

项次	项目		允许偏差/mm		检验方法
			光面	麻面	
1	幕墙垂直度	幕墙高度≤30m	10		用经纬仪检查
		30m<幕墙高度≤60m	15		
		60m<幕墙高度≤90m	20		
		幕墙高度>90m	25		
2	幕墙水平度		3		用水平仪检查
3	板材立面垂直度		3		用水平仪检查
4	板材上沿水平度		2		用1m水平尺和钢直尺检查
5	相邻板材板角错位		1		用钢直尺检查
6	幕墙表面平整度		2	3	用垂直检测尺检查
7	阳角方正		2	4	用直角检测尺检查
8	接缝直线度		3	4	拉5m线，不足5m拉通线，用钢直尺检查
9	接缝高低差		1		用钢直尺和塞尺检查
10	接缝宽度		1	2	用钢直尺检查

3.3 结构类墙面装饰施工技术

结构类室内墙面装饰主要指利用附加的结构如通过龙骨架把墙面面层的装饰材料与室内墙面相连接的一类装饰施工做法，主要包含饰面板墙面、墙裙、软包墙面、玻璃材料墙面以及铝塑板墙面等。

3.3.1 木龙骨饰面板墙面施工技术

在现代室内装修工程中，采用板材进行装修对墙面、墙裙，其效果是自然、大方、高雅、有亲切感。此外，还经常采用板材进行窗帘盒、暖气罩、窗台，以及吧台、橱柜(固定式)等的制作，这些板材主要包含木板、胶合板、装饰板、纤维板、防火板、铝塑扣板、铝合金扣板等。

1. 施工准备

在施工前,需检查墙面基层质量,检查隐蔽工程是否施工结束并且合格后方可施工;抹灰墙面已干燥,含水率在8%~10%以下,墙面应平整;干燥后涂刷冷底子油,并贴上油毡防潮层。

1) 材料

(1) 木骨架料。一般是用杉木或红、白松制作,木骨架间距400~600mm,具体间距还须根据面板规格而定。横向骨架与竖向相同,骨架断面尺寸约(20~45)mm×(40~50)mm,高度及横料长度按设计要求截断,并在大面刨平、刨光,保证厚度尺寸一致。木料含水率不得大于15%。

(2) 面料板。木板、胶合板、装饰板、纤维板、防火板、铝塑扣板、铝合金扣。胶合板多用3~5层的胶合板,若做清漆饰面,应尽量挑选同树种、同纹理、同颜色的胶合板。

(3) 装饰线与压条。用于墙裙上部装饰造型,压条线形式很多,如图3.23所示。从材质上分为硬杂木条、白木条、水曲柳木条、核桃木线、柚木线、桐木线等,长度在 2~5m。从用途上分为墙裙压条、墙裙面板装饰线、顶角线、吊顶装饰线、踢脚板、门窗套装饰线(门窗装饰中重点介绍)等。

(4) 冷底子油和油毡,用于防潮层。

(5) 钉子,钉木骨架和面板时用。

2) 机具

主要是木工工具,包含刨子、磨石、榔头、手锯、扁铲、方尺、粉线包、裁口刨、电动曲线锯、电动圆锯、手提式电刨、斧头、锤子、凿子、气钉枪、量尺、方尺、墨斗、吊线坠等。

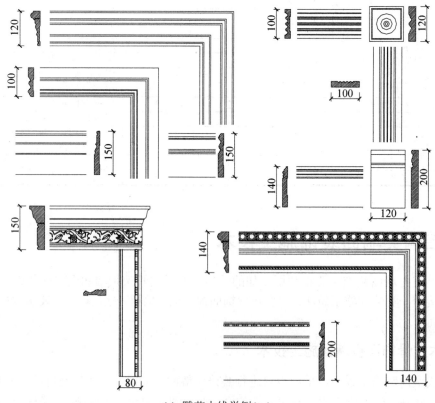

(a) 雕花木线举例(一)

图3.23 墙面木线示意(单位:mm)

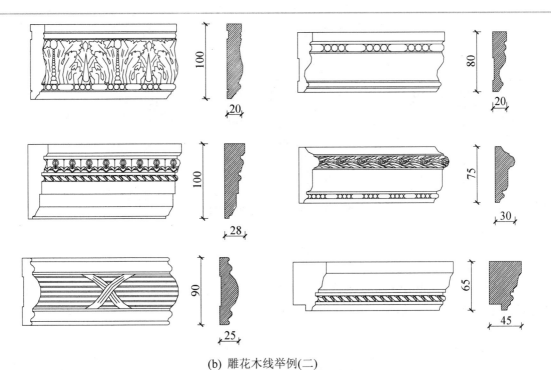

(b) 雕花木线举例(二)

图 3.23　墙面木线示意(单位：mm)(续)

2. 施工结构图

现代装饰中，木质饰面装饰效果比较好，造型举例如图 3.24(a)所示，其结构图如图 3.24(b)、(c)、(d)所示。

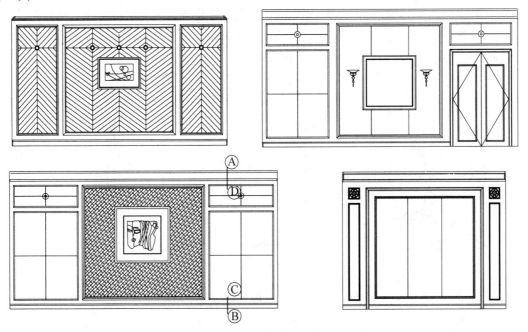

(a) 墙面造型举例

图 3.24　木质墙面结构示意

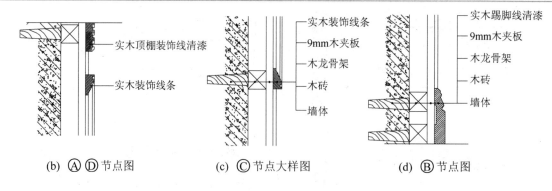

(b) Ⓐ Ⓓ 节点图　　(c) Ⓒ 节点大样图　　(d) Ⓑ 节点图

图 3.24　木质墙面结构示意(续)

3. 工艺技术

1) 工艺流程

工艺流程为清整基层→弹线工艺→预埋木砖→制作安装木龙骨→装基层板→装订面板→固定线角→油漆→清饰面层。

2) 工艺过程简述

(1) 清整基层。清除墙体表面的灰尘、油污，并铲除空鼓，并对孔洞、表面不平之处进行适当补平处理。在比较潮湿的空间墙体表面可满涂建筑防水胶粉的水溶液一道，以提高墙体的防潮能力。

(2) 弹线工艺。弹线工艺主要是墙面或者墙裙的标高线和造型线。根据工程设计，在墙体上画出所需的木龙骨定位线，以及确定埋设木砖的位置，如图 3.25 所示。

(3) 预埋木楔。在墙体上所画出的埋设木楔的位置，设置木楔。木楔间距 400mm 左右，深度为 100～150mm，但不能小于 40mm。应注意的是，所埋设木砖的顶面均应保持在设计所要求的同一个平面内。在此应指出，当墙面为混凝土墙时，可采用射钉来将木龙骨固定于墙体上，这时不进行埋设木楔的工序，如图 3.26 所示。

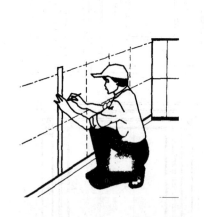

图 3.25　木质墙面弹线工艺示意

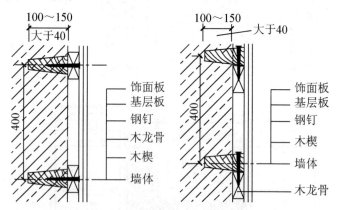

图 3.26　木质墙面木楔安装节点(单位：mm)

(4) 架设龙骨。根据设计要求，墙面所需的木龙骨预先算出木龙骨架所需片数，在墙上把分片或者可以分片的尺寸标注出来，再根据分片尺寸制作木龙骨架。再把木龙骨架用射钉枪钉固在埋设好的木砖上，固定时一定要注意保证龙骨骨架的尺寸符合设计的要求。龙骨架架设完毕后，要对龙骨骨架进行严格检查，并进行调平、去尘、打磨，以保证粘贴基面的平整、尺寸的准确。

(5) 装基层板。墙面木龙骨安装完毕检查合格后，安装基层板。基层板多为 5～12mm 的多层板(要求背面刷防火涂料)。在木龙骨上满刷白乳胶，然后用射钉枪将基层板固定在木龙骨上，要求基层板平整、牢固，钉帽不得露出面板。拼接板之间留有 5mm 左右的伸缩缝隙，保证温度变化的伸缩量。

(6) 装订面板。粘铺装饰板前应再次校核装饰板就位的尺寸，以保证接缝处有木龙骨，以保证粘贴牢固、可靠，并标画出就位的位置线。然后，在即将就位的木龙骨表面及装饰板背面将与木龙骨接触处满涂胶粘剂。涂胶时应注意涂层薄厚均匀，并不得有漏涂之处。随后将装饰板按其所应就位的位置，就位于木龙骨骨架上所标画出的位置线上。如此，依次将装饰板粘贴就位。每块装饰板就位之后，须用手在板面上均匀按压(注意按压处应位于板背后有木龙骨处)，粘贴时要注意拼缝宽窄应均匀一致，木纹图案等的拼接，要保证拼缝顺直、平整。面板之间的收口工艺如图 3.27 所示。

(7) 检查。待全部装饰板粘贴就位后，应立即进行检查，对凡有不平、不正、对缝不严、木纹或图案错位及其他缺欠处应及时进行纠正、修理。

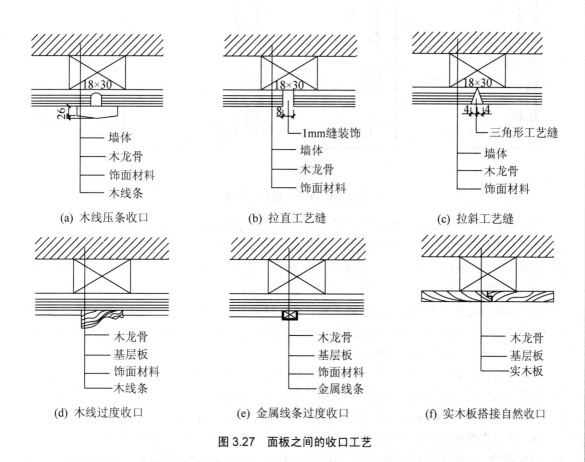

图 3.27 面板之间的收口工艺

(8) 固定线角。在确保装饰板粘贴符合质量要求之后，则可进行安装各种角线、腰线及踢脚板(踢脚板应于地面装修工程完毕后进行)等有关的封边及收口工序。对于角线、腰线及踢脚板的安装亦应注意高低一致、平直、线棱美观、牢固可靠。安装时可采有胶粘剂与气动钉相配合，这样更为稳固。各种线脚的节点如图3.28所示。

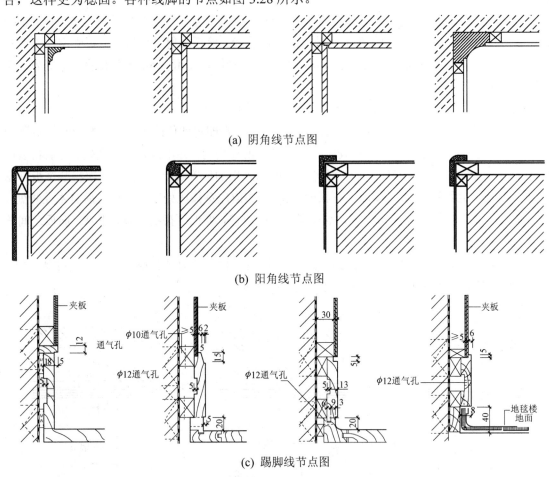

图3.28 木质墙面脚线节点

（9）油漆。待封边、收口的工序完成之后，即可进行油漆，首先打磨装饰板表面，以及角线、腰线、踢脚板表面，对于接头则要注意打磨，以保证过渡平整，无凸凹。对于有缺欠处应进行补腻，然后再打磨、补色。一般装饰单板贴面人造板的内墙面油饰，大多至少三遍成活。

3）施工注意事项

（1）木砖固定是否牢固可靠，是关系到整体板材墙面质量的基本保证，因此一定要根据墙体的情况采用适当的方法来使木砖在墙体上安装得牢固、可靠。木砖的形状为楔形，顶面为120mm×120mm，长度为60～80mm。

（2）木龙骨骨架安装的质量优劣是关系到装修后墙面外观质量的关键。因此，在安装木龙骨骨架后一定要仔细检查是否符合设计要求，要进行抄平、修整。主龙骨中距一般为450mm，次龙骨中距为450～600mm，所有龙骨的截面一般为24mm×30mm。

（3）粘铺装饰板前应核对龙骨骨架上所画的就位线，不得有误，否则一旦有差错，就会返工，造成浪费。粘铺装饰板时要仔细、小心、逐块进行，要确保就位准确、高低一致、接缝严密美观。

4. 施工质量要求

饰面板工程质量要求与验收方法见表 3-17。

表 3-17 饰面板工程质量要求与验收方法

项目	项次	质量要求	检验方法
主控项目	1	饰面板的品种、规格、颜色和性能应符合设计要求，木龙骨、木饰面板和塑料饰面板的燃烧性能等级应符合设计要求	观察；检查产品合格证书、进场验收记录和性能检测报告
	2	饰面板孔、槽的数量、位置和尺寸应符合设计要求	检查进场验收记录和施工记录
	3	饰面板安装工程的预埋件（或后置埋件）、连接件的数量、规格、位置、连接方法和防腐处理必须符合设计要求。后置埋件的现场拉拔强度必须符合设计要求。饰面板安装必须牢固	手扳检查；检查进场验收记录、现场拉拔检测报告、隐蔽工程验收记录和施工记录
一般项目	4	饰面板表面应平整、洁净、色泽一致，无裂痕和缺损。石材表面应无泛碱等污染	观察
	5	饰面板嵌缝应密实、平直，宽度和深度应符合设计要求，嵌填材料色泽应一致	观察；尺量检查
	6	采用湿作业法施工的饰面板工程，石材应进行防碱背涂处理。饰面板与基体之间的灌注材料应饱满、密实	用小锤轻击检查；检查施工记录
	7	饰面板上的孔洞应套割吻合，边缘应整齐	观察
	8	饰面板安装的允许偏差和检验方法应符合表 3-18 的规定	

表 3-18 饰面板安装的允许偏差和检验方法

项次	项目	允许偏差/mm							检验方法
		石材			瓷板	木材	塑料	金属	
		光面	剁斧石	蘑菇石					
1	立面垂直度	2	3	3	2	1.5	2	2	用 2m 垂直检测尺检查
2	表面平整度	2	3		1.5	1	3	3	用 2m 靠尺和塞尺检查
3	阴阳角方正	2	4	4	2	1.5	3	3	用直角检测尺检查
4	接缝直线度	2	4	4	2	1	1	1	拉 5m 线，不足 5m 拉通线，用钢直尺检查
5	墙裙、勒脚上口直线度	2	3	3	2	2	2	2	拉 5m 线，不足 5m 拉通线，用钢直尺检查
6	接缝高低差	0.5	3		0.5	0.5	1	1	用钢直尺和塞尺检查
7	接缝宽度	1	2	2	1	1	1	1	用钢直尺检查

3.3.2 软包墙面施工技术

软包是现代室内墙、柱面装饰中的高档次的装修，一般采用木龙骨骨架、胶钉衬板(胶合板等人造板)，按设计要求选定包面材料(各种人造革、真皮、装饰布和织物锦缎等)和填充材料(采用规则的泡沫塑料、海绵块、矿棉、岩棉或玻璃棉等软质材料为填充芯材)，并钉装于衬板上；也可采用将衬板、填充材料和包面分件(块)分别地制作成单体，然后固定于木龙骨骨架上。由于软包材料色彩绚丽、图案造型优美、质感柔和高雅，能使室内空间环境变得柔和、亲切和温暖，同时它具有吸声、隔声、保温、防碰撞等特点，特别适用于有吸声要求的会议厅、会议室、多功能厅、娱乐厅、消声室、住宅起居室、儿童卧室，对声学有特殊要求的演播厅、录音室、歌剧院、歌舞厅，还常用于对人体活动需加以保护的健身室、练功房等。

1. 施工准备

   1) 材料

   人造革、真皮、织锦缎、泡沫塑料或矿渣棉、木方、5mm 夹板或者 9mm 夹板、电化铝帽头钉、油毡、沥青等。

   2) 机具

   锤子、木工设备(同 3.3.1 节)、刨子、抹灰用工具、粘贴沥青用工具。

2. 施工结构图

   人造革、真皮、织锦缎等的软包施工技术结构如图 3.29 所示。

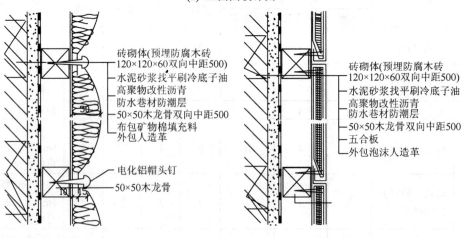

图 3.29 软包墙面结构示意(单位：mm)

3. 工艺技术

1) 工艺流程

工艺流程为基层处理→弹线工艺→安装龙骨→安装基层板→粘贴填充材料→铺装面料→收口处理→修整软包墙面。

2) 工艺过程简述

(1) 基层处理。清理检查原基层墙面，要求基层牢固、平整，构造合理。先把基层处理干净，再在基层抹水泥砂浆找平层，刷喷冷底子油，铺贴一毡二油防潮层；如采取直接铺贴法，基层必须作认真的处理，方法是先将底板拼缝用油腻子嵌平密实、满刮腻子1～2遍，待腻子干燥后，用砂纸打磨平，粘贴前，在基层表面满刷清油(清漆加香蕉水)一道。如有填充层，这个工序可以简化。

(2) 弹线工艺。主要是根据设计要求，弹出木龙骨及预埋木砖的所在位置。

(3) 木龙骨制作与安装，具体工艺见3.3.1节。

(4) 安装基层板。当采用整体固定时，根据设计要求的软包构造做法，将衬板满铺满钉于龙骨上，要求钉装牢固、平整。龙骨与衬板采用胶钉的连接方式，基层板对接边开V字形口，缝隙保持在1～2mm内，且接缝部位一般要求在木龙骨的中心。钉帽要冲入衬板0.5～1mm，要求表面平整。

(5) 粘贴填充材料。用胶将填充材料均匀地粘贴在基层板上，填充材料的厚度一般为20～50mm，也可根据饰面分块的大小和视距来确定。要求造型正确，接缝严密且厚度一致，不能有起皱、鼓泡、错落、撕裂等现象，发现问题及时修补。

(6) 铺装面料。铺装方法有成卷铺装、分块固定法。

① 成卷铺装法：首先将软包面料的端部裁齐、裁方，软包面料的幅面应大于横向龙骨中距的50～80mm，并用暗钉逐渐固定在龙骨上，保持图案、线条的横平竖直及表面平整。边铺钉边观察，如发现问题，应及时修整，如图3.29(b)所示。

② 分块固定法：先将填充材料与基层板按设计要求的分格、分块进行预裁，分别包覆制作成单体饰件，然后与软包面料一并固定于木筋上。首先，按软包造型的分块规格尺寸，用5mm或9mm的合成板切块，同时将板的边缘用刨子找平，再将其拼装在底板上，检查无误后，排出编号，然后取下，在每块板上钉边框线，边框线的高度与填充料的厚度相同，作为软包饰面的衬板，再在衬板上粘贴填充料(防火泡沫、矿棉吸声板、岩棉毡等填充料)，表面必须平整，不得有凸凹，与边框线内侧连接密合。其次，面料用量要计算充足，一次购进，花色图案要一致，按衬板的尺寸每边应有50～80mm的余量，将裁好的面料依次放好，避免粘贴时用错。第三，把衬板放在工作台上，正面朝上将面料平铺在上面并摆正，然后将宽出的面料折到衬板背面，刷适量的粘接剂，先粘固一边，用排钉固定，再用同样的方法粘接其他的侧边。面料要粘贴平整，各边用力均匀，不可有皱折和松动起包现象。若面料有花色、图案，在粘贴面料时，每块软包的花纹应搭配协调，不可随意摆放，否则影响软包饰面的装饰效果。最后，把包饰块按预先编好的顺序号临时镶嵌在墙面底板上，检查是否达到设计要求和效果，然后从一边开始逐块安装，安装时底板和衬板之间应涂胶并用排钉固定，再根据设计要求安装贴脸或装饰木线收边。软包饰面应接缝均匀，整体平整。分块软包饰面的做法如图3.29(c)所示。

(7) 收口处理。压条一般使用铜条、不锈钢条或工艺木线条，按设计装订成不同的造型，当压条为铜条或不锈钢条时，必须内衬尺寸相当的人造板条(两者可使用硅酮结构密封胶粘接)，以保证装饰条顺直。

(8) 修整软包墙面。软包墙面是安排在其他工序之后安装的，现场不应再有灰尘污染，安装后只需将钉眼位置的面料轻轻提起,进行饰面整理,用手轻轻拍打排除钉眼的痕迹。如还有其他工种的施工,应该用塑料保护膜保护软包饰面,避免造成污染。

3) 施工注意事项

(1) 室内的各项工程基本完成,水电及设备、墙上的预埋件已埋好,并进行检查。要求基层平整、牢固,垂直度、平整度均符合细木制作验收规范。

(2) 软包墙面木框、龙骨、面板、衬板等木材的树种、规格、等级、含水率和防潮、防腐处理必须符合设计要求及国家现行标准的有关规定。一般选用优质5mm夹板做衬板,如基层情况特殊或有特殊要求时,亦可选用9mm夹板,颜色、花纹要尽量相似。龙骨料一般用杉木、红白松烘干料,含水率不大于12%。不得有腐朽、疖疤、扭曲、裂缝、变色等疵病,且要求纹理顺直。

(3) 外饰面用的压条、分格框料和木贴脸等面料,一般采用工厂加工的半成品烘干料,含水率不大于12%,其厚度应根据设计要求且外观没毛病,并预先经过防腐处理;也有利用铜压条和不锈钢压条的。辅料有防潮纸或油毡、钉子(钉子长应为面层厚的2~2.5倍)、木螺钉、木砂纸、万能胶、石油沥青(一般采用10号、30号建筑石油沥青)、电化铝帽头钉、乳胶、聚酯酸乙烯酯乳液等。

(4) 软包装饰所用的包面材料、装饰布料、皮革面料、填充材料、龙骨及衬板等木质部分,要采取防火措施,达到消防要求。

4. 施工质量要求

施工质量要求和检查验收方法见表3-19,软包工程安装允许偏差与检验方法见表3-20。

表3-19 软包工程质量验收要求与检验方法

项 目	项次	质量要求	检验方法
主控项目	1	软包面料、内衬材料及边框的材质、颜色、图案、燃烧性能等级和木材的含水率应符合设计要求及国家现行标准的有关规定	观察;检查产品合格证书、进场验收记录和性能检测报告
	2	软包工程的安装位置及构造做法应符合设计要求	观察;尺量检查;检查施工记录
	3	软包工程的龙骨、衬板、边框应安装牢固,无翘曲,拼缝应平直	观察;手摸检查
	4	单块软包面料不应有接缝,四周应绷压严密	观察;手摸检查
一般项目	5	软包工程表面应平整、洁净,无凹凸不平及皱折;图案应清晰、无色差,整体应协调美观	观察
	6	软包边框应平整、顺直、接缝吻合。其表面涂饰质量应符合有关规定	观察;手摸检查
	7	清漆涂饰木制边框的颜色、木纹应协调一致	观察
	8	软包工程安装的允许偏差和检验方法应符合表3-20的规定	

表3-20 软包工程安装允许偏差与检验方法

项次	项 目	允许偏差/mm	检验方法
1	垂直度	3	用1m垂直检测尺检查
2	边框宽度、高度	0~2	用钢尺检查
3	对角线长度差	1~3	用钢尺检查
4	裁口、线条接缝高低差	1	用钢直尺和塞尺检查

3.3.3 玻璃材料墙面施工技术

因为玻璃具有色彩鲜艳、色调丰富、光洁、耐磨，具有极强的装饰性，在现代室内装修中，玻璃应用非常广泛，可用于室内的任何界面，玻璃用于室内墙面可增加室内亮度、扩大视觉空间效果。在室内应用的种类主要有玻璃马赛克、彩绘玻璃、镜面镀膜玻璃、釉面玻璃和光栅玻璃等，要根据室内空间的性质，合理使用玻璃，才能发挥玻璃装饰的效果。

1. 施工准备

1) 材料

(1) 玻璃。装饰装修工程中使用的玻璃主要有平板玻璃、吸热玻璃、热反射玻璃、中空玻璃、夹层玻璃、夹丝玻璃、磨砂玻璃、钢化玻璃、压花玻璃、彩色玻璃、镭射玻璃、镜面玻璃和玻璃砖等。

(2) 辅助材料。主要包括油灰、密封条、木压条、金属压条、回形卡子(钢弹簧)、小圆钉、玻璃胶、密封膏、木龙骨、型钢龙骨、铝合金龙骨、塑料龙骨、胶合板、沥青、油毡、垫层板等。

2) 机具

玻璃刀、玻璃钻、玻璃吸盆、水平尺、托尺板、玻璃胶筒以及钉拧工具如锤子、螺钉锭具、木工工具等。

2. 施工结构图

玻璃墙面施工主要有粘贴或者用龙骨架架铺两种技术，对于粘贴一般在基层处理后用玻璃胶胶粘，而架铺的方法其结构类似木龙骨墙面或墙裙的做法。本节主要讨论墙面架铺玻璃的施工技术，其具体的施工结构图如图3.30所示。

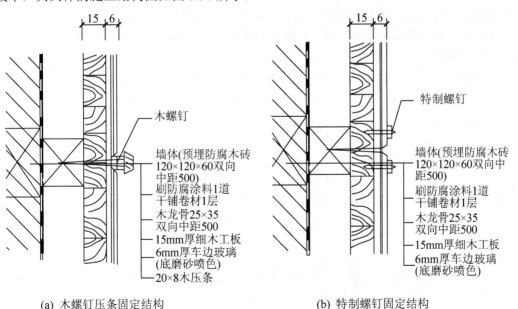

(a) 木螺钉压条固定结构　　(b) 特制螺钉固定结构

图 3.30　玻璃墙面结构示意(单位：mm)

3. 施工技术

1) 工艺流程

工艺流程为清理基层→预埋木砖→涂防潮层→弹线工艺→木龙骨制作与安装→安装基层板→安装固定玻璃→调整→收口处理→验收。

2) 工艺过程简述

(1) 清理基层、预埋木砖。首先清除墙面的浮渣、污物、灰尘等,并检查墙面是否有空鼓、孔洞及不平处;如有缺陷,则应采用聚合物水泥砂浆进行修补。并根据设计要求在墙上适当位置预埋木砖,木砖必须预先防腐处理。

(2) 涂防潮层。玻璃墙面防潮层的做法,一般采用防水建筑胶粉加水调制后满涂于墙面上,一般防潮层厚4～6mm,至少三遍成活,应尽量找平,这样防潮层可兼作找平层。

(3) 弹线工艺。在涂防潮层的墙面上按中心距(根据设计要求)来划木龙骨横向和纵向的位置线,划出玻璃规格尺寸的裁剪线,以及弹出安装玻璃的基层板上的位置线。

(4) 木龙骨制作与安装。按设计要求制作木龙骨架,将木龙骨架按其所在的位置线用射钉与墙体钉牢。木龙骨的截面尺寸为30mm×40mm,背面刨出通长的防翘凹槽,并满涂氟化钠防腐剂和防火涂料。木龙骨安装后,应严格检查以确保龙骨架处于同一个垂直面上,个别偏差应≤2mm,否则应及时调整。检查合格后钉头用油腻子密封。

(5) 安装基层板。在木龙骨架上满铺5～8mm厚的阻燃型胶合板,并用射钉枪将阻燃型胶合板钉牢于木龙骨架上,钉距为80～150mm(要注意钉帽应打扁,并进入板面0.5～1mm),然后板面满涂防水涂料一道。

(6) 安装固定玻璃。按照设计所确定的安装固定方式,采用边框及压条、螺钉等进行玻璃的安装固定,安装固定应从下向上进行,直至全部玻璃安装就位。在室内墙面的装修中,其施工做法大致分为3种:压条固定、钉固定和胶贴固定。压条固定是在镜面的四周或上下,用木材、金属型材、塑料等压条或者嵌条将玻璃材料固定在墙上;钉是以铁钉、螺钉为固定构件,将镜面固定在墙上或木框上;胶贴是以胶结材料将玻璃材料贴在墙上或木质基层板上,如图3.31所示。具体固定采用何种方式,除了要考虑装饰效果的要求和单片玻璃的尺寸大小之外,应保证玻璃固定的可靠与安全。

(7) 调整。玻璃安装就位后,应检查玻璃墙面的平整度、垂直度是否符合要求,每块玻璃是否安装牢靠,压条是否压实,分格是否方正、均匀一致,对于缺陷之处应及时调整。

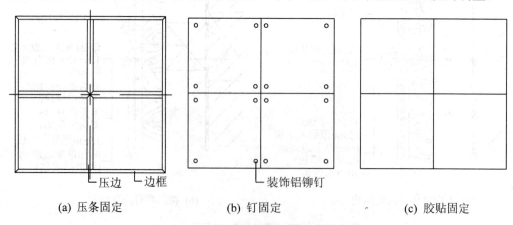

(a) 压条固定 (b) 钉固定 (c) 胶贴固定

图3.31 玻璃安装方法

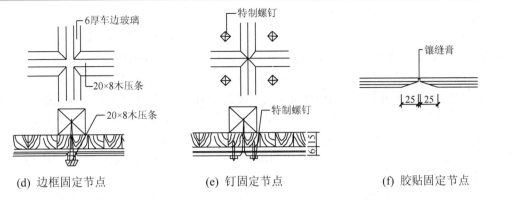

图 3.31 玻璃安装方法(单位：mm)(续)

(8) 收口处理。对于所有缝隙、收口应采用密封胶将其密封牢靠，以防水的浸入。玻璃界面的收口工艺如图 3.32 所示。

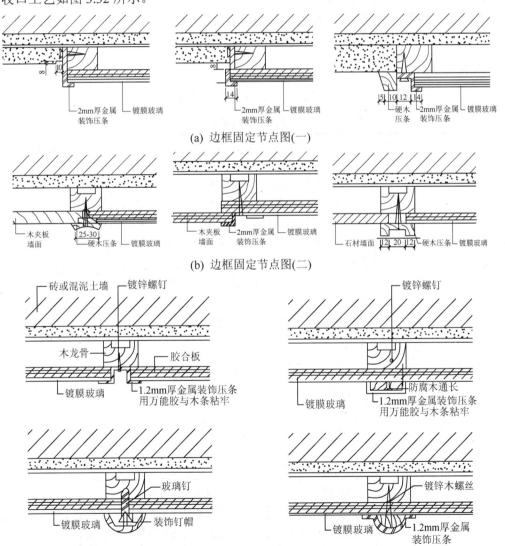

图 3.32 玻璃界面的收口工艺(单位：mm)

3) 施工注意事项

(1) 裁割玻璃时,玻璃必须放平,工作台要稳固,表面应有橡胶垫或铺薄毛毡垫;裁割玻璃时靠尺位置应留出裁刀口所占的宽度;裁割压花玻璃时,压花面应向下。

(2) 楼梯阳台安装有机玻璃、钢化玻璃时,应用压条、嵌条将玻璃紧密固定。

(3) 玻璃的规格尺寸长边大于150mm或短边大于100mm时下口用两块橡胶垫,并用压条、螺钉、嵌条镶紧固定。用钉子固定,钉子间距不得大于300mm,并且每边不少于两个。

(4) 安装玻璃严禁用锤敲击和撬动,如不合格应取下重安。

(5) 玻璃安装就位后,其边缘不得和四周框口挤紧,或和连接件接触,要留出适当空隙,一般为1~2mm,但不得大于5mm。

(6) 玻璃安装后,嵌条、压条、钉子固定时,应使玻璃四周受力均匀,橡胶压条要和玻璃贴紧。

(7) 美术玻璃、彩色玻璃、艺术玻璃安装时,图案、花纹拼接要严密不露痕迹。

(8) 安装木龙骨时,要注意边钉木龙骨边抄平,以确保木龙骨处于同一个垂直面内。如果木龙骨与墙面有间隙,则可用木片垫塞,以保证木龙骨与墙面钉接牢靠。

(9) 衬板应采用阻燃型胶合板,不得采用非阻燃型胶合板。

4. 施工质量要求

玻璃墙面工程施工质量要求与检验方法具体见表3-21。

表3-21 玻璃墙面工程质量要求与验收方法

项 目	质量等级	质量要求	检验方法
油灰填抹质量	合格	底灰饱满,油灰与玻璃、裁口粘接牢固,边缘与裁口齐平,有轻微的裂缝、麻面和皱皮	目测观察
	优良	底灰饱满,油灰与玻璃、裁口粘接牢固,边缘与裁口齐平,四角成八字形,表面光滑,无裂缝、麻面和皱皮	
固定玻璃的钉子或钢丝卡	合格	钉子或钢丝卡的数量符合施工规范的规定,规格符合要求	目测观察
	优良	钉子或钢丝卡的数量符合施工规范的规定,规格符合要求,不在油灰表面显露	
木压条的质量	合格	木压条与裁口边缘紧贴基本齐平,割角整齐	目测观察
	优良	木压条与裁口边缘紧贴齐平,割角整齐连接紧密,不露钉帽	
橡胶垫镶嵌质量	合格	橡皮垫与裁口、玻璃及压条紧贴	目测观察
	优良	橡皮垫与裁口、玻璃及压条紧贴,整齐一致,并无露在压条外	
玻璃砖安装	合格	排列位置正确无位移,嵌缝密实	目测观察
	优良	排列位置正确、均匀整齐,无位移,嵌缝饱满密实,接缝均匀、平直	
彩色、压花玻璃拼装	合格	颜色、图案符合设计要求,接缝无明显缺陷	目测观察
	优良	颜色、图案符合设计要求,接缝吻合	
艺术、彩绘玻璃拼装	合格	表面无明显斑污,有正反面的玻璃,安装方向正确	目测观察
	优良	表面洁净,无油灰、浆水、油漆等斑污,有正反面的玻璃,安装方向正确	

3.3.4 室内铝塑板墙面施工技术

铝塑复合板以表面处理的彩色铝板(厚度一般0.2~0.8mm)为面层,聚乙烯塑料板(厚度一般为2.6mm)为芯材,在热溶性高分子粘接膜的作用下,复合而成的一种性能优良、美观实用的新型装饰材料。铝塑板品种很多,表面的处理有镜面、雕花喷涂、烤漆及氧化着色等,色彩也多种多样,铝板表层涂装采用的漆料从丙烯酸,聚酯树脂发展到氟碳树脂等,采用的芯材从聚氯乙烯聚乙烯塑料发展到酚醛塑料。铝塑板融合了铝及塑料两种材料的性能优点,重量轻、强度高、表面平整,不仅具有防水、防火隔声、隔热、耐腐蚀、耐气候、易清洗等优点,而且使用简单的加工机具就可进行多种复杂形状的加工,满足现代装饰高品质和施工简易性的要求。

1. 施工准备

1) 材料

铝塑复合板规格为2440mm×1220mm×3mm;表面光滑,具有不产尘、不积尘等特点。纸面耐火石膏板规格3000mm×1200mm×12mm。该产品用100%天然石膏制造。U50型轻钢龙骨,规格50mm×18mm×1.5mm。德力牌AA型胶粘剂,其主要成分为氯丁橡胶(CR)混合物,外观呈金黄色,固体含量高,耐撞击,抗老化,不含苯类有毒物质,使用方便。

2) 机具

同金属吊顶施工工具,见第二章2.2.2节和2.2.3节相关内容。

2. 施工结构图

铝塑板墙面施工结构,如图3.33所示。

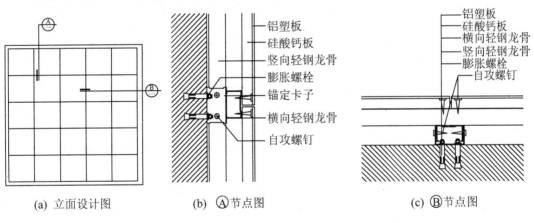

(a) 立面设计图　(b) Ⓐ节点图　(c) Ⓑ节点图

图3.33　铝塑板墙面结构示意

3. 工艺技术

1) 工艺流程

工艺流程为清理基层→弹线工艺→安装锚定卡子→安装轻钢龙骨→安装石膏板基层→裁剪铝塑板→基层清扫干净→涂刷胶粘剂→粘贴铝塑板→揭纸→收口工艺→成品保护。

2) 工艺过程简述

(1) 清理基层、弹线工艺。安装墙筋前,先将墙体表面清扫干净,按400mm间距弹出竖向轻钢龙骨的中心线及位置线。再沿各条竖向龙骨中心线自上而下按500mm间距弹出锚定卡子中心线。

(2) 安装锚定卡子。在固定锚定卡子的位置线上,先用冲击钻在墙面钻出用来固定锚定卡子的孔洞。锚定卡子一般选用63型槽钢,长度为50mm,安装前刷防锈漆2道,用ϕ8膨胀螺钉与墙体固定牢固。

(3) 安装轻钢龙骨。竖向龙骨用自攻螺钉与槽钢锚定卡子固定。安装时用靠尺检查竖向轻钢龙骨垂直度,确认符合要求后再固定。将横向轻钢龙骨按400mm间距用自攻螺钉固定在竖向龙骨之间,使墙面形成井字形轻钢龙骨骨架。

(4) 安装石膏板基层。横竖向轻钢龙骨安装完毕并经检查合格后,开始安装石膏板基层。应挑选板边整齐的整板竖向铺设,长边接缝宜落在竖向墙筋上;沿石膏板周边螺钉间距不应大于200mm,里边间距不应大于300mm,螺钉与板边缘距离应为10~16mm,用自攻螺钉将石膏板与横竖龙骨钉牢,使其具有一定的刚度。

(5) 基层清扫干净。石膏基层板基层应清洁干净,无油渍、水渍、污渍和锈渍。表面应干燥无水分,特别是雨天或梅雨天气更应注意,以免出现不粘现象。石膏板基层上的预留洞口和预埋配件的孔洞应按设计要求预留,切割尺寸应准确。

(6) 粘贴铝塑板。粘贴前在石膏板基层上按铝塑板宽度尺寸弹线;在门窗口及柱垛两侧,铝塑板接缝处应尽量左右对称,非整张铝塑板宜设置在墙面阴角附近。刷胶前先将铝塑板粘贴面的包装纸揭去,同时在石膏板基层表面及铝塑板表面用硬塑料刮板及棕刷涂刷一层胶粘剂。涂胶应厚薄均匀,宜薄涂两遍,切忌过厚,以免降低粘接强度。涂胶晾置过后,不能再反复涂胶,否则会出现起泡现象。涂胶后的石膏板基层及铝塑板涂胶面均应有一段晾置时间。不同的胶粘剂在同等条件(温度、湿度、气压)下所需的晾置时间不同,常温条件下,胶粘剂晾置时间为15min。

粘贴时,将晾置合适的铝塑板抬运至被粘贴的石膏板基层处就位,一人站在梯子上面扶住铝塑板上部,另一人扶板的下部,上下及边缘接缝对线后,先用手用力推压拍击铝塑板板面,使其与石膏板基层粘接。由于胶粘剂粘接力强,粘贴时要一次对准线,以免粘贴后来回移动而影响粘贴效果。在铝塑板面上垫平整的小块木垫板用木锤自上而下沿板面各部位轻轻敲击并均匀加压,使铝塑板粘贴面与石膏板基层粘接牢固。若发现有被挤出的胶粘剂,应随时用棉纱擦净。

(7) 揭纸。待墙面固化后,揭去铝塑板表面的包装纸。

(8) 收口工艺。用胶粘剂粘把踢脚板(黑色硬质塑料)贴牢固。在墙面上按600mm间距安装特制铝合金压条,用自攻螺钉钉牢。

(9) 成品保护。已粘贴的铝塑板墙面,在室温不低于15℃的温度下自然固化,固化时间应不少于72小时。其间应密切注意保护墙面,避免阳光暴晒、墙面受潮或其他意外振动而影响固化效果。

3) 施工注意事项

(1) 现场要保持清洁,因涂刷胶粘剂后的铝塑板表面,极易吸附空气中的灰尘,故应尽量避免尘垢玷污面层。施工时操作人员应戴防护手套,穿工作服。

(2) 适当控制室内相对湿度,以免因胶粘剂吸收水分而降低粘接强度。

(3) 胶粘剂中有挥发性溶剂,切勿接触明火或高温,施工区域应保持空气流通。气温过高、容器密封性不好或暴露时间过长,溶剂易挥发,导致黏度过大而无法施工。

(4) 胶粘剂应储存在密封容器中,放于阴凉空气畅通的仓库内,切勿受阳光直射,有效贮存期一般为12个月。

(5) 施工时注意保持现场清洁,适当控制湿度。

3.4 卷材类墙面装饰施工技术

卷材是指装饰市场上成卷的材料,如壁纸、壁布、织物锦缎、其他装饰纸等一类的材料。这类材料一般通过裱糊的方法裱贴在墙上,这类工程属于中、高档装饰工程,适用于旅馆客房、餐厅、公共活动用房、居室、客厅等室内空间。装饰效果或庄重典雅,或富丽堂皇,或淡雅宁静,装饰效果更好;壁纸还具有吸声、隔热、防菌、防霉、耐水等多种功能,而且维护保养方便、调换更新容易、粘贴施工也不繁琐,但其最大的缺点是耐用性较差。随着室内装饰行业突飞猛进,壁纸、壁布的花色品种和质量在不断更新、提高,有些已超越常用壁纸的功能。如壁纸灯,它是一种用光导纤维编织在壁纸内的高级壁纸,既是装饰品又是高级灯饰。光导纤维可编制成各种图案与画面,用它装点空间环境,具有富丽堂皇、金碧生辉之效果。

3.4.1 室内壁纸裱糊施工技术

1. 施工准备

1) 材料

(1) 壁纸壁纸、墙布品种繁多,其分类方法也多样,如按外观效果装饰分类,有印花壁纸、压花壁纸、发泡壁纸等;按功能分类,有装饰性壁纸、防火壁纸、耐水壁纸等;按制作的材料分类,有纤维壁纸、木屑壁纸、金属箔壁纸、皮革、人造革、锦缎等;按施工方法分类,有现场刷胶裱贴的壁纸、背面预涂压敏胶直接裱贴的壁纸等。目前我国习惯上多按壁纸所用材料来分类,见表3-22。

表3-22 壁纸分类表

序号	类型	种类	特征	用途
1	纸面纸基壁纸	仿木纹、竹纹、石纹、瓷砖、布纹、仿丝绸、织锦缎	基底透气性好,能使墙体基层中的水分向外散发,不致引起变色、鼓泡等现象。这种壁纸价格便宜,缺点是不耐水、不便于清洗、不便于施工	饭店、宾馆、家居
2	塑料壁纸	普通壁纸、发泡壁纸、特殊壁纸	颜色、花纹、图案多样,可设计多种装饰效果;还具有吸声、隔热、防菌、防霉、耐水等多种功能;具有较好的耐擦性和防污染性;施工方便,可用普通胶粘剂粘贴	宾馆、饭店、办公大楼、会议室、接待室、计算机房、广播室及家庭卧室
3	仿织物壁纸	丝绸壁纸、真丝壁纸、弹性壁纸、超豪华弹性壁纸	防潮、吸声、保温、柔软、易清洗、质感佳、透气性好,用它装饰居室,给人以高雅、柔和、舒适的感觉	办公大楼、饭店、宾馆、会议室、接待室、计算机房、疗养所
4	天然材料壁纸	草席壁纸、麻织壁纸、薄木壁纸	墙面立体感强、吸声效果好、耐日晒不褪色、无静电、透气性好,风格淳朴自然,素雅大方,生活气息浓厚,给人以返璞归真的感受	会议室、接待室、影剧院、酒吧、舞厅、茶楼、餐厅、商店橱窗

续表

序号	类型	种类	特征	用途
5	金属壁纸	—	具有光亮的金属质感和反光性,给人一种金碧辉煌、庄重大方的感觉。无毒、无气味、无静电、耐湿、耐晒、可擦洗、不褪色,特别是它表面经过灯光的折射会产生金碧辉煌的效果	高级宾馆、酒楼、饭店、咖啡厅、舞厅
6	仿真塑料壁纸	仿石材、竹编、木纹壁纸	模仿实物效果能以假乱真,美观自然	酒吧、舞厅、茶楼、餐厅
7	特种功能壁纸	耐水、防火、防霉、防结露;剥离壁纸、分层壁纸、带背胶壁纸、不干胶壁纸、香味壁纸、防寒壁纸、调温壁纸、屏蔽壁纸、消臭壁纸、杀菌壁纸	①耐水壁纸:耐水塑料壁纸是用玻璃纤维毡作基材的壁纸,适合卫生间、浴室等墙面使用 ②防火塑料壁纸:是每平方米用 100～200g 石棉纸作基材,并在 PVC 涂料中掺入阻燃剂,使壁纸具有一定的阻燃性能,适用于防火要求较高的室内墙面或木制板面 ③防霉壁纸:是在聚氯乙烯树脂中加入防霉剂,防霉效果很好,适合在潮湿地区使用 ④防结露壁纸:其树脂层上带有许多细小的微孔,可防止结露,即使产生结露现象,也只会整体潮湿,而不会在墙面上形成水滴	
8	特殊效果壁纸		①荧光壁纸在印墨中加有荧光剂,能产生一种夜壁生辉的特殊效果,夜晚熄灯后,可持续发光,常用于娱乐空间 ②吸声壁纸使用吸声材质,可防止回音,多用于影剧院、音乐厅、歌舞厅、会议中心等 ③防静电壁纸用于特殊需要的防静电场所,如实验室、微机房等	

(2) 胶粘剂。胶粘剂的好坏直接关系到壁纸工程的质量。胶粘剂应按壁纸、墙布的品种选配,并具有一定的防霉和耐久性能。胶粘剂应是水溶性的,施工条件好,工具清洗也方便,其次是对基层和底纸的冷热伸缩。另外,胶粘剂要有一定的防霉性,因为霉菌的产生不仅会在壁纸和基层之间产生隔离层而影响粘结力,还会穿透壁纸在表面产生霉斑。墙面如有防火要求的,则胶粘剂应具有耐高温、不起层性能。胶粘剂最好集中调制,并通过 400 目/平方厘米箩筛过滤,调制好的胶粘剂应当天用完。若使用成品胶粘剂,要检查有效期,过期的胶粘剂经试验合格后方可使用。保存应装入不易被腐蚀和变色的容器内。常用胶粘剂的种类及配合比见表 3-23。

表 3-23 常用胶粘剂及配合比

序号	胶粘剂类别	品种及配合比
1	裱糊普通纸基壁纸	(1) 面粉中加明矾 10%或甲醛 0.2%,加水煮成 (2) 面粉中加酚 0.02%或硼酸 0.2%,加水煮成 (3) 聚乙烯醇缩甲醛胶(801 胶)+羧甲基纤维素(4%水溶液)=7.5+1
2	裱糊塑料壁纸	(1) 聚乙烯醇羧甲醛胶(甲醛含量 45%):羧甲基纤维素(2.5%溶液):水=100:30:50(体积之比) (2) 聚乙烯醇缩甲醛胶:水=1:1
3	裱糊玻璃纤维墙布	聚醋酸乙烯酯乳胶:羧甲基纤维素(2.5%水溶液)=60:40
4	墙纸粉(可用塑料墙纸及墙布)	由各种胶粘剂配制成粉状材料,有进口和国产两种,按比例用温水调制

(3) 腻子。腻子用作修补和填平基层表面的麻点、凹坑接缝、钉孔等缺陷，它应具有一定的强度，不得出现起皮和裂缝。常用腻子调制配合比见表 3-24。

表 3-24 裱糊用常用腻子调制配合比

序号	名称	石膏/%	滑石粉/%	熟桐油/%	羧甲基纤维素溶液/%（浓度2%）	聚醋酸乙烯乳液/%
1	乳胶腻子	—	5	—	3.5	1
2	乳胶石膏腻子	10	—	—	6	0.5～0.6
3	油漆石膏腻子	20	—	7	—	50

(4) 基层涂料。基层涂料起底油层作用，有利于下道工序涂刷胶粘剂及减少基层吸水率。裱糊基层涂料能提高壁纸工程的质量，增强粘接强度。另外，稀乳胶漆也可用作基层涂料。常用基层涂料配合比见表 3-25。

表 3-25 裱糊常用涂料配合比

序号	涂料名称/%	801胶/%	甲基纤维素/%	酚醛清漆/%	松节油/%	水/%	备注
1	801胶涂料(一)	1	0.2	—	—	1	用于抹灰墙面
2	801胶涂料(二)	1	0.5	—	—	1.5	用于油画墙面
3	清油涂料	—	—	1	3	—	用于石膏板及木基层墙面

2) 机具

活动裁纸刀用于裁割壁纸、壁布；油漆批刀用于清除墙面浮灰和批嵌腻子；刮板用于刮抹和压平壁纸、壁布；金属滚筒用于壁纸拼缝处的压边；橡胶滚筒用于赶压壁纸内的气泡；排笔用于涂刷粘接剂，除此之外，还有铝合金直尺、钢卷尺、2m 直尺、水平尺、裁纸案台、普通剪刀、砂布、粉线包、毛巾、板刷、注射针筒及针管等。

2. 施工结构图

壁纸、壁布裱糊一般指用壁纸胶把它们裱糊在墙面上的工艺技术，其工艺处理主要技术现在基层的处理和裱糊工艺；基层要求平整、干净、无油污、无污染等。具体的工艺结构如图 3.34 所示。

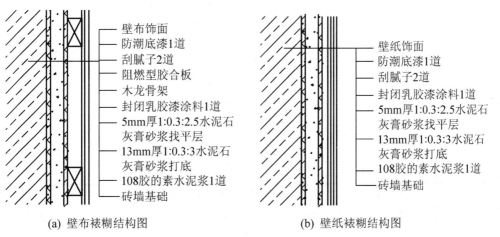

(a) 壁布裱糊结构图　　(b) 壁纸裱糊结构图

图 3.34 墙面裱糊工艺结构

3. 工艺技术

1) 工艺流程

工艺流程为基层处理→涂刷防潮底胶→弹线工艺→壁纸裁纸→壁纸浸水→涂刷胶粘剂→裱糊壁纸→清理修整。

2) 工艺顺序

裱糊工程施工顺序见表 3-26。

表 3-26 裱糊工程施工顺序表

项次	工序名称	抹灰、混凝土墙面			石膏墙面			木质墙面		
		复合壁纸	PVC壁纸	背胶壁纸	复合壁纸	PVC壁纸	背胶壁纸	复合壁纸	PVC壁纸	背胶壁纸
1	清扫、填补缝隙、磨砂纸	☆	☆	☆	☆	☆	☆	☆	☆	☆
2	按缝隙处糊条				☆	☆	☆			
3	找补腻子、磨砂纸				☆	☆	☆			
4	满刮腻子、磨平	☆	☆	☆						
5	涂刷涂料一遍							☆	☆	☆
6	涂刷底胶一遍	☆	☆	☆	☆	☆	☆			
7	墙面弹线	☆	☆	☆	☆	☆	☆	☆	☆	☆
8	壁纸浸水湿润		☆	☆		☆	☆		☆	☆
9	壁纸涂刷胶粘剂	☆			☆			☆		
10	基层涂刷胶粘剂	☆	☆		☆	☆		☆	☆	
11	壁纸上墙裱糊	☆	☆	☆	☆	☆	☆	☆	☆	☆
12	拼接、搭接、对花	☆	☆	☆	☆	☆	☆	☆	☆	☆
13	赶压胶粘剂、对花	☆	☆	☆	☆	☆	☆	☆	☆	☆
14	裁边		☆			☆			☆	
15	擦干净挤出的胶料	☆	☆	☆	☆	☆	☆	☆	☆	☆
16	清理修整	☆	☆	☆	☆	☆	☆	☆	☆	☆

注：①表中"☆"表示应进行的工序；②不同材料的相接处应该糊条；③必要时混凝土墙面和抹灰墙面可增加刮腻子次数；④裁边工序，在使用宽为 900mm、1000mm、1100mm 等需要叠对花的 PVC 压延壁纸时进行。

3) 工艺过程简述

(1) 基层处理。裱糊工程墙面基层处理主要有混凝土及抹灰基层、木质、石膏板基层、木质基层、旧墙基层、不同基层交接部。基层处理要求坚实、牢固，不得有粉化、起皮和裂缝。不同的基层，采用不同的处理方法。

① 混凝土及抹灰基层处理。满刮腻子一遍并磨砂纸，如有气孔、麻点、凸凹不平时，应增加满刮腻子和磨砂纸的次数。刮腻子前，须将混凝土或抹灰面清扫干净，刮腻子时要用刮板有规律的操作，一板接一板，两板中间再顺一板，要衔接严密，不得有明显的接搓与凸痕。凸处薄刮，凹处厚刮，大面积找平。干透后，再打磨砂纸、扫净。要注意石灰的熟化时间，未充分熟化的石灰，会产生僵灰，贴后会把墙纸胀破。阳角部位宜用高标号水泥砂浆作护角，否则局部破损，须大面积更换墙纸。

② 木质、石膏板基层处理。木基层要求接缝不显接搓，不外露钉头。接缝、钉眼须用腻子补平并满刮腻子一遍，用砂纸磨平。如果吊顶采用胶合板，板材不宜太薄，特别是面积较大的厅、堂吊顶，板厚宜在5mm以上，以保证刚度和平整度，有利于裱糊质量。在纸面石膏板上裱糊塑料墙纸，在板墙拼接处采用专用石膏腻子及穿孔纸带进行嵌封。在无纸面石膏上裱糊壁纸，板面须先刮一遍乳胶石膏腻子。

③ 旧墙基层处理。对凹凸不平的墙面要修补平整，清除旧有的油污、砂浆颗粒等，对修补过的接缝、麻点等，应用腻子分一至两次刮平，再根据墙面平整光滑的程度决定是否再满刮腻子。

④ 不同基层交接部的处理。如石膏板和木基层相接处，水泥砂浆抹灰面与木夹板、水泥基面与石膏板之间的接缝，应用穿孔纸带粘糊，以防止裱糊后的壁纸面层被拉裂撕开，处理好的基层表面要喷或刷一遍汁浆，一般配置质量比107胶：水为1∶1喷刷，石膏板、木基层等可配置质量比酚醛清漆：汽油为1∶3喷刷，汁浆喷刷不宜过厚，要求均匀一致。

⑤ 基层含水率的控制。国产或进口的墙纸，都有较好的透气性，一般都可以在已干燥的但未干透的基层上施工。但基层不能过于潮湿，以免抹灰层的碱性和水分使壁纸变色、起泡、开胶等，裱糊工程基体或墙面的含水率不宜大于8%，对于木材制品不得大于12%。对湿度大的房间和经常潮湿的墙体表面，采用防水性能的壁纸和胶粘剂材料。

⑥ 当工艺要求较高时，可在基层上用木龙骨夹板再处理1层，可确保墙面的平整度。

⑦ 安装于基面的各种开关、插座、电器盒等突出装置，应先卸下扣盖等影响裱糊施工的部件，并收存好，待壁纸粘贴好后再将其复原。

(2) 涂刷底漆及底胶。在基层处理工序经检验合格后，就可在基层上涂刷底胶，可涂刷也可喷刷，一般是一遍成活，但不能漏刷、漏喷，不应有流淌现象，要薄而均匀，墙面要细腻光洁，且要防止灰尘和杂物混入该底漆、底胶中。

(3) 弹线工艺。底漆、底胶干后，在基层面上弹标志线，以保证裱糊的纸幅垂直，花纹图案对齐。顶棚位置先将对称中心线通过找规矩的办法用粉线弹出，以便从中间向两边对称控制。墙面首先应将房间四角的阴阳角通过吊垂直、套方找规矩，并按照壁纸的尺寸进行分块弹线控制，习惯做法是进门左阴角处开始铺贴第一张。具体操作方法是，按壁纸的标准宽度找规矩，每个墙面的第一条线都要弹线找垂直，第一条线距墙阴角约150mm处，作为裱糊的基准线。墙面上有门窗的应增加门窗两边的垂线。

(4) 壁纸裁纸。按基层实际尺寸计量纸的所需用量。根据弹线找规矩的实际尺寸统筹规划裁纸，并编上号，以便按顺序粘贴。裁纸时，以墙的上口为准，上、下口多留 20～30mm 以备修剪，如果是带花饰的壁纸，应先将上口的花饰对好。要特别小心地在工作台上裁纸，不得错位，不可随意裁割，应做到对接无误，裁纸下刀前还要认真复核尺寸有无出入，尺子压紧后不得再移动，刀刃紧靠尺边，一气呵成，中间不得停顿或变换持刀角度，手上用劲要均匀。裁剪后的壁纸卷起平放，不得立放。

(5) 壁纸浸水。墙纸遇到水或胶液，开始自由膨胀，大约 5～10min 可胀足，干后自行收缩。自由胀缩的壁纸，其幅宽方向的膨胀率为 0.5%～1.2%，收缩率为 0.2%～0.8%。如果不考虑这个特点，墙面上的纸必然会出现大量气泡、皱折，而不能成活。所以必须先将墙纸在水槽中浸泡 2～3min，或在墙纸背面刷清水一遍，把多余的水抖掉，再静置约 20min 使墙纸得以充分胀开(俗称润水)，也有将墙纸刷胶后叠起静置 10min 使墙纸湿润，经浸水的墙纸裱糊后，即随着水分蒸发而收缩、绷紧，即使墙纸上有少量的气泡，干后也会自然平伏。金属壁纸应浸泡 1～2min，阴干 5～8 min。若是复合壁纸、纺织纤维、玻璃纤维等基材的壁纸无须浸水。

(6) 涂刷胶粘剂。墙纸背面和基层表面都应同时涂刷胶粘剂，要求厚薄均匀(背胶墙纸只需刷清水一遍)，要集中调制胶粘剂，并通过 400 孔/平方厘米筛子过筛，除去胶中的疙瘩和杂物，调量为当日用完为宜。在基层表面涂刷胶粘剂的宽度要比墙纸宽 20～30mm。涂刷要薄而均匀，不宜刷得过多过宽、过厚或堆起，更不能裹边，以防裱贴时胶液溢出而污染墙纸，也不可刷得过少。更不可漏刷，以防止起泡、离壳或粘接不牢。一般抹灰墙面用胶量为 $0.15kg/m^2$ 左右，气温较高时用量相对增加。墙纸背面刷胶后，将墙纸重叠成 S 状，正、背面分别相靠，反复对叠，如图 3.35 所示，这样可避免胶液干得过快，又便于上墙，还不污染墙纸，能使裱糊的墙面整洁、平整。

(7) 裱糊壁纸。裱糊壁纸的原则是：先垂直面后水平面；先细部后大面；先保证垂直后对花拼缝；垂直面是先上后下，先长墙面后短墙面；水平面是先高后低。其具体做法如下。

① 从墙面所弹垂线开始至阴角处收口。通常的顺序是挑一个近窗台角落向背光处依次裱糊，这样在接缝处不致出现阴影，影响操作。上墙的壁纸要注意纸幅垂直，先拼缝、对花形，拼缝到底压实后再刮大面。

② 无花纹、图案的壁纸，纸幅间可拼缝重叠 20mm，并用直钢尺在接缝处由上而下用活动裁纸刀切断，切割时要避免重割。如图 3.36 所示，用钢尺与活动剪纸刀在搭接范围内的中间，将双层壁纸切透，再将切掉的两个小条壁纸撕下。最后用刮板从上向下均匀地赶胶，排出气泡，并及时用湿布擦掉多余胶液。一般需擦两遍，以保持壁纸纸面干净。较厚的壁纸须用胶辊进行滚压赶平。发泡壁纸及复合纸质壁纸则严禁使用刮板赶压，只可用毛巾、海绵或毛刷赶压，以免赶平花型或出现死褶。

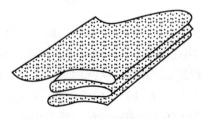

图 3.35 壁纸刷胶后的堆放法

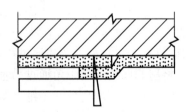

图 3.36 粘贴后壁纸余量裁剪

③ 对于有图案的壁纸，为了保证图案的完整性和连续性，裱贴时可采取拼接法。拼贴时

先对图案，后拼缝。从上至下图案吻合后，再用刮板斜向刮胶，将拼缝处赶密实，然后从拼缝处刮出多余胶液，并用湿毛巾擦干净。对于需要重叠对花的壁纸，则采取两幅壁纸花纹重叠，对好花，待胶粘剂干到一定程度后(约裱糊后 0.5 小时)用钢尺在重叠处拍实，从壁纸搭口中间自上而下切割，除去切下的余纸后，用橡胶板刮平。用刀时下力要匀，一次直落，避免出现刀痕或搭接起丝现象。

④ 特殊部位的处理。在转角处，壁纸应超过转角裱贴，超出长度一般为 50mm。不宜在转角处对缝，也不宜在转角处为使用整幅宽的壁纸而加大转角部位的粘贴长度。为了防止使用时碰蹭使壁纸开胶，严禁在阳角处甩缝，壁纸要裹过阳角不小于 20mm，阴角壁纸搭缝时，应先裱糊压在里面的壁纸，再粘贴面层壁纸，搭接面应根据阴角垂直度而定，搭接宽度一般不小于 2～3mm，并且要保持垂直无毛边。遇有墙面卸不下来的设备或附件，裱糊时可在壁纸上剪开口裱上去。其方法是将壁纸轻轻糊于突出的物件上，找到中心点，从中心往外剪，使壁纸舒平裱于墙面上，然后用笔轻轻标出物件的轮廓位置，慢慢拉起多余的壁纸，剪去不需要的部分，四周不得有缝隙。

⑤ 顶棚裱糊壁纸，先裱糊靠近主窗处，方向与墙平行，长度过短时，则可与窗户成直角粘贴。裱糊前，先在顶棚与墙壁交接处弹上一道粉线，将已刷好胶的壁纸用木柄撑起折叠好的一段壁纸，边缘靠齐粉线，先敷平一段，然后再沿粉线舒平其他部分，直到贴好多余部分，再修整剪齐，如图 3.37 所示。当墙面的墙纸完成 40m^2 左右或自裱贴施工开始 40～60 min 后，需安排一人用橡胶滚子或有机玻璃刮板，从第一张墙纸开始滚压或抹压，直至将已完成的墙纸面滚压一遍。这道工序的原理和作用与墙纸胶液的特性有关，开始胶液润滑性好，易于墙纸的对缝裱贴，当胶液内水分被墙体和墙纸逐步吸收后但还没干时，胶性逐渐增大，时间均为 40～60min，这时的胶液黏性最大，对墙纸面进行滚压，可使墙纸与基面更好贴合，使对缝处的缝口更加密合。

(8) 清理修整。待壁纸全部裱贴完毕后，若发现局部不合质量要求，应及时采取补救措施并及时进行修整。切割去底部和顶部及搭缝处的多余部分，然后检查边角、接缝处是否贴牢、贴实，并对有污染处用干净的湿布揩净。

当壁纸表面出现皱纹、死褶时，应趁壁纸未干，用湿毛巾轻拭纸面，使壁纸湿润，用手慢慢将壁纸舒平，待无皱褶时，再用橡胶辊或胶皮刮板赶压平整。如壁纸已干结，则要将壁纸撕下，把基层清理干净后，再重新裱糊。如果已贴好的壁纸边沿脱胶而卷翘起来，即产生张嘴现象时，要将翘边壁纸翻起，检查产生的原因：属于基层有污物者，应清理干净，补刷胶液粘牢；属于胶粘剂胶性小的，应换用胶性较大的胶粘剂粘贴。如果壁纸翘边已坚硬，应使用粘接力较强的胶粘剂粘贴，还应加压粘牢粘实。

当已贴好的壁纸出现接缝不垂直、花纹未对齐时，应及时将裱糊的壁纸铲除干净，重新裱糊。对于轻微的离缝或亏纸现象，可用与壁纸颜色相同的乳胶漆点描在缝隙内，漆膜干后一般不易显露。较严重的部位，可用相同的壁纸补贴，要求看不出补贴痕迹。

另外，如纸面出现气泡，可用注射针管将气抽出，再注射胶液贴平贴实，如图 3.38 所示。也可以用刀切开气泡表面，挤出气体，用胶粘剂压实。若鼓泡内胶粘剂聚集，则用刀开口后将多余胶粘剂刮去压实即可。对于在施工中碰撞损坏的壁纸，可采取挖空填补的办法，将损坏的部分割去，然后按形状和大小，对好花纹补上，要求补后不留痕迹。

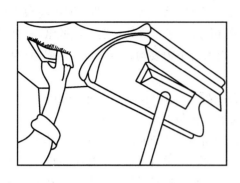 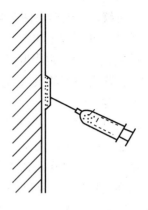

图 3.37 壁纸顶棚裱糊方法　　　　图 3.38 壁纸补胶方法

4) 施工注意事项

(1) 裱糊工程基体或基层表面的质量要符合现行规范的有关规定。裱糊的基层表面应平整，颜色一致。对于遮盖率低的壁纸、墙布，要求基层表面颜色应与壁纸、墙布一致。

(2) 裱糊工程基体或基层混凝土和抹灰的含水率不得大于 8%，木材制品不得大于 12%。

(3) 湿度较大的房间或经常潮湿的墙体表面，如需裱糊时，应采用有防水性能的胶粘剂和壁纸等材料。

(4) 裱糊前，应将突出基层表面的设备或附件卸下。钉帽应沉进基层表面，并涂防锈涂料，钉眼用油性腻子填平。裱糊干燥后，再安装设备。

(5) 裱糊工程基层涂抹的腻子，应牢固坚实，不得粉化、起皮和裂缝。

(6) 裱糊过程中和干燥前，应防止穿堂风劲吹和温度急剧变化。

4. 施工质量要求

施工质量要求和检查验收方法见表 3-27。

表 3-27　室内墙面墙纸施工质量要求与验收

项目	项次	质量要求	检验方法
主控项目	1	壁纸、墙布的种类、规格、图案、颜色和燃烧性能等级必须符合设计要求及国家现行标准的有关规定	观察；检查产品合格证书、进场验收记录和性能检测报告
	2	裱糊工程基层处理质量应符合《建筑装饰装修工程质量验收规范》GB 50200—2001 第 11.1.5 条的要求	观察；手摸检查；检查施工记录
	3	裱糊后各幅拼接应横平竖直，拼接处花纹、图案应吻合，不离缝，不搭接，不显拼缝	观察；拼缝检查距离墙面 1.5m 处正视
	4	壁纸、墙布应粘贴牢固，不得有漏贴、补贴、脱层、空鼓和翘边	观察；手摸检查
一般项目	5	裱糊后的壁纸、墙布表面应平整，色泽应一致，不得有波纹起伏、气泡、裂缝、皱折及斑污，斜视时应无胶痕	观察；手摸检查
	6	复合压花壁纸的压痕及发泡壁纸的发泡层应无损坏	观察
	7	壁纸、墙布与各种装饰线、设备线盒应交接严密	观察
	8	壁纸、墙布边缘应平直整齐，不得有纸毛、飞刺	观察
	9	壁纸、墙布阴角处搭接应顺光；阳角处应无接缝	观察

3.4.2 室内特殊裱糊材料施工技术

包含锦缎、金属壁纸和壁毡的施工技术。

金属壁纸的面层一般由极薄的铝箔与特种纸复合而成。其品种花色很多，具有华贵大方、金碧辉煌、富丽典雅的装饰效果，而且耐擦拭，表面光洁、平整，不易老化，不易破损和不易积尘。特别是金属壁纸上印有花纹或图案后，有花纹、图案部分光泽度小，而没有花纹、图案部分则有较强的金属光泽，其视觉效果独特。金属壁纸近年来被广泛地用于高级宾馆、饭店、舞厅、博物馆等高档建筑的内墙面和柱面装修中。

锦缎是以蚕丝编织而成，它是纯天然制品，可以按照人们的要求织成各种花纹和图案，色泽光艳、质感极强。锦缎也以其质感柔和、色彩艳丽、高贵典雅，目前在高档饭店、高档歌舞厅中已较多见，更能突出地表现出我国的民族特点。

壁毡就是通常人们所说的毡制品，当将其应用于墙面装修时，即称为"壁毡"。在现代建筑中，毡不但可以用于墙面的装修，还可以用于柱面装修。采用毡来贴附于墙面、柱面，不仅具有庄重、高贵、雅致、宁静的装修效果，而且还具有保温、吸声的功能。因此，近些年来在高档建筑的会客室、吧厅、卧室、博物馆的展室等均有成功的应用，取得了良好的效果。

1. 施工准备

(1) 材料。锦缎、金属壁纸、壁毡、面粉、防虫涂料、金属壁纸专用胶、木方条、胶合板等。

(2) 机具(具体见 3.4.1 节中的相关内容)。

2. 施工结构图

金属壁纸由于它的金属箔极薄，而且对光的反射能力强，所以粘贴后稍有不平则严重影响效果，所以粘贴金属壁纸的基层(墙面)要求有较高的平整度。一般来说，墙面抹灰很难达到粘贴金属壁纸对于基层的要求。因此，金属壁纸一般粘贴在纸面石膏板或普通胶合板、细木工板上。其基层的表面粗糙度、平整度要求同家具表面要求一致，才能达到金属壁纸的施工要求。具体的施工结构示意如图 3.39 所示。

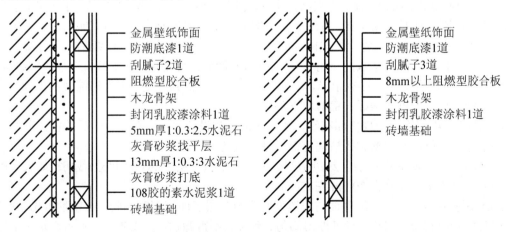

图 3.39　金属壁纸墙面施工结构示意

3. 工艺技术

1) 工艺流程

(1) 锦缎裱糊。清理基层→底层抹灰→做找平层→弹线→打孔、钉木楔→制作木龙骨骨架→安装胶合板→刮腻子、打磨→涂封底漆→画锦缎定位线→锦缎粘贴衬纸→锦缎裁剪→刷胶粘剂→裱贴→清理修整。

(2) 金属壁纸裱糊。清理基层→底层抹灰→做找平层→弹线→打孔、钉木楔→制作木龙骨骨架→安装胶合板→刮腻子、打磨→涂封底漆→画壁纸定位线→裁纸、润纸→刷胶粘剂→裱贴→清理修整。

2) 工艺过程简述

(1) 清理基层。清除砖墙或混凝土墙面的浮沙、灰尘等，洒水润湿。并对有空鼓、缝隙、麻面及不平处用水泥砂浆(内掺3%～5%108胶)修补。

(2) 底层抹灰。先在墙面刷素水泥浆(内掺3%～5%的108胶)一道，再在墙面抹厚13mm的1∶0.3∶3水泥石灰膏砂浆底灰(两遍成活)，并扫平。

(3) 做找平层。待底灰层凝结后，则可抹厚5mm的1∶0.3∶2.5的水泥石灰膏砂浆找平层，要求表面光滑、平整，垂直度偏差应小于3mm。

(4) 弹线工艺。根据设计要求，算出木龙骨骨架的布局尺寸，再在墙上画出骨架中心线及钻孔位置。

(5) 制作木龙骨骨架。根据上面弹的位置线，在墙上钻孔，孔深≥60mm，然后在孔内钉入防腐木楔，按设计的间距和位置将加工好的木龙骨架就位，并检查骨架的平整度与垂直度是否符合要求。

(6) 安装胶合板。将阻燃型胶合板用气动钉将其固定在木龙骨骨架上(钉距为80～150mm)；而后检查胶合板一遍，有缺陷的进行补腻子并打磨光滑、平整；等腻子完全干后，在基层上刷一道经过稀释的薄清漆。

(7) 画锦缎定位线。在基层胶合板上画锦缎定位线。

(8) 锦缎粘贴衬纸。首先应对锦缎的背面上浆，然后再粘贴衬纸。将锦缎正面朝下、背面朝上，平铺于非常平滑的大"裱案"(即很大的裱糊案子)上，并将锦缎两边压紧，用排刷蘸"浆"(面粉∶防虫涂料∶水∶5∶40∶20(质量比))从锦缎中间向两边刷浆。刷浆时应涂刷得非常均匀，浆液不宜过多，以打湿锦缎背面为准。在另一大"裱案"上，平铺上等一张幅宽须较锦缎幅宽宽出100mm左右的宣纸(上等宣纸)，用水打湿后将纸平贴于案面之上，打湿的用水量须非常恰当，以刚好打湿宣纸为宜。宣纸平贴于案面之上顺平展整齐，不得有皱折之处。再从第一张裱案上，由两人合作，将上好浆的锦缎从案上揭起，使浆面朝下，仔细粘裱于打湿的宣纸之上。然后用牛角刮子(系裱纸的专用工具)从锦缎中间向四边刮压，以使锦缎与宣纸粘贴均匀。刮压时技术要求严格，用力必须恰当，动作须不紧不慢，恰到好处。不得将锦缎刮折刮皱、刮伤。待宣纸干后，始可将裱好的锦缎取下备用。

(9) 裁剪。根据锦缎的规格和花纹、图案的情况和设计要求，对完全干后的已裱贴好衬纸的锦缎来进行试拼，并根据试拼情况对锦缎进行裁切。

壁毡的裁切，如果采用对缝法粘贴可按照实际尺寸(基层上的画线尺寸)裁切；如果采用搭接法粘贴则可比实际尺寸大30mm左右。

(10) 刷胶粘剂。锦缎宣纸底面与阻燃型胶合板基层表面应同时刷胶。胶粘剂可用108胶，亦可用其他专用胶粉。刷胶时保证厚薄均匀、到位，不得漏刷，不得裹边，不得起堆。基层刷胶要比锦缎宽300mm左右。

金属壁纸刷胶用专用的壁纸胶粉。刷胶时，准备一卷未开封的发泡壁纸或长度大于壁纸宽的圆筒，一边在裁剪好、浸水并静置后的金属壁纸背面刷胶，一边将刷过胶的部分壁纸面朝上卷在发泡壁纸卷上，如图 3.40 所示。

图 3.40　金属壁纸刷胶方法

壁毡刷胶粘剂时，应对基层和壁毡均匀涂刷一层胶粘剂，而不能仅在壁毡上刷涂胶粘剂而在被贴基层上不涂刷胶粘剂。粘贴壁毡所采用的胶粘剂目前大多使用聚醋酸乙烯乳液(白乳胶)。如果壁毡中含有羊毛纤维，则应在白乳胶中勾兑一些防虫剂。

(11) 裱糊、清理修整。金属壁纸的裱贴：金属壁纸的收缩量很小，裱贴时，可采用对缝裱，也可用搭缝裱。金属壁纸对缝时，都有对花纹拼缝的要求。裱贴时，先从顶面开始对花纹拼缝，操作需两人同时配合，一人负责对花纹拼缝，另一人负责托金属壁纸卷，逐渐放展。一边对缝一边用橡胶刮子刮平金属壁纸，刮时由纸的中部往两边压刮，使胶液向两边滑动而粘贴均匀，刮平时用力要均匀适中，刮子面要放平，不可用刮子的尖端来刮金属壁纸，以防刮伤纸面。若两幅间有小缝，则应用刮子在刚粘的这幅壁纸面上，向先粘好的壁纸这边刮，直到无缝为止。裱贴操作的其他要求与普通壁纸相同。

金属壁纸裁纸、润纸以及锦缎和壁毡的裱糊具体见 3.4.1 节中壁纸裱糊相关内容。

3) 施工注意事项

(1) 金属壁纸裱糊要求极其严格，裱糊后的表面平整、光洁度高。

(2) 为了使拼缝处平整、密实，除了需要剪切顺直，不伤毡毛之外，还在将两片毡结合处靠紧，最后用蒸气熨斗熨平。

(3) 粘贴时，如有胶粘剂溢出，要仔细拭去，最好不要将毡毛污染，影响装修效果。

(4) 壁毡的收口大多采用压条处理，这样效果较好。

3.5　柱面装饰施工技术

在室内装饰工程中，柱体装饰和室内其他装饰界面同样重要。柱体饰面目前大多采用石材、玻璃镜、铝塑板、不锈钢板、彩色涂层钢板、钛金镶面板、木材油漆等装饰材料。常见建筑柱体装饰有圆柱、造型柱、功能柱、六角柱或八角柱等，其装饰结构有木结构、钢木混合结构以及钢架结构等。如果作为普通装饰，和墙面的装饰施工技术有相似性，以上介绍的墙面施工技术基本都可以应用。往往在很多情况下，装饰施工要对原柱结构进行改造，这时施工技术有其特殊性，涉及新的技术问题。但要特别强调，施工时不能破坏原建筑柱体的形状和结构、不可损坏柱体的承载力。另外，在进行室内装修时还会碰到在室内重新构造装饰柱的情况，特别是临时性的室内装饰如展览、展销的室内场所的装饰装修时，往往要重新构造柱子。因此本节主要介绍这两种情况下的装修结构与工艺，即柱体改造装饰施工技术和构造柱的施工技术。

3.5.1 柱体改造装饰施工技术

一般地，原建筑柱往往多是方形的，经常会碰到改造成圆形或者椭圆形的情况，这种改造方法难度比较大，也比较典型。本节以比较典型的原建筑方形柱改成圆柱的装饰工艺为例，介绍柱体改造装饰施工技术。

1. 施工准备

在施工前检查原柱体结构强度、几何尺寸、垂直度和平整度等；对原柱体进行表面清理及防潮、防腐处理；根据会签的设计施工图样，深化设计，绘制大样图；编制单项工程施工方案，对施工人员进行安全技术交底；准备施工的材料和设备进厂。

1) 材料

(1) 装饰面材。铝塑板、不锈钢板、钛金板、彩色涂层钢板等，是弯弧度的理想板材，各种高档石材也可加工成弧形，但要按设计要求选择，都要送专业工厂加工。

(2) 骨架材料。木龙骨、基层板等木材的树种、规格、等级、含水率和防潮、防腐处理必须符合设计要求及国家现行标准的有关规定。木质部分均应涂饰防火漆，达到消防要求。结构所应用的角钢的规格、尺寸应符合设计要求及国家现行标准的有关规定。

(3) 其他辅助材料。白乳胶、万能胶、膨胀螺栓、自攻螺钉等。

2) 机具

同 3.3 节饰面板施工技术。

2. 工艺结构图

柱体的装饰主要是包柱身、做柱头和柱础。包柱身一般使用胶合板、石材、不锈钢板、塑铝板、铜合金板、钛合金板等材料。柱子造型应服从空间的整体艺术风格。对柱子的装饰除了注重美化环境外，还应注意其对空间的体量感产生影响。在装饰中要尽量减小柱体在空间所占比例，可将柱体选用反光性材料或将柱的概念异化，也可以与柜、灯箱等结合在一起，做成灯箱柱，还可通过色彩处理来调节空间感觉的作用。如要增加空间的高度感时，柱上可采用竖向线条，减小甚至不设柱头、柱础；欲减少空间的高度感时，则可采用横向线条，并加大柱头和柱础的高度。

用胶合板做柱面装饰是典型的传统装饰工艺。胶合板纹理美观，色泽柔和，富有天然性，易促进与空间的融合，创造出良好的室内气氛。由于胶合板施工方便，造价便宜，所以仍然在普遍采用。

用镜面玻璃做柱面装饰简洁、明快，利用镜面饰面来扩大空间，反射陈设景物，丰富空间层次，造成强烈的装饰效果，常用于商场、购物中心等公共场所柱面装饰中。

用花岗石、大理石做柱面装饰是各种室内柱子常用的高档装修之一，其造型种类很多，各种造型有各自的基本构造。

用金属板做柱面装饰也是当代柱面常用的高档装修之一。该饰面具有抗污染、抗风吹日晒能力强，且质轻坚固、坚挺光亮、施工方便，广泛用于各种建筑柱体。

但不管哪种饰面，柱体的改造，特别是方柱体改造成圆柱或者椭圆柱的结构施工工艺是一致的。图 3.41 所示是方柱改造成圆柱的施工结构图。

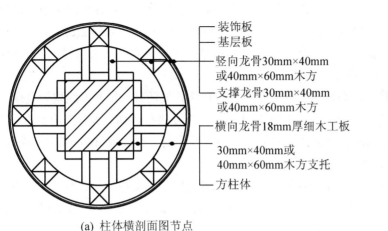

(a) 柱体横剖面图节点　　　　　　(b) 结构图示意

图 3.41　方柱变圆柱面施工结构图

3. 工艺技术

1) 工艺流程

工艺流程为弹线工艺→制作模板→横向木龙骨制作→竖向龙骨定位→龙骨连接与安装→新柱体骨架检查与校正→柱体基层板安装→柱体饰面板安装→收口工艺→清理表层。

2) 工艺过程简述

(1) 弹线工艺、制作模板。进行柱体弹线工作的操作人员，应具备一些平面的基本知识。在柱体弹线过程中，装饰圆柱的中心点因有建筑方柱的障碍，而无法直接得到，因此要求的圆柱直径就必须采用变通方法。不用圆心而画出圆的方法很多，这里介绍弦切法弹线工艺。

① 方柱规方(正方形)：由于建筑方柱一般都有误差，不一定是正方形，所以先把柱体规方，找出最长的一条边，作为基准方柱底框的边长；以该边边长为准，用直角尺在方柱底画出一个正方形，该正方形就是基准方框形，如图 3.42(a)所示，并将该方框的每条边中点标出。

② 制作模板：在一张五夹板、三夹板或者硬纸板上，以最后装饰圆柱的半径(R)画出一个半圆，并剪裁下来，在这个半圆形上，以标准底框边长的一半尺寸为宽度，做一条与该半圆形直径相平行的直线，然后从平行线处剪裁这个半圆，所得到的这块圆弧板就是该柱的弦切弧模板(圆弧阴影部分)，如图 3.42(b)所示。

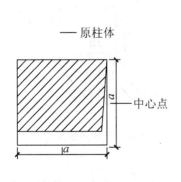 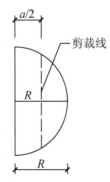 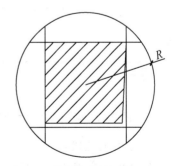

(a) 柱体基准方框线画法　　(b) 弦切弧样板画法　　(c) 装饰柱底圆画法

图 3.42　方柱变圆弹线工艺

a—方柱边线

③ 方柱规圆：把该模板的直边和柱基准底框的 4 个边相对应，将样板的中点对准底框边长的中心，然后沿模板的圆弧边画线，就得到了装饰柱的底圆，如图 3.42(c)所示。顶棚的基准圆画法与底圆画法相同，但顶圆必须通过与底圆吊垂直线校核的方法来获得，以保证装饰圆柱底面与顶面的一致性和垂直度。

(2) 制作横向木龙骨。装饰柱体的骨架有木骨架和铁骨架两种。根据弹线位置及现场实测情况，确定竖向和横向龙骨及支撑杆等材料尺寸按实际尺寸进行裁切。木骨架用木方、细木工板连接成框体，主要用于木板材油漆饰面及粘贴其他可卷曲的装饰面板。铁骨架用角铁件制作，主要用于金属饰面板和石材饰面板的结构。

在圆形或弧形的装饰柱体中，横向龙骨一方面起着龙骨架的支撑作用；另一方面还有着造型的功能。所以在圆形或弧形的装饰施工中，横向龙骨必须做出弧线形，弧线形横向龙骨的具体制作方法如下。

① 在圆柱等有弧面的造型柱体施工中，制作弧面横向龙骨通常用 18mm 左右厚的细木工板或中密度纤维板来加工制作。首先，在厚板上按柱体的外半径画出一条圆弧，在该圆半径上减去横向龙骨的宽度后，再画出一条同心圆弧。

② 按同样方法在一张板上画出各条横向龙骨，但在木板上要注意排列，节约用板。整块板画好线后。再用电动曲线锯或雕刻机按线切割出横向龙骨，如图 3.43 所示。横向龙骨的数量要根据设计要求算足(3%的余量)一次性加工。

③ 制作铁骨架的横向龙骨一般采用扁铁来制作。扁铁的弯曲必须用靠模进行，确以保证横向龙骨曲面的准确性，要认真焊接，保证焊接的牢固并做防锈处理。

(3) 竖向龙骨定位。在画出的装饰柱顶面线上向底面线垂吊基准线，按设计图样的要求在顶面与地面之间竖起竖向龙骨，校正好位置后，分别在顶面和地面将竖向龙骨进行固定。按照设计要求分别固定所有的竖向龙骨。固定方法通常以角钢块为连接件，即通过膨胀螺栓或射钉将竖龙骨与地面、顶面固定，角钢的固定方法如图 3.44 所示。

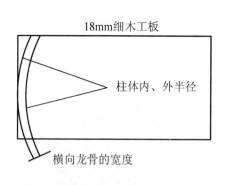

图 3.43 弧线形横向龙骨制作

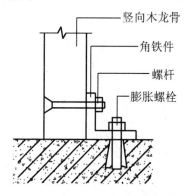

图 3.44 竖向龙骨固定

(4) 木龙骨的连接。

① 连接前，必须在柱顶与地面间设置形体位置控制线，控制线主要是吊垂线和水平线。

② 竖向龙骨和横向木龙骨的连接：可用槽接法和加胶钉连接法。通常圆柱等弧面柱体用槽接法，而方柱和多角柱可用胶钉连接法，如图 3.45 所示。

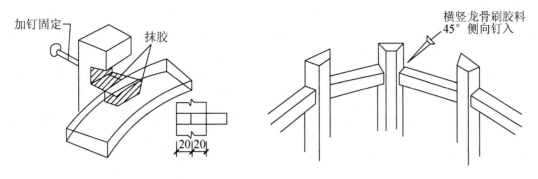

图 3.45 装饰圆柱横向和竖向木龙骨的连接(单位：mm)

槽接法是在横向、竖向龙骨上分别开出半槽，两龙骨在槽口处对接。槽接法一般也需在槽口处加胶加钉固定，这种连接固定方法的稳定性很好。加胶钉连接法是在横向龙骨的两端头面加胶，将其置于竖向龙骨之间，再用铁钉斜向与竖向龙骨固定，横向龙骨之间的间隔距离一般为 300~400mm，具体的以设计需要为准。

钢龙骨架的竖向龙骨与横向龙骨的连接一般采用焊接法，但在柱体的框架外表面不得有焊点和焊缝，否则将影响柱体表面安装的平整性。

③ 柱体骨架与建筑柱体的连接：通常在建筑的原柱体上安装支撑杆等与装饰柱体骨架连接固定，以确保装饰柱体的稳固。可用木方或角铁来制作支撑杆，并用膨胀螺栓或射钉、木楔铁钉与原柱体连接；其另一端与装饰柱体骨架钉接或焊接。在柱体的高度方向上，支撑杆分层设置，分层的间隔为 600~800mm，如图 3.46 所示。

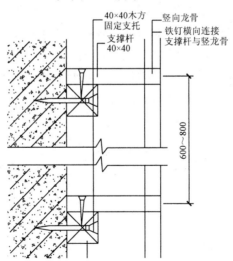

图 3.46 柱体龙骨架与建筑柱体的连接(单位：mm)

(5) 新柱体骨架形体的检查与校正。柱体龙骨架的连接过程中，为了符合质量要求并且确保装饰柱体的造型准确，应不断进行检查和校正，检查的主要项目包含骨架的垂直度、圆度、方度和各横向龙骨和竖向龙骨连接的平整度等。

① 垂直度的检查：在连接好了的柱体龙骨架顶端边框线上吊垂线，如果上下龙骨边框与垂线平齐，即可以证明骨架的垂直度符合要求，没有歪斜的现象，且吊线检查一般不可少于 4

个方向点位置。如果垂线与骨架不平行,则说明柱体歪斜。柱高在3m以下时,可允许歪斜度误差允许在±3mm内;3m以上者,其误差允许在±5mm内。如误差超过允许值,必须及时修整确保施工质量。

② 圆度的检查:装饰柱骨架在施工过程中,可能经常出现外凸和内凹的现象,将影响饰面板的安装,而影响最后的装饰效果。检查圆度的方法通常也是采用垂线法,吊线坠连接圆柱框架上下边线,要求中间骨架与垂线保持平齐,误差允许在±3mm内,如误差超出3mm就应该进行必要的修整。

③ 方度的检查:对于方柱,其方度检查通常比较简单,可用直角尺在柱体的4个边角上分别测量即可,误差值允许值在±3mm内,如果超过3mm,就必须修整。

④ 修整:柱体龙骨架经过组装、连接、校正、固定之后,要对其连接部位和龙骨本身的不平整度进行全面检查、纠正,并做修整处理。对竖向龙骨的外边缘进行修边刨平,使之成为圆形曲面的一部分。

(6) 柱体基层板安装。木质基层板安装工艺比较典型,其中具有普遍意义的是木圆柱的基层板的安装。在圆柱上安装基层衬板,一般选择弯曲性能较好的三层、五层胶合板作为基层板。安装前,应在柱体骨架上进行试拼排,如果弯曲贴合有难度,可将板面用水润湿或在板的背面用裁纸刀切割竖向刀槽,两刀槽间距10mm左右,刀槽深1mm左右。如果采用胶合板围合柱体时,最好是用顺木纹方向来围柱体。在圆柱木质骨架的表面刷白乳胶或各类万能胶,将胶合板粘贴在木骨架上,而后用气钉枪从一侧开始钉胶合板,逐步向另一侧固定。在接缝处,用钉量要适当加密,钉头要埋入木夹板内,而后可进行后续的面层装饰。

(7) 柱体饰面板安装。柱体表面处理因所用材料不同,施工工艺也有所不同,常用的柱体饰面材料有高级涂料、实木材料、不锈钢或钛金板、铝合金板或型材、铝塑板、石材等。

① 实木条板安装:安装在圆柱体骨架上的实木条板,所用的实木条板宽度通常为60~80mm,厚度为12~20mm。如圆柱体直径较小(小于ϕ350),木条板宽度可减小或者将木条板加工成曲面形。常见的实木条板的式样和安装方式如图3.47所示。

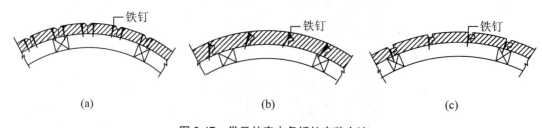

图3.47 常见的实木条板的安装方法

② 不锈钢板饰面安装:不锈钢板在柱体上安装通常有平面式和圆柱面式。方柱体上安装不锈钢板,通常需要木夹板做基层。在大平面上用万能胶或硅酮结构密封胶把不锈钢板面粘贴在基层木夹板上,然后在转角处用不锈钢或钛金板成型角做压边处理(图3.48)。不锈钢质的圆柱饰面面板,需要在工厂专门加工所需的曲面。一个圆柱面一般都是由2片或3片不锈钢曲面板组装而成。安装的关键是使片与片的对口相接,具体的固定方法有直接卡口式和镶嵌槽压口式两种,如图3.49所示。

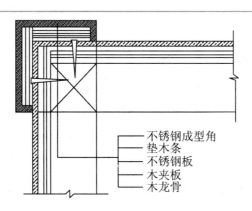

图 3.48　不锈钢板安装和转角处理

直接卡口式是在两片不锈钢对口处，安装一个不锈钢卡口槽，该卡口槽用螺钉固定于柱体骨架的凹陷处。安装不锈钢板时，只要将不锈钢板一端的弯曲部钩入卡口槽内，再用力推按不锈钢板的另一端，利用不锈钢本身的弹性，使其卡入另一个卡口槽内，如图 3.49(a)所示。

嵌槽压口式是把不锈钢板在对口处的凹部用螺钉或钢钉固定，再把一条宽度小于凹槽的木条固定在凹槽中间，两边空出相等的间隙，其间隙宽为 1mm 左右。在木条上涂刷环氧树脂胶(万能胶)，等胶面不粘手时，在木条上嵌入不锈钢槽条。不锈钢槽条在嵌入粘接前，应用酒精或汽油清擦槽条内的油迹等污物，并涂刷一层薄薄的胶液，其安装方式如图 3.49(b)所示。安装嵌槽压口的关键是木条的尺寸准确、形状规则。尺寸准确既可保证木条与不锈钢槽的配合松紧适度，安装时不需用锤大力敲击，避免损伤不锈钢槽面，又可保证不锈钢槽面与柱体面一致，没有高低不平现象。形状规则，可使不锈钢槽嵌入木条后胶结面均匀，粘接牢固，防止槽面的侧歪现象。所以，木条安装前，应先与不锈钢槽条试配，木条的高度一般不大于不锈钢槽内深度 0.5mm。

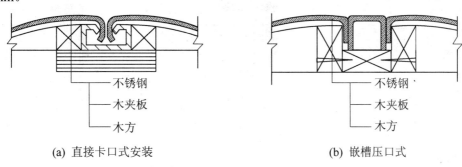

(a) 直接卡口式安装　　　　　　　(b) 嵌槽压口式

图 3.49　不锈钢板固定方法

③ 铝合金型材板饰面安装：安装铝合金型材板的柱体骨架，可以是铁龙骨架，也可是木龙骨架。用于安装柱面的铝合金型材一般都采用"扣板"，其安装方法如下：先用螺钉在扣板凹槽处与柱体骨架固定第一条扣板，然后用另一块板的一端插入槽内盖住螺钉头，在另一端再用螺钉固定，以此逐步在柱身安装扣板，安装最后一块扣板时，可用螺钉在凹槽内拧上，其安装方式如图 3.50(a)所示。其上下顶地边通常是用同色角铝压边，其上顶边是用角铝向外压，下地边是用角铝向内压，如图 3.50(b)所示。

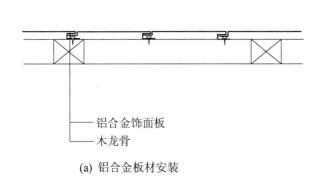 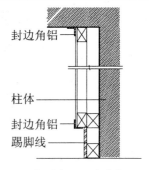

(a) 铝合金板材安装　　　　　　　(b) 上顶边、下地边收口

图 3.50　铝合金扣板安装方法

(8) 收口工艺。柱体装饰完成后,要对上下端部收口封边。一般按设计图样在下部做金属(内衬底板)、石材或木质造型地角线。上部根据设计做造型,注意上下端部收口封边线的交合。

方柱角位的结构处理:方柱角位一般有阳角形、阴角形和斜角形 3 种。而这 3 种角又有木角结构及铝合金、不锈钢、钛金角位结构等。

阳角结构。阳角结构比较常见,其角位结构也较简单,两个面在角位处直角相交,再用压角线进行封角。压角线可以是木线条、铝角或铝角线材、不锈钢角或不锈钢角型材,以及铜角型材。角位的木线条可用钉接法固定,铝角和不锈钢角一般用自攻螺钉或者铆接法固定,而各种角型材一般用粘卡法固定,如图 3.51 所示。

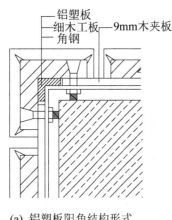 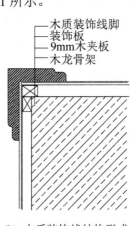 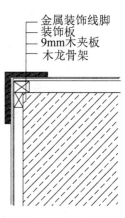

(a) 铝塑板阳角结构形式　　　(b) 木质装饰线结构形式　　　(c) 金属装饰线结构形式

图 3.51　阳角结构形式

阴角结构。阴角也就是在柱体的角位上,做一个向内凹的角。这样的角结构常见于一些造型柱体。阴角的结构有木夹板和木线条,也有用铝合金或不锈钢成型型材来包角,其结构如图 3.52 所示。

斜角结构。柱体的斜角有大斜角和小斜角两种。大斜角是用木夹板按 45°角将两个面连接起来,角位不再用线条修饰,但角位处的对缝要求严密,角位木夹板的切割应用靠模来进行。小斜角常用木线条或铝合金、不锈钢型材来作收口处理。两种斜角的结构图如图 3.53 所示。

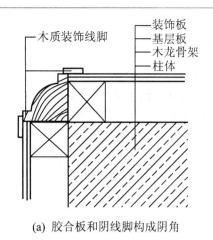
(a) 胶合板和阴线脚构成阴角

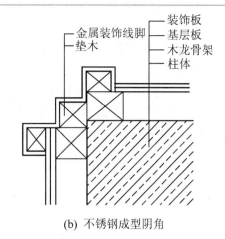
(b) 不锈钢成型阴角

图 3.52 阴角结构形式

(a) 大斜角

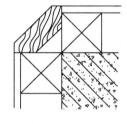
(b) 小斜角用木线条

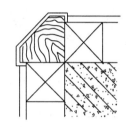
(c) 不锈钢、铝合金等型材

图 3.53 斜角结构形式

3) 圆柱石材面施工技术

(1) 工艺流程。工艺流程为弹线工艺→制作模板→铁龙骨制作与安装→新柱体骨架检查与校正→涂刷防锈漆→焊敷钢丝网→安装圆柱饰面板(挂贴)→灌水泥砂浆→收口工艺。

(2) 工艺技术简述。

① 圆柱面安装石材板的骨架制作方法同上，需要注意的问题是：横向龙骨的间隔尺寸应与石板材料的高度相同，以便设置铜丝或不锈钢丝对石板进行绑扎固定。注意铁架龙骨固定调整好后要涂刷一道防锈漆。

② 焊敷钢丝网：钢丝网是水泥砂浆基面的骨架，通常选用钢丝粗为 16～18 号的，网格为 20～25mm 的钢网或镀锌铁丝网。钢丝网不可直接与角铁骨架直接焊接，而是要先在角铁骨架表面焊上 8 号左右的铁丝，然后再将钢丝网焊接在非 8 号铁丝上。整个钢丝网要与龙骨架焊敷平整贴切。焊敷完毕后，在各层横向龙骨上绑扎铜丝，铜丝伸出钢丝网外。绑扎铜丝的数量要根据石面的数量来定，一般来说一块面需用一条铜丝。如果石面尺寸小于 100mm×250mm，也可不用铜丝来绑扎。

③ 圆柱的石材板面安装：如果石材厚度小于 20mm，可直接用水泥砂浆粘贴(具体工艺可参见 3.2.1 节相关内容)，如果石材厚度大于 20mm，采用挂贴工艺(具体工艺参见 3.2.2 节相关内容)，但一些不一样的技术下面作说明。

石材圆柱弧面加工。用厚木夹板制作一个内径等于柱体外径的靠模。利用靠模来确定石材板切角的大小，这是因为在圆柱上镶贴石材板，必须将石板两侧切出一定角度，石材板才能对缝。其方法为先在靠模边按贴面方向摆放几块石板,测量石板对缝所需切角的角度。然后按此角度在石材切割机上切角。将切好角的石材板再放置在靠模边,观察两石材板对缝情况,若可对缝,便按此角进行切角加工。靠模的方式如图3.54所示。

挂贴时,要利用靠模来作为柱面镶贴的基准圆。首先将靠模对正位置后固定在柱体下面,然后从柱体的最下一层开始镶贴,逐步向上镶贴石板饰面,镶贴石板的圆柱结构见如3.55所示。

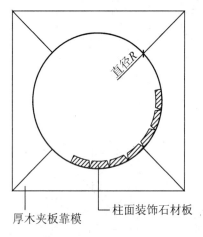
图3.54 圆柱装饰石材做法

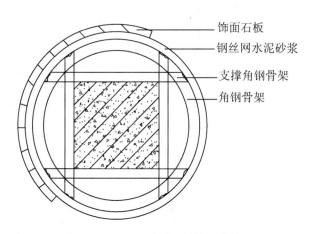
图3.55 镶贴石材施工结构

3.5.2 结构柱体装饰施工技术

展览空间的临时柱体装饰、室内装修中独立的门柱、门框装饰柱,通常采用钢木混合结构来制作,其目的是保证这些装饰柱体既有足够的强度、刚度,又便于进行表面处理。本节以方形柱结构为例来阐明钢木混合结构柱的施工技术。

1. 施工准备

根据现场实际情况,结合设计方案绘制施工图。编制单项工程施工方案,对施工人员进行安全技术交底,并做好交底记录。准备施工材料和装修设备。

1) 材料

所用材料应准备齐全,并达到质量要求。钢架结构通常采用角钢焊接构成,柱边长或直径小于300mm,高度小于3m的柱体所通常使用的是30mm×30mm×3mm～50mm×50mm×5mm的角钢,高于3m的柱体使用的角钢规格适当稍大一些;混合结构中采用胶合板、中密度板、细木工板等人造板为衬板,衬板厚度通常为12～18mm;所用木方为钢木的衔接体,木方截面尺寸一般是30mm×30mm～50mm×50mm。柱体饰面材料,如不锈钢板、铝塑板、玻璃等。

2) 机具

木工装饰机具,还需电焊设备、型材切割机、拉铆枪、扳手等。

2. 施工结构图

用角钢作为骨架材料,配以木方、木夹板等材料做成的结构装饰柱,施工技术简单、实用,具体施工结构如图3.56所示。

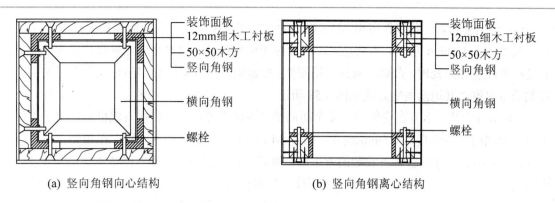

(a) 竖向角钢向心结构　　　　　(b) 竖向角钢离心结构

图 3.56　构建装饰柱做法节点(单位：mm)

3. 工艺技术

1) 工艺流程

工艺流程为弹线工艺→裁剪下料→角钢框架焊接→角钢架固定→木方安装→基层板安装→面板安装→收口工艺→清理修饰。

2) 工艺过程简述

(1) 弹线工艺。根据设计要求弹出相应的工艺线。

(2) 裁剪下料。骨架材料按所设计尺寸，在角钢上截取长料；再按骨架横档尺寸截取短料。确定骨架间距尺寸时，应考虑衬板、饰面板的厚度，以保证在骨架安装面板后，其实际尺寸与立柱的设计尺寸相吻合。

(3) 角钢框架焊接。角钢架常见的焊接形式有两种，其俯视图如图 3.57 所示。一种是先把各个横档方框焊接，焊接时先在对接处点焊做临时固定，待校正每个直角后再焊牢，这种工艺方法可现场测量计算后在工厂加工，工期比较短，工艺制作时要认真校核每个横档方框的尺寸和方正，然后将制作好的横档方框与竖向角钢在四角焊接。焊接时用靠角尺检查，保证横、竖档框的相互垂直性，进而保证四角立向角铁的相互平行。横档方框的间隔一般宜在 400~600mm。

另一种工艺方法是将竖向角钢与横档角钢同时焊接组成框架，在焊接前，要检查各段横档角钢的尺寸，其长度尺寸误差允许值在 1.5mm 内。横档角钢与竖向角钢在焊接时，用靠角尺法来保证相互垂直性。其焊接组框的方法是：先分别将两条竖向角钢焊接起来组成两片，然后再在这两片之间用横档角钢焊接组成框架，最后对角钢框架涂刷防锈漆两遍。

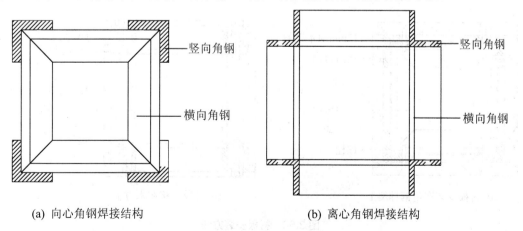

(a) 向心角钢焊接结构　　　　　(b) 离心角钢焊接结构

图 3.57　角钢架常见焊接形式

(4) 角钢架固定。预埋件可用 M10 以上的膨胀螺栓来固定，在地面和顶面可设 8 个固定点，长度应在 100mm 左右，不能过短。当顶面无法着落时，这时竖向龙骨尺寸要考虑放大，且地面要注意加固处理。否则影响柱体稳固性。安装固定角铁架时要用吊垂线和靠尺来保证角铁架的垂直度，其地面固定方式如图 3.58 所示。

(5) 木方安装。木方在安装前应 4 个面刨平，并检查方正度。将木方就位后，用手电钻将木方、角钢同时钻出直径 6.5mm 的孔，再用 M6 的平头长螺栓把木方固定在角钢上。在螺栓紧固前，应用靠角尺校正木方安装的方正度，如有歪斜可在角钢与木方间垫木楔块来校正，木楔必须加胶后再打入其间。最后上紧长螺栓，长螺栓的头部应埋入木方内，如图 3.59 所示。

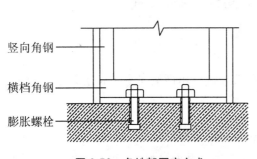

图 3.58　角铁架固定方式

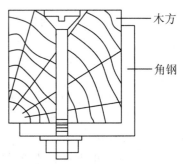

图 3.59　木方与角钢的固定

(6) 基层板安装。基层板安装有两种方式(图 3.60)：一种是直接钉接在混合骨架的木方上；另一种是安装在角钢骨架上。如图 3.60 所示，基层板与角钢骨架可用螺栓连接，衬板厚度应不小于 12mm。首先切割出两块宽度等于柱边长的基层板，将其放在框架上并对好安装位置，注意切割基层板的宽度应多预留 3mm 左右，便于安装后修边。用手电钻将对好位置的衬板与角铁一起钻通，并用螺栓头直径相同的钻头在基层板上钻凹窝，使穿入的螺栓头沉入板面凹窝内 2～3mm，以保证安装后螺栓与板面平齐。穿入的螺栓一般选用 M4～M6，固定好一侧后，再固定对面的一侧。再裁切小于两个板厚度尺寸的两块基层板，使该板在安装时可卡在已装好的两衬板之间。安装时两板侧边都应涂刷白乳胶，使板材间胶合，然后用气钉或铁钉在两侧边与固定好的基层板固定，这样就完成了整个基层板的安装。最后进行对角处的修边，使角位处方正。

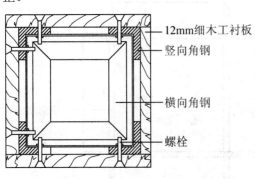

(a) 衬板安装在角钢骨架上

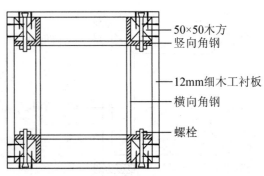

(b) 衬板钉接在木方上

图 3.60　衬板安装方法

(7) 面板安装。面板的材料可选择性很广，铝塑板、饰面板、铝合金型材、不锈钢板和钛金板等。铝塑板、饰面板一般用万能胶胶合(具体参见 3.4.4 节中相关技术)，铝合金型材一般采用自攻螺钉接合，方柱包不锈钢饰面板和不锈钢板包圆柱基本一样。先用机械将板按实际安装所需尺寸下料弯边成方柱形，其两个对边也要弯成不小于 90°的边。安装时，将成型的不锈钢板背面打上玻璃胶，套在柱体上，将两个对边卡入柱体上的凹嵌缝内(5~8mm 宽)，卡紧卡牢后用胶枪往凹嵌缝内填充玻璃胶，然后用绳子紧固，如图 3.61 所示。

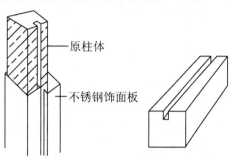

图 3.61 不锈钢面板安装示意

(8) 收口处理(参见 3.5.1 节相关内容)。

4．施工质量要求

(1) 尺寸正确、表面平整光滑、线条顺直、棱角方正、弧度圆满、无龇搓、刨痕、毛刺、锤印等。

(2) 位置正确、交圈合理、割角整齐、严密，花纹整齐、无错乱、色泽协调，接缝宽窄一致，嵌填密实。

(3) 偏差允许值及检验方法。

装饰柱偏差允许值及检验方法见表 3-28。

表 3-28　装饰柱安装允许偏差及检查方法

项次	项目	偏差允许值/mm		检查方法
		圆柱(半圆柱)	方柱	
1	垂直度	3	2	全高吊线尺量
2	圆度	3	—	吊线尺量和样板套检
3	方正度	—	2	直角尺套方
4	表面平整(滑)	1.5	1	圆柱吊线，方柱用 2 m 靠尺、塞尺检查
5	平行度	3	3	拉通线、用尺量
6	压条间距	1	1	用尺量
7	拼花缝隙	0.5	0.5	用尺量

3.6 案例分析

3.6.1 案例一：某电梯间石材墙面施工技术

1．施工准备

本项目主要是装饰面板和石材的施工技术，装饰面板采用木龙骨夹板贴面技术；石材主要是传统的湿挂技术。涉及的材料主要有胡桃木、9mm 木夹板、40mm×40mm 木龙骨、木雕装饰门头板、银线米黄石、水泥、砂、膨胀螺栓、铜丝等。涉及的工种主要是泥水工和木工等，主要机具包含泥水工和木工所需的各项工具等。

做好隐蔽工程检查符合设计要求后进行面材贴饰。石材规格以及线条型材加工完成，材料进场到位、各种加工设备就位并进行施工前交底工作。

2. 施工设计及节点大样

施工设计及节点大样如图3.62、图3.63所示。

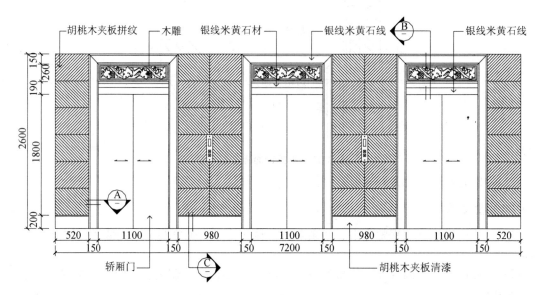

图 3.62　某电梯间墙面立面图(单位：mm)

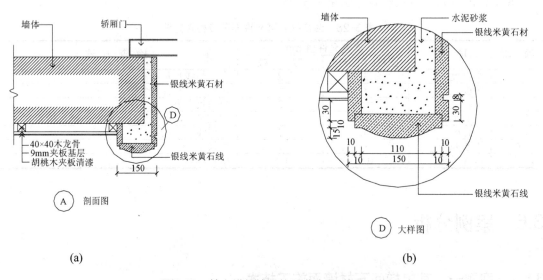

图 3.63　某电梯间墙面施工节点图(单位：mm)

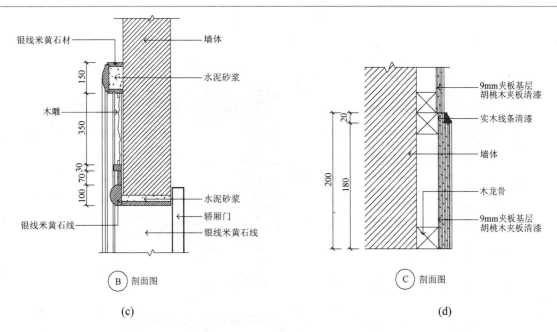

图 3.63 某电梯间墙面施工节点图(单位:mm)(续)

3. 工艺流程

1) 石材湿挂

银线米黄石材主要施工采用传统的湿挂技术,其工艺流程为清理基层→弹线工艺→装膨胀螺钩→绑扎钢丝→银线米黄石材加工→银线米黄石材板安装→灌注水泥砂浆→嵌缝清洗→打蜡、抛光。

2) 胡桃木拼饰

清整基层→弹线工艺→预埋木砖→制作安装木龙骨→装 9mm 夹板基层板→胡桃木拼饰面板→固定实木线角→油漆→清饰面层。

3.6.2 案例二:某装饰柱体施工技术

1. 施工准备

本项目主要是装饰面板和石材的施工技术,装饰面板采用木龙骨夹板贴面技术;石材主要是新型干挂技术。涉及的材料主要有柚木、18mm 木夹板、50mm×50mm 杉木龙骨、黑金砂石材、灯片、白色乳胶漆、清漆、水泥、砂、膨胀螺栓、角钢、不锈钢挂件等材料。涉及的工种主要是泥水工、木工、金属工和油漆工等,主要机具包含泥水工、木工、金属工和油漆工所需的各项工具等。

做好柱体的基础工作,检查柱体表面,如果平整度太差要进行平整施工;检查隐蔽工程要符合设计要求后进行面材贴饰。石材规格以及线条型材加工完成,材料进场到位、各种加工设备就位并进行施工前交底工作。

2. 施工设计及节点大样

施工设计及节点大样如图 3.64、图 3.65 所示。

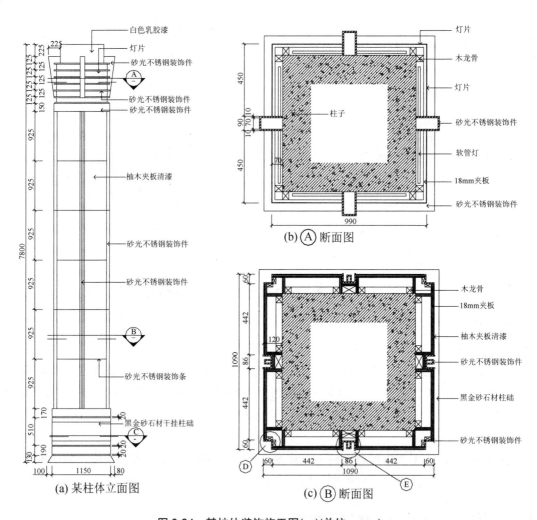

图 3.64　某柱体装饰施工图(一)(单位：mm)

3. 工艺流程

1) 石材干挂

黑金砂石材主要施工采用新型的干挂技术,其工艺流程为清理基层→弹线工艺→装膨胀螺钩→绑扎钢丝→银线米黄石材加工→银线米黄石材板安装→灌注水泥砂浆→嵌缝清洗→打蜡、抛光。

2) 柚木贴面

基层处理→墙面定位放线→固定连接件→固定主龙骨→固定次龙骨→安装挂件→石材安装就位→填嵌密封条→打胶勾缝→清理→检验→成品保护。

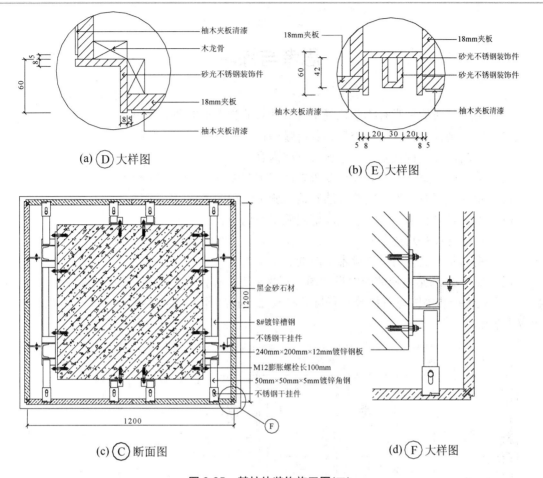

图 3.65 某柱体装饰施工图(二)

小　结

　　室内墙柱面是构成室内的主要部分，是室内装饰的重要界面，往往是室内的视觉中心，一般是根据室内空间功能需求、视觉需求、装饰材料的特点以及装饰施工的特点来选择墙柱面的施工技术。学习了本章内容，要求系统地掌握：室内墙柱面的抹灰和装饰抹灰施工技术，涂饰和喷塑施工技术，石材、陶瓷墙面施工技术，木质材料墙柱面施工技术和壁纸、壁布墙柱面施工技术，各种装饰柱面的施工技术等的各种施工工艺技术、节点大样的表达以及施工验收规范等。

　　本章最后通过两个案例的分析，主要表达墙柱面工程的施工技术的实用性，也示范了如何进行墙面节点的表达，章节突出了理论知识强大应用性特点。本章侧重的能力目标是所学理论知识的实际灵活运用，以及对墙柱面工程中实际问题的处理解决能力。

思考与练习

3-1 装饰抹灰的种类有哪些?画出内墙抹灰的施工工艺图并写出其工艺流程。

3-2 室内装饰涂料有哪些类型?各有哪些特点?

3-3 室内涂饰工程在施工工艺包含哪些内容?

3-4 玻化砖的施工技术有什么要求?请用工艺流程图及工艺结构图说明。

3-5 室内大理石有哪些安装方法?请用施工结构图表达。

3-6 室内玻璃有哪些安装方法?请用施工结构图表达。

3-7 简述裱糊和软包工程施工工艺、操作要点和验收质量要求。

3-8 请写出木龙骨内墙胡桃木饰面的施工工艺。

3-9 图3.66为某电梯墙面的设计图,石材采用干挂技术,材料为8号镀锌槽钢、不锈钢挂件、膨胀螺栓和中国黑石材等,石材板材厚22mm。具体材料如图3.66所示,请画出图中相应的节点。

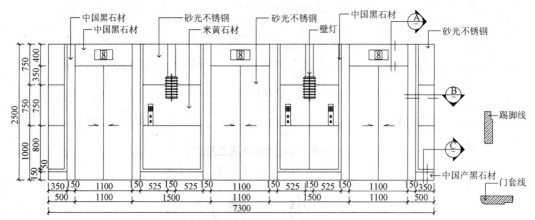

图3.66 某电梯间墙面装饰施工图(单位:mm)

第四章 室内顶棚装饰施工技术

教学提示：顶棚是室内装饰的重要组成部分，也是室内空间装饰中最富有变化、引人注目的界面。它对于改善室内热工环境、声环境、光环境、防火要求，以及舒适性、美观性和安全性均具有重要作用。本章主要介绍：木质顶棚施工技术，金属龙骨顶棚施工技术，结构式顶棚施工技术。

教学要求：了解顶棚装修不同分类方法及其特点，明确顶棚装修的意义。重点掌握室内顶棚各种类型的施工技术、工艺要求和施工质量要求以及施工验收方法。

顶棚又叫天花板、吊顶、天棚，是一个室内间一个界面，也是组成室内环境的重要部分。顶棚由于具有不同形式的造型、丰富多变的光影、绚丽多姿的材质为整个室内空间增强了视觉感染力，使顶面处理富有个性，烘托了整个室内环境气氛。顶棚选用不同造型及处理方法，会产生不同的空间感觉，有的可以延伸和扩大空间感，有的可以使人感到亲切、温暖，从而满足人们不同的生理和心理方面的需求。同样，也可通过吊顶来弥补原建筑结构的不足，如建筑的层高过高，会给人感觉房间比较空旷，可以用吊顶来降低高度；如果层高过低，会显得很压抑，也可以通过吊顶不同的处理方法，利用视觉的误差，使房间"变"高。顶棚会丰富室内光源层次，产生多变的光影效果，营造不同的空间范围。通过吊顶的处理，能产生点光、线光、面光相互辉映的光照效果及丰富的光影形式，增添了空间的装饰性；吊顶也可以将许多管线隐藏起来，保证整个顶棚的平整干净；在材质的选择上，可选用一些不同色彩、不同纹理质感的材料搭配，增添室内的美化成分。

顶棚处理不仅要考虑室内的装饰效果及艺术要求，还要综合考虑室内不同的使用功能需求对吊顶处理的要求，如照明、保温、隔热、通风、吸声或反射、音箱、防火等功能需求。在进行顶棚设计施工时，要结合实际需求综合考虑进去，如顶楼的住宅无隔温层，夏季阳光直射屋顶，室内的温度会很高，可以通过吊顶作为一个隔温层，起到隔热降温的作用。冬天，又可成为一个保温层，使室内的热量不易通过屋顶流失。再如影剧院的吊顶，不仅要考虑美观，更应考虑声学、光学方面的需求，通过不同形式的吊顶造型，满足声音反射、吸收和混响方面的要求，从而达到良好的视听观感效果。

由于科技水平的进步，各种设备日益增多，空间的装饰要求也趋向多样化，相应的设备管线也增多，吊顶为这些设备管线的安装提供了良好的条件，并且将这些设备管线隐藏起来，从而保证顶面的平整统一。此外，顶棚还具有分割空间的作用，通过顶棚高差的处理形成高低不同的空间，从而划分出不同的区域，营造不同的空间范围。

室内顶棚是室内空间的顶界面。在室内装修中，当室内空间的层高不是很高(2.6m 以下)，一般进行直接式装修，即通过抹灰、裱糊、涂饰等技术来实现；当室内层高较高(3m 以上)，为了使顶棚造型丰富、视觉效果新颖美观，一般采用间接式吊顶，如木质吊顶、金属吊顶等技术来实现。间接式顶棚一般由吊筋层、格栅层和面层三部分组成，如图 4.1 所示。吊筋层的做法多种多样，包括钢筋铁丝、螺栓、木方等；格栅层主要由木格栅和金属格栅组成；面层材料最为复杂，可以是线材、面材，但要考虑轻便和安全的问题。

吊顶的分类有许多方法，它既可按其组成的覆面材料分，亦可按其外观形式分，还可按其承载能力等划分。按吊顶承载能力大小来分，可分为两种：上人吊顶和不上人吊顶；按吊顶外观来分，可分为平面式吊顶、悬吊式顶棚、凹凸式顶棚、井格式吊顶、分层式吊顶等多种；按覆面材料的材质来分，可分为石膏板吊顶、金属板吊顶、纤维类板吊顶、玻璃板吊顶等多种。

但不管什么顶棚，设计时要注重整体环境效果，因为顶棚与墙面、基面共同组成室内空间，共同创造室内环境效果，设计时要注意三者的协调统一，在统一的基础上各具自身的特色。顶面的装饰应满足适用美观的要求，一般来讲，室内空间效果应是下重上轻，所以要注意顶面装饰力求简捷完整，突出重点，同时造型要具有轻快感和艺术感。

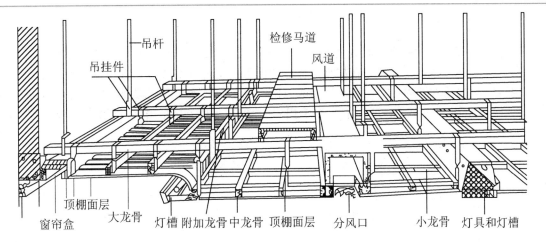

图 4.1 间接式吊顶结构示意

4.1 木质顶棚装饰施工技术

用木质材料作龙骨，组成顶棚骨架，面层覆以板条抹灰、钢板网抹灰以及各种饰面板制成顶棚，称为木龙骨顶棚，这是一种传统的吊顶形式。由于木材资源稀缺，防火性能较差，因此在公共场所木龙骨吊顶应用较少。但由于木材是天然材料容易加工、便于连接、施工便利，可以形成多种造型，在家庭的室内装修的吊顶施工中，仍得到广泛的应用。

4.1.1 木质暗龙骨顶棚施工技术

施工之前，施工图样应齐全并经会审、会签完成。检查吊顶内隐蔽管道、设备安装是否安装完好。施工方案编制完成并审批通过，对施工人员进行安全技术交底，并做好记录。

1. 施工准备

1) 材料

(1) 木龙骨。木龙骨吊顶的吊杆，采用 40mm×40mm 木方材、8 号铅丝吊筋和 $\phi(6\sim8)$ 钢筋制作。大龙骨又称主龙骨，其常用断面尺寸为 60mm×60mm～60mm×100mm，小龙骨断面为 25mm×35mm 或 30mm×45mm。木骨架材料多选用材质较轻、纹理顺直、含水干缩小、不劈裂、不易变形的树种，以杉木、红松、白松为宜。木龙骨的材质、规格应符合设计要求。木材应经干燥处理，含水率不得大 15%。饰面板的品种、规格、图案应满足设计要求。材质应按有关材料标准和产品说明书的规定进行验收。

(2) 饰面板。石膏板、钙塑板、塑料装饰板、铝合金板、不锈钢板、胶合板等。

(3) 其他辅材。白乳胶、钢钉、气钉、防火涂料、油漆等。

2) 机具

(1) 电动施工机具设备。空气压缩机、电动圆锯、冲击钻、电锤、手枪钻、电动曲线锯、手提电刨、木工修边机、电动螺钉旋具、风动增压拉铆枪、射钉枪、气钉枪等。

(2) 常用木工工具。手工刨子、木锯、斧凿、铲子、锉刀、墨斗、螺钉旋具和老虎钳等。

(3) 测量工具。水准仪、水平管、钢角尺、塞尺、钢卷尺等。

2. 施工结构图

木龙骨顶棚可以做成木质暗龙骨整体式或开敞式吊顶。木质暗龙骨整体式顶棚做法：木龙骨可分为单层龙骨和双层龙骨，在屋架下弦、楼板下皮均可以安装木龙骨吊顶，大龙骨可以吊挂，也可以两端插入墙内；中、小龙骨形成方格，边龙骨必须与四周墙面固定。各种饰面板均可粘贴和用钉固定在龙骨上，或用木压条钉子固定饰面板形成方格形吊顶，其结构如图 4.2 所示。

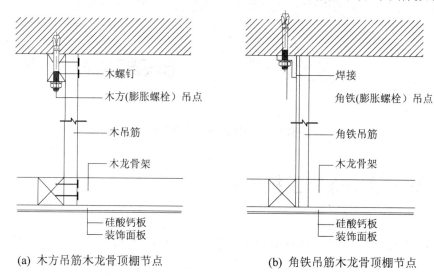

(a) 木方吊筋木龙骨顶棚节点　　　　(b) 角铁吊筋木龙骨顶棚节点

图 4.2　木龙骨吊顶施工节点

3. 工艺技术

1) 工艺流程

工艺流程为弹线工艺→吊点安装→沿边龙骨固定→木龙骨架(木格栅)制作→木龙骨架(格栅)安装→木龙骨架连接→预留孔洞→整体调整→安装饰面板→收口工艺→清理修饰。

2) 工艺过程简述

(1) 弹线工艺。弹线是技术性要求非常细致的工作，是吊顶施工中的重点。弹线工艺包括标高线、顶棚造型位置线、吊挂点布局线、大中型灯位线等工艺线的划分。标高线弹到墙面或者柱面上，其他线弹到原始楼板底面。弹线使得施工有了基准线，便于下一道工序掌握施工位置，也可以检查吊顶以上部位的设备、管道和灯具对标高位置是否有影响，能否按原标高施工；检查顶棚以上部位设备对叠级造型是否有影响。在弹线中，如果发现有问题应及时上报，及时和设计部门沟通并及时修改。顶棚弹线工艺最常用的方法是水柱法。

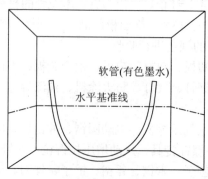

图 4.3　水柱法弹线方法

水柱法就是用一条透明塑料软管灌进适量的水(水中可以加点颜色更醒目)后,将软管一端的水平面对准墙面上的高度线位置,再根据软管另一端水平面在同侧墙面找出高度线的另一点,即当软管两端水平面静止在同一水平面时,画下该点的水平位置。再将这两点弹线连成一条线,即在该面墙上得到吊顶高度水平线,用同样方法可弹出其他墙面上的其余吊顶高度水平线(图 4.3)。操作时注意,不要使注水塑料软管扭曲,要保证管内的水柱活动自如。一个房间只能使用一个高度基点,各墙面都以此为依据。

① 标高线的确定:在室内墙上 500~1000mm 基准水平线上用尺向上量,预先确定顶棚的设计标高,用水柱法在四周墙上弹出一道墨线,作为吊顶标高四周的水平控制线,位置要准确,其水平偏差值允许在-5mm~5mm 以内,有造型装饰的吊顶则要弹出造型位置线。

② 造型位置线的确定。

a. 规则室内空间造型位置线的画法,首先从一个墙面量出吊顶造型的位置距离,并按该距离画出与墙面平行的直线,再用同样的方法,画出其他三个墙面的直线,也就画出了造型的外框位置线,最后根据此外框位置线,逐步画出造型的各个局部位置线。

b. 不规则室内空间造型位置线的画法,墙面不垂直相交的不规则空间画吊顶造型线时,通常从与造型平行的墙面开始测画出造型线,再根据这条造型线画出整个造型线的位置,或用找点法先在施工图上量出造型外框线距墙面的距离,然后再量出各墙面距造型边线的各点距离,将各点连成线就可以得出吊顶造型线。

③ 吊点位置的确定:平面吊顶的吊点,一般按 1m 左右的间距均匀布置,有分层级造型的天花吊顶应在叠级交界处加设吊点,吊距在 0.8~1.2m,较大的灯具也要安排吊点来吊挂,但木质吊顶有上人要求时吊点应适当加密,吊点也需加固。

(2) 安装吊点。常用的安装吊点有下面几种方式,如图 4.4 所示。

① 用冲击电钻在建筑结构底面打孔。打孔的深度等于膨胀螺栓(M6~M16)的长度(40~100mm),但在钻孔前要检查旧钻头磨损情况。如果钻头磨损,使钻头直径比公称尺寸小 0.3mm 以上,该钻头就应该淘汰。

② 用直径必须大 ϕ5mm 的射钉将角铁等固定在建筑底面上。

③ 膨胀螺钉可固定木方和铁件来作吊点。射钉只能固定铁件作吊点。吊点的固定形式用膨胀螺钉固定的木方的截面尺寸一般为 40mm×50mm 左右。

④ 简易的安装方法可以在原建筑结构底面装膨胀螺钩,后用钢丝吊挂龙骨架。

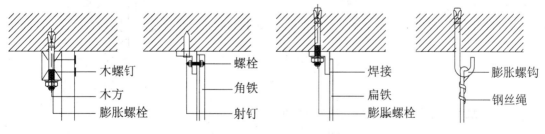

(a) 膨胀木方吊点　(b) 射钉角铁吊点　(c) 膨胀螺栓扁铁吊点　(d) 膨胀螺钩钢丝简易吊点

图 4.4　吊点安装示意

(3) 沿边龙骨固定。可针对不同的建筑材料的墙面,沿吊顶标高线墙边木龙骨的固定方式不同。混凝土墙面,一般预先先在墙上标出装木楔的点,冲击钻孔(孔径 12mm,孔距 400～600mm)后再塞木楔,再将边龙骨(刷上防火涂料)用圆铁钉固定在四周预设木楔的墙面上,并使木龙骨底边(留出板材厚度的位置)与吊顶标高线一致。普通砖墙结构,首先把长条木龙骨准确地放到画线的位置,然后使用射钉把边龙骨直接钉在墙面上。

(4) 木龙骨架(格栅)制作。木龙骨截面尺寸应根据室内及必要的负载来选定。对于不上人的单层吊顶,截面尺寸一般选择 25mm×30mm 或 30mm×40mm,剔除不直、斜口开裂、虫蛀的木龙骨后进行加工,与基层板接触面的一面刨平,并按中心线距 30mm 的尺寸开出深 15mm、宽 25mm 的凹槽,然后按凹槽对凹槽进行咬合,咬合前用聚醋酸乙烯乳液(白胶)和小圆钢钉(或气钉)进行胶钉结合固定,使纵横向木龙骨垂直地榫接在一起,如图 4.5 所示。按设计需求拼接木龙骨架(木格栅),一般单片木龙骨架(木格栅)的面积不能大于 $10m^2$。

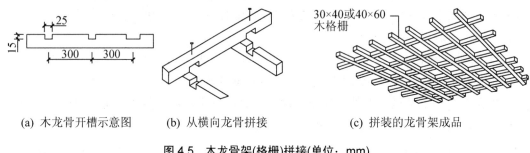

(a) 木龙骨开槽示意图　　(b) 从横向龙骨拼接　　(c) 拼装的龙骨架成品

图 4.5　木龙骨架(格栅)拼接(单位:mm)

(5) 龙骨架(格栅)安装。将拼接好的木龙骨架(木格栅)托起至吊顶标高位置,然后把木龙骨架做临时固定。临时固定可用铁丝暂时与吊点连接,对于高度低于 3.2m 的吊顶木龙骨架,可以从下面用定位支杆支撑做临时定位支架(图 4.6),使木龙骨架略高于吊顶标高线 10mm 左右(考虑饰面板的厚度)。吊装一般先从一个墙角开始,将拼装好的木龙骨架托起至标高位,根据吊顶标高拉出纵横方向的水平基准线,作为骨架底平面的基准,将龙骨架向下稍做移位使骨架与基准线平齐,待整片龙骨架调平、调正后,再与边龙骨钉接。

龙骨架与吊筋的固定有多种方法,视选用的吊杆材料和构造而定,常采用绑扎、钩挂、木螺钉固定等,如图 4.7～图 4.9 所示。

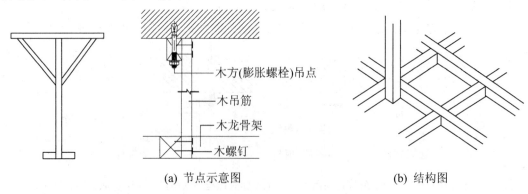

图 4.6　顶棚临时固定支架　　　　图 4.7　龙骨架与木方吊筋固定(一)

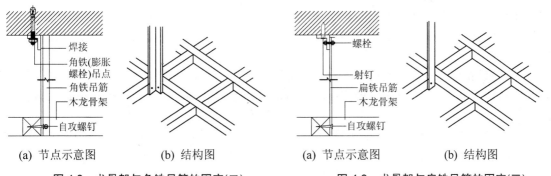

(a) 节点示意图　　　(b) 结构图　　　　　(a) 节点示意图　　　(b) 结构图

图 4.8　龙骨架与角铁吊筋的固定(二)　　图 4.9　龙骨架与扁铁吊筋的固定(三)

龙骨架分片吊装在同一平面后，还要进行分片连接形成整体，其方法为将端头对正，用短方木或铁件进行连接加固，短方木可钉于龙骨架对接处的侧面或顶面，如图 4.10 所示。如顶棚采用的是叠级吊顶，龙骨骨架一般是从最高平面吊装，其高低面的衔接及收口，常用做法可采用斜向连接、弧向连接、垂直连接等，如图 4.11 所示。

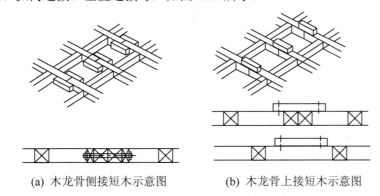

(a) 木龙骨侧接短木示意图　　(b) 木龙骨上接短木示意图

图 4.10　平面上两片龙骨架的连接示意

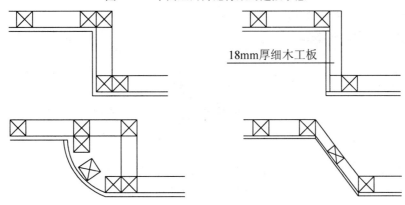

图 4.11　叠级两片龙骨架的连接示意

(6) 预留孔洞。对于预留灯盘、空调风口、检修孔位置的孔洞，其施工要点是在洞口处加密吊筋与加大龙骨的密度。在饰面板上安装的灯具、烟感器、喷淋器、风口箅子等设备的位置要合理、美观，与饰面板交接处要严密，有的还需要在交接处加钉装饰木线条封住接缝。

(7) 整体调整。各个分片连接加固后，应对龙骨架调平并起拱，即沿着顶棚标高线，用尼龙线拉出平行和十字交叉的几条标高基准线——吊顶的水平基准线，以此来控制龙骨架的整体水平，用来检查并调整吊顶平整度，对于吊顶面下凹部分，需调整吊杆杆件将龙骨骨架收紧拉起；对于吊顶骨架底面向上拱起的部分，需将吊杆吊件放松下移或另设杆件向下顶，直到吊顶骨架底面整体平整，将误差控制在规定的范围内；在公共空间，吊顶一般要起拱，起拱高度一般按房间短跨方向 0.3%～0.5%起拱。

(8) 安装饰面板。饰面板构成吊顶的面层，选择时要考虑顶棚的防火、保温、隔热、质量轻、牢固和便于施工。最常用的装饰面板有纸面石膏板、木质人造板、PVC 板和铝塑板等。封板之前要检查吊顶里面的水、电、暖通设备等隐蔽工程是否完毕，并做好隐蔽工程记录，经甲、乙双方确认并签字后才能正式封板。饰面板安装主要有钉接和粘接两种方法，如图 4.12 所示。钉接即用钉子将饰面板固定在木龙骨上，钉距控制在 100～150mm，钉帽应略钉入板面一部分，但应不使纸面破坏为宜。粘接即用各种胶粘剂将基层板粘接于龙骨上，如矿棉吸声板可用 1∶1 水泥石膏粉加入适量 107 胶进行粘接，也可采用粘、钉结合的方法，固定则更为牢固。

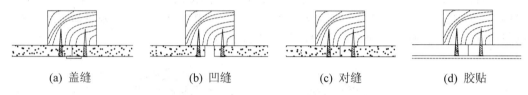

(a) 盖缝　　　　(b) 凹缝　　　　(c) 对缝　　　　(d) 胶贴

图 4.12　平面上两片龙骨架的连接示意

(9) 收口工艺。通常为了使顶棚更加美观，木质吊顶需要做收口处理。木质吊顶的收口部分，主要包含吊顶面与墙面之间、吊顶面与柱面之间、吊顶面与窗帘盒之间、吊顶面与吊顶上设备之间、吊顶面各交接面之间的需要特别衔接处理之处。收口收边材料通常用木装饰线条，高级装饰也有用不锈钢线条或钛金条等。

① 阴角收口。阴角是指两面相交内凹部分，其处理方法通常是用木角线钉压在角位上，如图 4.13 所示。固定时用直钉枪，在木线条的凹部位置打入直钉。

② 阳角收口。阳角是指两相交面外凸的角位，其处理方法也是用木角线钉压在角位上，将整个角位包住，如图 4.14 所示。

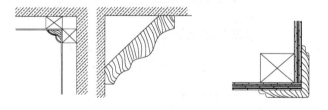

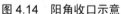

图 4.13　阴角收口示意　　　　　　图 4.14　阳角收口示意

③ 过渡收口。过渡收口与过渡节点有关，过渡节点是指两个落差高度较小的面接触处或平面上，两种不同材料的对接处。其处理方法通常是用木线条或金属线条固定在过渡节点上。木线条可直接钉在吊顶面上，不锈钢等金属条则用粘贴法固定，如图 4.15 所示。

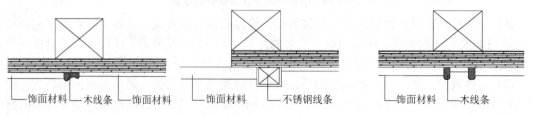

图 4.15　过度收口示意

④ 吊顶与灯光盘节点。灯光盘在吊顶上安装后，其灯光片或灯光格栅与吊顶之间的接触处须做处理。其方法通常用木线条进行固定，如图 4.16 所示。

⑤ 吊顶与检修孔节点处理，通常是在检修孔盖板四周钉木线条，或在检修孔内侧钉角铝，如图 4.17 所示。

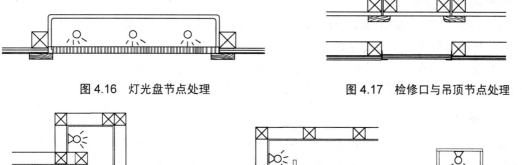

图 4.16　灯光盘节点处理　　　　图 4.17　检修口与吊顶节点处理

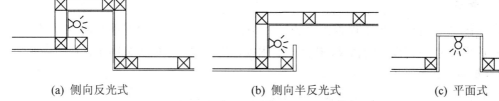

(a) 侧向反光式　　　(b) 侧向半反光式　　　(c) 平面式

图 4.18　木吊顶与灯槽的节点处理

⑥ 与窗帘盒的收口。

一般采用实木板或者木龙骨和 18mm 厚细木工板结合做成，如图 4.19 所示。

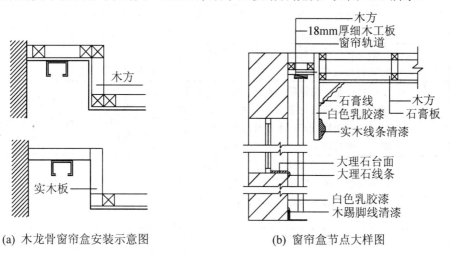

(a) 木龙骨窗帘盒安装示意图　　　(b) 窗帘盒节点大样图

图 4.19　木吊顶与窗帘盒的收口处理

4) 施工注意事项

(1) 悬吊式板材顶棚一定要按照吊顶平面图，进行施工弹线、埋设吊筋、安放搁栅，选用面板，不得随意改变吊筋的型式、搁栅的间距和面板的材料和规格，否则将造成板面分格与房间不协调，连接其中的节点不牢靠。

(2) 布设搁栅时要拉通线找平，因板材顶棚面层无调整高差的余地，搁栅不平将导致板面不平，最终影响板面平整度。吊顶在中间部位应略有起拱，以减弱顶棚压抑感。

(3) 板面与搁栅可同时采用两种连接方式，如卡钉、粘钉等，以保证连接的可靠性，对于易变形的板材，如钙塑板，应注意使用压条或自攻螺钉钉牢，否则，使用一段时间后会因重力作用和变形导致钉头扯裂。采用粘接连接时搁栅下表面必须平整、洁净。

(4) 胶合板表面粘贴塑料壁纸,其粘贴用胶和施工作法基本同墙面,粘贴时先在顶棚距边墙少于壁纸幅宽 5mm 处弹线(或画粉笔线)。裁好的壁纸背面刷胶,刷胶后将壁纸反复折叠,然后用长杆扫帚托起,对正弹线后,边铺边打开折叠,直到整幅壁纸贴好为止,然后修整墙边处多余壁纸或钉挂镜线。

(5) 在顶棚与墙体交接的边缘线条处理应注意。边缘线条一般另加装饰压条或由顶棚边缘凹入形成,装饰压条可与搁栅或与墙内预埋件连接,一般在板面安装后再加装饰压条,但也有先加装饰压条,后装板面的,所以,应参照施工图节点,确定施工顺序。

(6) 施工时应拉线,确保压缝条、压边条严密平直的,后进行后固定,压粘。

4. 施工质量要求

表 4-1 所示为暗龙骨吊顶工程验收质量要求和检验方法,适用于以轻钢龙骨、铝合金龙骨、木龙骨等为骨架,以石膏板、金属板、矿棉板、木板、塑料板或格栅等为饰面材料的暗龙骨吊顶工程的质量验收。

表 4-1 暗龙骨吊顶工程验收质量要求和检验方法

项目	项次	质量要求	检验方法
主控项目	1	吊顶标高、尺寸、起拱和造型应符合设计要求	观察;尺量检查
	2	饰面材料的材质、品种、规格、图案和颜色应符合设计要求	观察;检验产品合格证书、性能检测报告、进场验收记录和复验报告
	3	暗龙骨吊顶工程的吊杆、龙骨和饰面材料的安装必须牢固	观察;手扳检查;检查隐蔽工程的验收记录和施工记录
	4	吊杆、龙骨的材质、规格、安装间距及连接方式应符合设计要求。金属吊杆、龙骨应经过表面防腐处理;木吊杆、龙骨应进行防腐、防火处理	观察;尺量检查;检查产品合格证书、性能检测报告、进场验收记录和隐蔽工程验收记录
	5	石膏板的连缝应按其施工工艺标准进行板缝防裂处理。安装双层石膏板时,面层板与基层的接缝应错开,并不得在同一根龙骨上接缝	观察
一般项目	6	饰面材料表面应洁净、色泽一致,不得有翘曲、裂缝及缺损。压条应平直、宽窄一致	观察;尺量检查
	7	饰面板上的灯具、烟感器、喷淋头、风口箅子等设备的位置应合理、美观,与饰面板的交接应吻合、严密	观察
	8	金属吊杆、龙骨的接缝应均匀一致,角缝应吻合,表面应平整,无翘曲、锤印。木质吊杆、龙骨应顺直,无劈裂、变形	检查隐蔽工程验收记录和施工记录
	9	吊顶内填充吸声材料的品种和铺设厚度应符合设计要求,并应有防散落措施	检查隐蔽工程验收记录和施工记录
	10	暗龙骨吊顶工程安装的允许偏差和检验	

表 4-2 暗龙骨吊顶工程安装偏差允许值和检验方法

项次	项目	允许偏差/mm				检验
		石膏板	金属板	矿棉板	木板、塑料板、玻璃板	
1	表面平整度	3	2	2	2	用 2m 靠尺进行检查
2	接缝直线度	3	1.5	3	3	拉 5m 线，不足 5m 拉通线，用钢直尺进行检查
3	接缝高低差	1	1	1.5	1	用钢直尺和塞尺进行检查

4.1.2 木质开敞式顶棚施工技术

开敞式顶棚是在楼板结构层下面，悬吊具有特定形状的单元组合体的吊顶形式。其吊顶的饰面是敞开的，半遮半透，组合巧妙，韵律感极强，室内空间显得生动活泼，具有独特的艺术效果。目前开敞式吊顶在大宾馆、大型商场、饭店、歌舞厅、宴会厅、重要建筑物大厅等工程以及家庭装饰中得到广泛应用，发展非常迅速。开敞式顶棚造价比其他吊顶低廉，又便于安装，所以很容易普及。这种造型顶棚大多用木质材料制作，木质材料容易加工，造型也比较丰富。少部分也有采用金属材料，如铝合金、轻钢材料制作。一般先加工成单体，单体再组合安装部件，再安装到顶棚上。开敞式吊顶的做法：利用木质材料的易加工性能可拼装成各种线形图案，如方格式、曲线式、多边形等的构成单元，再吊装在顶棚在屋架下弦、楼板下皮而形成开敞式顶棚。其形式一般有方形框格、菱形框格、叶片状、格栅式等形式，如图 4.20 所示。

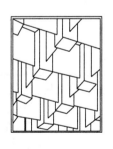 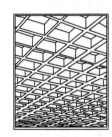 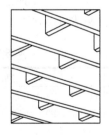

(a) 垂柱式　　　　　　(b) 平齐式　　　　　　(c) 凹凸式

图 4.20 木质开敞式吊顶种类

1. 施工准备

开敞式吊顶施工前，要检查吊顶以上部分的电器布线、空调管道、消防管道、给排水管道安装是否到位，并已经调试完毕。从吊顶通向墙壁的各种开关、插座线路是否已经安装就绪。吊顶以上部分按照设计进行预先施工，或是刷黑漆，或是进行色漆涂刷等。材料和机具基本和 4.1.1 节相同。

2. 施工结构图

以单条板式开敞式木质吊顶为例说明开敞式吊顶的施工结构，如图 4.21 所示。

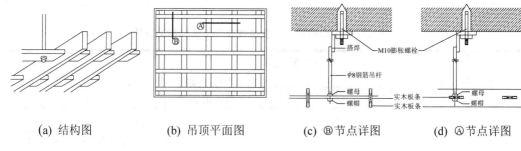

| (a) 结构图 | (b) 吊顶平面图 | (c) Ⓑ节点详图 | (d) Ⓐ节点详图 |

图 4.21 单条板式开敞式吊顶结构

3. 工艺技术

1) 工艺流程

工艺流程为弹线定位→吊顶单体制作与拼装→固定吊杆→吊装→整体调整→饰面处理。

2) 施工过程简述

(1) 弹线定位。弹线的内容一般包括标高线、吊挂布局线和分片布置线。标高线和吊挂布局线的方法与步骤参照 4.1.1 节。由于材料和工艺的局限，单体和多体吊顶也需要分片吊装，而每个分片可以事先在地面组装和进行饰面处理。分片布置线就是根据吊顶的结构形式、材料尺寸和材料的刚度来确定分片的大小和位置。分片布置线一般先从室内吊顶直角位置开始逐步展开。吊挂点的布局需根据分片线来设定，从而使单体和多体吊顶的分片材料受力均匀。

(2) 吊顶单体制作与拼装。吊顶单体制作与拼装工作要求在平整的地面进行，要根据施工图设计的单体和多体结构式样以及材料的品种进行制作与拼装。常见的单体结构有单板方框式、骨架单板方框式、单条板式等。常见的多体结构有单条板与方板组合板、多角框与方框组合式、方圆体组合式等。目前还经常使用木结构单体、铝合金单体、塑料件单体和防火板单体组合构成吊顶，见表 4-3。

表 4-3 开敞式木质吊顶单体制作与拼装表

单体类型	制作工序	图例
单板方框式拼装	(1) 把 9～15mm 厚木夹板锯成宽为 120～200mm 的板条。在板条上按方框尺寸的幅面画线，然后开槽，槽深为板条宽度的一半。 (2) 在进行对拼插接前要在槽口内涂刷白胶，插接后随即将挤出来的白胶液擦除干净如图 4.22 所示。 (3) 将与其他分片结合的单板端头安装上连接件，连接件可用厚度 1～2 mm 的铝角来制作，安装连接件常用小木螺钉固定	图 4.22 单板方框式单体结构
骨架短板方框式	(1) 用木方按骨架制作方法来组成方框骨架片。 (2) 用厚木夹板开片，做成规定宽度的板条，再按方框的尺寸将板条锯成所需要的短板。 (3) 短板与木方骨架固定。短板对缝处，用胶加钉固定。安装方式如图 4.23 所示	图 4.23 骨架单板方框式单体结构

续表

单体类型	制作工序	图例
单条板式	(1) 用实木或厚夹板锯成木条板，并在木条板上按规定位置开出方孔或长孔。 (2) 用实木加工成断面尺寸与开孔相同的木条，或用与开孔相同的轻钢龙骨来作为支承单条的主龙骨。 (3) 把单条板逐个穿入作为支承龙骨的木方或轻钢龙骨内，并按规定的间隔进行固定。木龙骨用木螺钉固定，轻钢龙骨用自攻螺钉固定。单条板式单体结构如图4.24所示	图4.24 单条板式单体结构
单条板与方板组合式	(1) 按单板与方框式组合式拼装。 (2) 按施工图规定的分格花纹，在单板方框架上固定方板面，如图4.25所示	图4.25 单条板与方框组合式多体结构
多角框与方框组合	(1) 用木板或厚木夹板，按施工图规定尺寸制作多角框单体，在多角框的接缝处用胶加钉固定。每个单体要求角度准确，尺寸一致。 (2) 待单体本身连接牢固后，开始进行单体组装。组装时，用相同的材料将单体多角相互连接，在连接处用钉和胶水固定，胶水用粘接力较强、干燥快的309胶或408胶。 (3) 对拼装好的组合部位进行加固。拼装后的形式如图4.26所示	图4.26 多角框与方框组合式多体结构

(3) 固定吊杆。开敞式吊顶一般采用轻钢龙骨吊顶的吊件。通常用膨胀螺栓或射钉固定铁角码钢块，将吊挂龙骨用的钢筋吊杆焊接固定在角码块上，下端再焊接短丝杆与挂件连接来吊挂龙骨。较为普遍的方法是将18号铁丝调直来替代钢筋，通过角钢块上的孔，将吊挂龙骨用的镀锌铁丝绑牢在吊件上，宜使用双股铁丝，如果是单股，宜用不小于14号的铁丝。需要注意单个射钉的承载不得超过50kg/m。

也可以使用伸缩式吊杆，伸缩式吊杆的形式较多，较为普遍的是将8号铁丝调直，用一个带孔的弹簧钢片将两根铁丝连接起来，调节与固定吊杆主要靠弹簧钢片。用力压弹簧钢片时，将弹簧钢片两端孔的中心重合，吊杆就可以自由伸缩了。当手松开后，孔的中心错位，与吊杆产生剪力，将吊杆固定，其形状如图4.27所示。

(4) 吊装工艺。先在墙面、柱面四周沿标高线的位置，固定与单体或多体相应的木板材料或者木龙骨。单体和多体构成顶棚的吊装可分为间接固定法和直接固定法两种类型。间接固定法，将单体或多体的吊顶架固定在承重杆架上，承重杆架再与吊点连接，这种吊装方式，一般是考虑到构件自身刚度不够，如若直接吊装，一是容易变形，二是吊点太多，费工费时。直接固定法，将单体或多体吊顶架直接与吊杆连接，并固定在吊点处。这种方式，一般要求构件具有承受本身质量的刚度和强度。

吊装工艺先从一个墙角开始，将分片吊顶架托起，高度略高于标高线，并临时固定该分片吊顶架。用棉线或尼龙线沿标高线拉出交叉的吊顶平面基准线。根据基准线调平该分片吊顶架。当吊顶面积大于 $100m^2$ 时，可以使吊顶面一般要 3/400 左右的起拱量起拱。如果间接固定方法参见图 4.27(a)所示。直接固定可用吊点铁丝或铁件与固定在吊顶构成上的连接件进行固定连接，具体参见图 4.27(b)所示。悬吊构成吊顶还有其他一些方式，具体采用何种方式。关键在于材料的断面尺寸以及材料强度、刚度等特性。

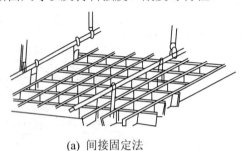

(a) 间接固定法　　　　　　　　(b) 直接固定法

图 4.27　开敞式吊顶的吊装方法

吊顶分片间相互连接时，首先将两个分片调平，使拼接处对齐，再用连接铁件进行固定。拼接的方式一般为直角拼接、榫槽接和顶边五金件连接，如图 4.28 所示。

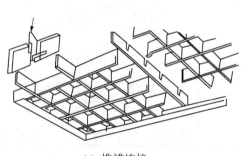 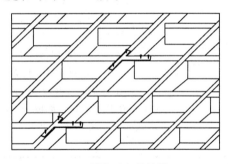

(a) 榫槽连接　　　　　　　　　(b) 顶边五金件连接

图 4.28　构成吊顶分片间的连接方法

在吊顶的吊装过程中要注意灯具与构成吊顶的安装关系，灯具的布置与安装通常采用以下几种形式。

① 内藏式安装，将灯具布置在吊顶的上部，并与吊顶架表面保持一定距离，这种做法往往在吊顶吊装前就要求将灯具安装完毕。

② 嵌入式安装，这种布置方法是将灯具嵌入单体构成的网格内，灯具与吊顶面保持一致，即在一个平面上，或者灯具照明的部分伸出吊顶平面。这种形式可在吊顶完成后进行，但灯具的尺寸规格应与吊顶框格尺寸尽量一致。

③ 吸顶式安装，可将灯具固定在吊顶平面上。

④ 悬挂式安装，用吊挂件将灯具悬吊在顶棚平面以下，该灯具的吊挂件应在吊顶吊装前固定在建筑楼板底面，如图 4.29 所示。

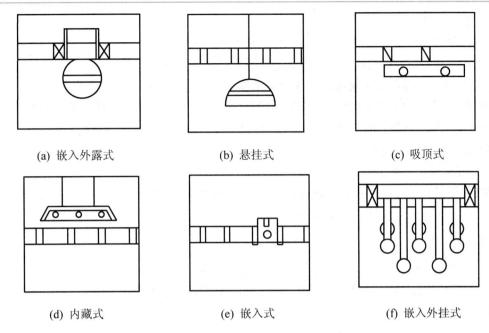

图 4.29 灯具与吊顶的安装示意

(a) 嵌入外露式　(b) 悬挂式　(c) 吸顶式
(d) 内藏式　(e) 嵌入式　(f) 嵌入外挂式

还应该注意空调管道口的布置,开敞式吊顶空调管道口的布置一般有以下方式:空调管道口布置于开敞式吊顶上部,与吊顶保持一定的距离,如图 4.30(a)、(b)所示。这种布置管道口比较隐蔽,可以降低风口箅子的材质标准,安装施工也比较简单。将空调管道嵌入单体构件内,风口箅子与单体构件保持齐平,如图 4.30(c)所示。因为风口箅子是明露的,其造型、材质、色彩、施工工艺等标准要求比较高,应与吊顶的装饰效果尽可能相协调。风口的形式可采用圆形,也可以选用方形。这种方式要根据施工图样的要求来精心制作。

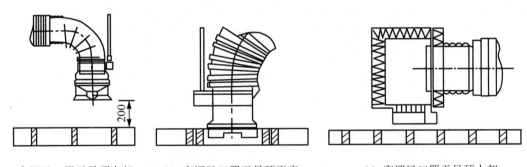

(a) 空调风口置于吊顶上部　(b) 空调风口置于吊顶平齐　(c) 空调风口置于吊顶上部

图 4.30 空调管道与吊顶的安装示意

(5) 整体调整。沿标高线拉出多条交叉的基准线,根据基准线进行吊顶面的整体调整,并检查吊顶面的起拱量是否正确,各单体安装情况以及布局情况,各连接部位的固定件是否可靠。对一些受力集中的部位进行加固,当单体本身因安装而产生的变形时要进行修正。

(6) 饰面处理。在上述结构工序完成后,就可以进行整体饰面处理工序。木质吊顶饰面方式主要有油漆、贴壁纸、喷涂、喷塑、镶贴不锈钢和玻璃镜面等工艺。喷涂饰面和贴壁纸饰面,可以与墙体饰面施工一并进行,也可以视情况先在地面进行饰面处理,然后再进行吊装。

3) 施工注意事项

(1) 吊顶施工时，专业要统一协调有序，严禁各自为线。

(2) 各层龙骨，专业管线甩口位置施工完后，严格按天花综合布置图进行验收，把好封板前的最后一关，将拆改返工现象又一次消灭于施工过程中。

(3) 吊顶不平，原因在于大龙骨安装时吊杆调平不认真，造成各吊杆点的标高不一致，施工时应检查各吊点紧挂程度，并拉通线检查标高与平整度是否符合要求。

(4) 龙骨骨架局部构造不合理，在各专业出口多处如灯具、通风口灯应按分格图在此处增加龙骨及连接件，使其构造合理。

(5) 骨架吊挂不牢：顶棚的轻钢龙骨应吊在主体结构上，并应紧固吊杆，以控制固定设计标高，顶棚内的管线，设备件不得吊挂在龙骨骨架上。

4. 施工质量要求

表 4-4 所示为明龙骨吊顶工程验收质量要求和检验方法见，适用于以轻钢龙骨、铝合金龙骨、木龙骨为骨架，以石膏板、金属板、矿棉板、塑料板或格栅等为饰面材料的明龙骨吊顶工程的质量验收。

表 4-4 明龙骨吊顶工程验收质量要求和检验方法

项 目	项次	质量要求	检验方法
主控项目	1	饰面材料的材质、品种、规格、图案和颜色应符合设计要求。当饰面材料为玻璃板时，应使用安全玻璃或采取可靠的安全措施	观察；检验产品合格证书、性能检测报告和进场验收记录
	2	饰面材料的安装应稳固严密。饰面材料与龙骨的搭接宽度应大于龙骨受力面宽度的 2/3	观察；手板检查；尺量检查
	3	吊杆、龙骨的材质、规格、安装间距及连接方式应符合设计要求。金属吊杆、龙骨应经过表面防腐处理；木龙骨应进行防腐、防火处理	观察；尺量检查；检查产品合格证书、进场验收记录和隐蔽工程验收记录
	4	暗龙骨吊顶工程的吊顶和龙骨安装必须牢固	手扳检查；检查隐蔽工程验收记录和施工记录
一般项目	5	饰面材料表面应洁净、色泽一致，不得有翘曲、裂缝及缺损。饰面板与明龙骨的搭接应平整、吻合，压条应平直、宽窄一致	观察；尺量检查
	6	饰面板上的灯具、烟感器、喷淋头、风口箅子等设备的位置应合理、美观，与饰面板的交接应吻合、严密	观察
	7	金属龙骨的接缝应与平整、吻合、颜色一致，不得有划伤、擦伤等表面缺陷。木质龙骨应平整、顺直，无劈裂	观察
	8	吊顶内填充吸声材料的品种和铺设厚度应符合设计要求，并应有防散落措施	检查隐蔽工程验收记录和施工记录
	9	明龙骨吊顶工程安装的允许偏差和检验	

表 4-5 明龙骨吊顶工程安装的允许偏差和检验方法

项次	项目	允许偏差/mm				检验方法
		石膏板	金属板	矿棉板	塑料板、玻璃板	
1	表面平整度	3	2	3	2	用2m靠尺和塞尺进行检查
2	接缝直线度	3	2	3	3	拉5m线，不足5m拉通线，用钢直尺进行检查
3	接缝高低差	1	1	2	1	用钢直尺和塞尺进行检查

4.2 金属龙骨顶棚装饰施工技术

室内吊顶所用的金属龙骨，通常是指轻质金属龙骨，具有如下特点：

(1) 自重轻、刚性好。由于采用轻钢龙骨组装成吊顶骨架，所以比传统上以木质龙骨为骨架的自重轻，而且刚性大大加强，还避免了木质龙骨易产生变形的缺陷。

(2) 形式、风格多样。由于采用轻钢龙骨为吊顶骨架，可以方便地组装成各种凸凹形式的吊顶，以适应设计师在吊顶形式、风格和灯光设计(如灯池、灯带等)的需要。

(3) 增强承载能力。可以采用不同的吊顶轻钢龙骨的品种(如承载龙骨)来组装成可以承受上人检修的活动附加荷载、以适应现代建筑对吊顶工程的荷载要求。

(4) 由于轻金属骨的标准化，由于组装成的吊顶骨架是由轻金属龙骨及其各种金属件配件灵活组装，其品种、规格是规整而系列化的，因而组装既快速，有效地提高了施工效率和装饰工程质量，施工简便、快速。

(5) 施工不受季节影响。由于采用轻钢龙骨和大幅面吊顶板板，所以吊顶工程完全是"干"作业(相对于泥水作业的"湿"作业)，因而工程不受季节的影响，可以在全年任何时候进行施工。

(6) 金属龙骨耐火极限高、防火性能好，金属龙骨被广泛应用在现代室内顶棚装饰施工中。

金属龙骨顶棚一般包含轻钢龙骨和铝合金龙骨两类。按其承载能力，分为轻型、中型和重型，还可以分为上人和不上人两种吊顶形式；按其型材断面形式又可分为U形、T形、H形、V形和L形及其变形等形式；按面材的大小分，可分为大幅面和小幅面的顶棚两种形式；按其用途及安装部位，分为主龙骨、次龙骨(副龙骨、覆面龙骨)、横撑龙骨和配件等。

金属龙骨顶棚的结构主要由吊点、吊筋、龙骨及配件、饰面板四部分组成。用的轻钢龙骨、铝合金龙骨及配件应符合有关现行国家标准。施工前要进行的各项工作大体与木质吊顶相同，金属吊顶装饰施工过程中，应积极和其他隐蔽工程紧密配合，特别是留孔洞、窗帘盒、分层吊顶造型、灯具等处的补强措施应符合设计要求、确保顶棚的安全。

4.2.1 轻钢龙骨顶棚装饰施工技术

轻钢龙骨，就是以镀锌钢带、铝带、铝合金型材、薄壁冷轧退火卷带为原料，经冷弯或冲压而成的顶棚吊顶的骨架支承材料。轻钢龙骨吊顶的构造属于暗龙骨整体式或分层式吊顶，利用吊杆将顶棚骨架及面层悬吊在承重结构上,中间用木顶撑将龙骨调平,与结构层拉开一定距离,形成吊顶隔离空间。在顶层隔离空间可起隔热作用,在楼层可起隔声作用。饰面板可以选用有花饰或有浮雕图案的饰面板。吊顶的艺术图案和造型主要依靠饰面板自身的花饰图案和高低错落的分层造型来实现。如果是大面积整体式平面吊顶,可在饰面板上(一般为纸面石膏板或钢板网抹灰)贴壁纸、贴浮雕、装饰图案和线脚等进行二次装饰。

1. 施工准备

轻钢龙骨顶棚施工前,要检查顶棚内的各种管线及通风道,确定好灯位,通风口及各种露明孔口位置、各种材料全部配套是否备齐;搭好顶棚施工操作平台是否搭建完毕;各种施工机具是否到位;轻钢骨架顶棚在大面积施工前,应做样板间,对顶棚的起拱度、灯槽、通风口的构造处理、分块及固定方法等应经试装并经鉴定认可后方可大面积施工。

1) 材料

(1) 轻钢龙骨。据主龙骨的断面尺寸的大小,即根据龙骨的荷重能力及其适应吊点距离不同,通常将 U 形轻钢龙骨分为 38、45、50、60 等 4 种不同系列。38、45 系列轻钢龙骨适用于吊点距离 0.9~1.2m 不上人吊顶,50 系列轻钢龙骨适用于吊点距离 1.5m 上人吊顶,主龙骨可承受 800N 的检修荷载;60 系列可承载 1000N 的检修荷载。下面以 UC45 和 UC50 为例来说明 UC 龙骨的材料,表 4-6 为 UC45 和 UC50 的龙骨的零配件。

表 4-6 UC45 和 UC50 的龙骨的零配件

		简 图			备 注
		龙 骨	吊 件	挂 件	
UC45 形龙骨	主龙骨	(45×15, 1.2)	大吊	大接	适用于吊点距离为 0.9~1.2m 不上人吊顶龙骨及其配件,吊杆一般为 $\phi 6$ 钢筋,吊件与挂件应该相应配套
	中龙骨	U50中龙骨 (50×19, 2.5, 0.5)	(50×30, 35×49)	中接 (90×49, 18)	
	小龙骨	U25小龙骨 (25×19, 2.5, 0.5)	小吊 (28×30, 35×24)	小接 (90×24, 18)	

续表

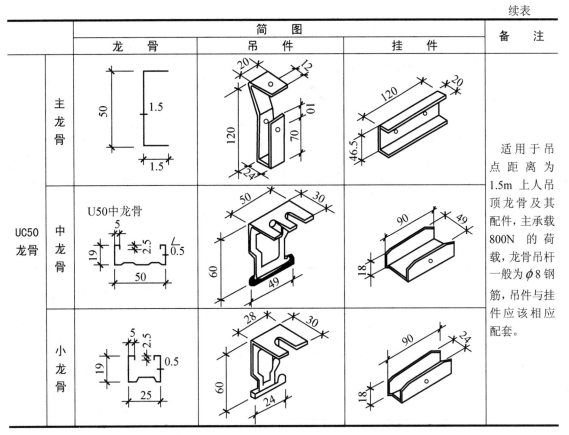

轻钢龙骨骨架常用的饰面板材料有装饰石膏板、纸面石膏板、吸声穿孔石膏板、矿棉装饰吸声板、钙塑泡沫装饰板、各种塑料装饰板、浮雕板、钙塑凹凸板等。施工时应按设计要求选用。当设计深度不足,如饰面板未标明具体规格尺寸、饰面板厚度、饰面板等级以及饰面板质量密度、抗弯强度或断裂荷载、吸水率等技术性能要求时,则应在订货前与设计或业主联系确定,明确各种要求,便于以后的验收;压缝常选用铝压条。吊顶施工还需要的零配件有吊杆、花篮螺丝、射钉、自攻螺钉等。

2) 机具

轻钢龙骨吊顶主要工机具见表 4-7。

表 4-7 施工主要工机具一览表

序 号	工机具名称	规 格	序 号	工机具名称	规 格
1	水准仪	DS3	12	射钉枪	SDT-A301
2	水平尺	1m	13	液压升降台	ZTY6
3	铝合金靠尺	2m	14	无齿锯	—
4	钢卷尺	3m,15m	15	手刨子	
5	电动针束除锈机	—	16	钳子	
6	手提电动砂轮机	SIMJ-125	17	手锤	
7	型材切割机	J3GS-300 型	18	螺钉锭具	
8	手提式电动圆锯	9in(英寸)	19	活扳手	
9	电钻	$\phi(4\sim13)$	20	方尺	
10	电锤	ZIC-22	21	刷子	
11	自攻螺钉钻	1200r/min	22		—

2. 施工结构图

这里主要介绍不上人轻钢龙骨吊顶和上人轻钢龙骨吊顶的施工结构图。

(1) 不上人轻钢龙骨石膏板吊顶施工结构图(图 4.31)。

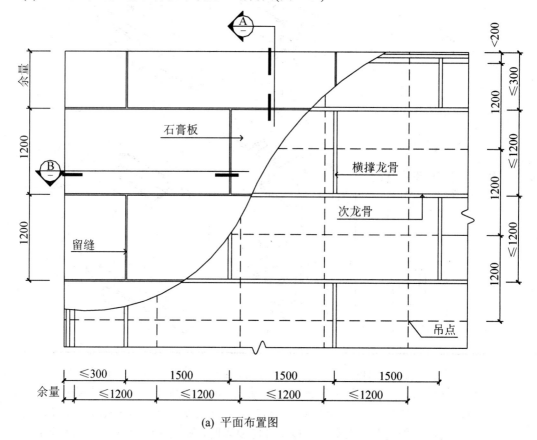

(a) 平面布置图

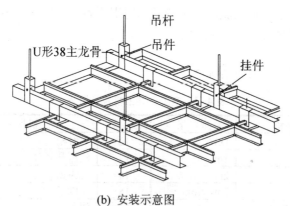

(b) 安装示意图

图 4.31 不上人轻钢龙骨吊顶的施工示意(单位：mm)

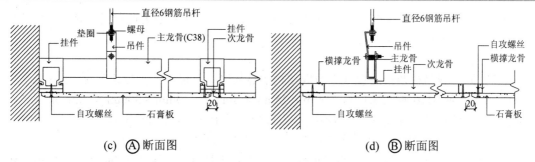

(c) Ⓐ断面图   (d) Ⓑ断面图

图4.31 不上人轻钢龙骨吊顶的施工示意(单位：mm)(续)

(2) 上人轻钢龙骨石膏板吊顶施工(图4.32)。

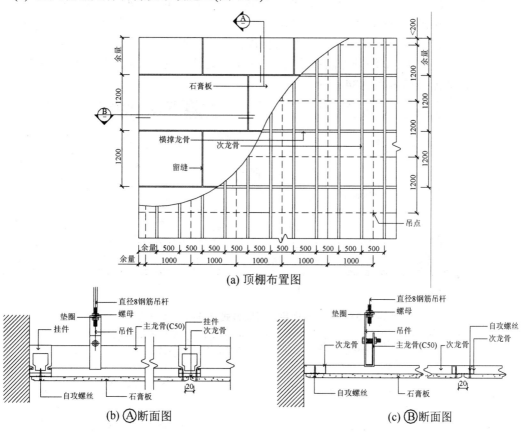

图4.32 上人轻钢龙骨吊顶施工示意(单位：mm)

3. 工艺技术

1) 工艺流程

工艺流程为弹线工艺→安装吊杆→安装边龙骨→安装主龙骨→安装次龙骨→龙骨架检查调整→灯具安装→安装饰面板→细部处理

2) 工艺过程简述

(1) 弹线工艺。

弹线工艺主要有标高线、顶棚造型位置线、吊挂点布置线、大中型灯位线，具体工艺鲜见4.1.1节相关内容。双层轻钢U、T形龙骨骨架吊点间距≤1.2m，单层骨架吊顶吊点间距为0.8～1.5m(具体要考虑罩面板材料密度、厚度、强度、刚度等性能等来最后确定)。对于平顶天花，在顶棚上均匀排布。对于有叠层造型的吊顶,应注意在分层交界处吊点布置,较大的灯具及检修口位置也应该安排吊点来吊挂。

(2) 吊杆安装。

吊杆紧固件或吊杆与楼面板或屋面板结构的连接固定有以下 5 种方式常见方式:

① 用 M8 或 M10 膨胀螺栓将 25mm×25mm×3mm 或 30mm×30mm×3mm 角钢固定在楼板底面上。注意钻孔深度应≥60mm,打孔直径略大于螺栓直径 2~3mm。

② 用 $\phi 5$ 以上的射钉将角钢或钢板等固定在楼板底面上。

③ 浇捣混凝土楼板时,在楼板底面(吊点位置)预埋铁件,可采用 150mm×150mm×6mm 钢板焊接 $\phi 8$ 锚爪,锚爪在板内锚固长度不小于 200mm。

④ 采用短筋法在现浇板浇筑时或预制板灌缝时预埋 $\phi 6$、$\phi 8$ 或 $\phi 10$ 短钢筋,要求外露部分(露出板底)不小于 150mm。

⑤ 现浇混凝土楼板内设预埋件,吊杆直接焊在预埋钢板上,埋件钢板厚度大于 5mm。

对于上面所述的①、②两种方法不适宜上人吊顶。吊杆与主龙骨的连接以及吊杆与上部紧固件的连接,如图 4.33 和图 4.34 所示。

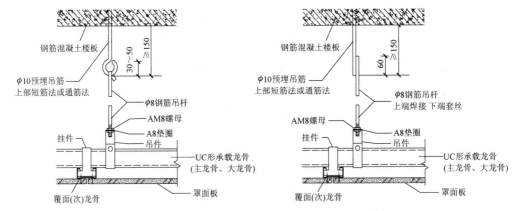

图 4.33 上人吊顶吊点紧固方式及悬吊构造节点

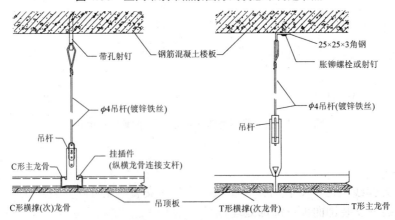

图 4.34 不上人吊顶吊点紧固方式及悬吊构造节点(单位:mm)

(3) 边龙骨固定(图 3.35)。边龙骨可以是木方也可以是金属型材。边龙骨宜沿墙面或柱面标高线钉牢。固定时,一般常用高强水泥钉,钉的间距不宜大于 500mm。如果基层材料强度较低,紧固力不好,应采取相应的措施,改用膨胀螺栓或加大钉的长度等办法。边龙骨一般不承重,只起封口作用。

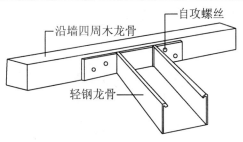

图 4.35 边龙骨连接示意

(4) 安装主龙骨。根据吊杆在主龙骨长度方向上的间距在主龙骨上安装吊挂件。

将主龙骨与吊杆通过垂直吊挂件连接。上人吊顶的悬挂，用一个吊环将龙骨箍住，用钳夹紧，既要挂住龙骨，同时也要阻止龙骨摆动。不上人吊顶悬挂，用一个专用的吊挂件卡在龙骨的槽中，使之达到悬挂的目的。轻钢大龙骨一般选用连接件接长，也可以焊接，但宜点焊。连接件可用铝合金，亦可用镀锌钢板，须将表面冲成倒刺，与主龙骨方孔相连，可以焊接，但宜点焊，连接件应错位安装。遇到观众厅、礼堂、展厅、餐厅等大面积房间采用此类吊顶时，需每隔 12m 在大龙骨上部焊接横卧大龙骨一道，以加强大龙骨侧向稳定性及吊顶整体性。

根据标高控制线使龙骨就位。待主龙骨与吊件及吊杆安装就位以后，以一个房间为单位进行调整平直。调平时按房间的十字和对角拉线，以水平线调整主龙骨的平直，对于由 T 形龙骨装配的轻型吊顶，主龙骨基本就位后，可暂不调平，待安装横撑龙骨后再行调平调正。较大面积的吊顶主龙骨调平时，应注意其中间部分应略有起拱，起拱高度一般不小于房间短向跨度的 1/200～1/300。

(5) 安装次龙骨、横撑龙骨。安装次龙骨时，在覆面次龙骨与承载主龙骨的交叉布置点，使用其配套的龙骨挂件(或称吊挂件、挂搭)将两者上下连接固定，龙骨挂件的下部勾挂住覆面龙骨，上端搭在承载龙骨上，将其 U 形或 W 形腿用钳子嵌入承载龙骨内(见图 4.36)。双层轻钢 U、T 形龙骨骨架中龙骨间距为 0.5～1.5m，如果间距大于 0.8m 时，在中龙骨之间增加小龙骨，小龙骨与中龙骨平行，与大龙骨垂直用小吊挂件固定。

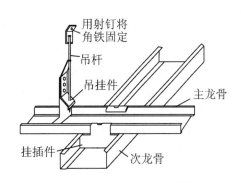

图 4.36 主、次龙骨连接结构图

安装横撑龙骨时横撑龙骨用中、小龙骨截取，其方向与中、小龙骨垂直，装在罩面板的拼接处，底面与中、小龙骨平齐，如装在罩面板内部或者作为边龙骨时，宜用小龙骨截取。横撑龙骨与中、小龙骨的连接，采用配套挂插件(或称龙骨支托)或者将横撑龙骨的端部凸头插入覆面次龙骨上的插孔进行连接。

(6) 龙骨架检查调整。在未封纸面石膏板前，要检查通风管道、水、电管线、喷淋、烟感系统管线，设备试压等各项工作是否完成；要检查铁件是否刷了防锈漆；要检查吊顶的吊杆有无与设备吊杆争空间的现象；要检查大型灯具的吊架位置是否正确，若有问题，要及时调整。然后，检查骨架，首先校正主、次横撑龙骨的位置及水平度，然后检查连接件是否错位安装，校正后将龙骨的所有吊挂件、连接件拧紧夹牢，使安装好的吊顶骨架牢固可靠。轻钢龙骨骨架安装好后，除自检外，应由甲、乙双方专职质检人员检查验收，办理隐蔽工程验收手续，做好记录。

用数根木方按施工图中规定的间隔定位，具体方法参见图 4.37。

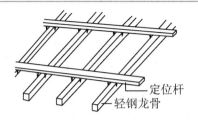

图 4.37　主龙骨定位方法

(7) 饰面板安装。对于轻钢龙骨吊顶，罩面板材安装方法有明装、暗装、半隐装 3 种。

明装是纵横 T 形龙骨骨架均外露、饰面板只要搁置在 T 形两翼上即可的一种方法；暗装是饰面板边部有企口，嵌装后骨架不暴露；半隐装是饰面板安装后外露部分骨架的一种方法。

饰面板与轻钢骨架固定的方式分为饰面板自攻螺钉钉固法，饰面板胶结粘固法、饰面板托卡固定法、饰面板搁置固定法和饰面板钩挂固定法，如图 3.38 所示。

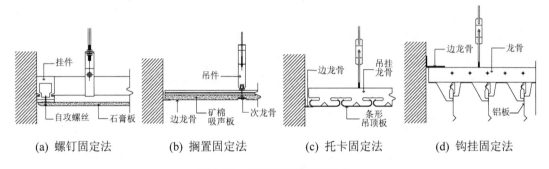

图 4.38　饰面板固定方法示意

① 自攻螺钉钉固法。施工要点是先从顶棚中间顺通长次龙骨方向装一行罩面板，作为基准，然后向两侧伸延分行安装，固定罩面板的自攻螺钉间距为 150～170mm。钉帽应凹进罩面板表面以内 1mm。

② 搁置固定法。即将面板直接搁于搁栅翼缘上，这种作法多为薄壁轻钢搁栅，各种饰面板材均可用这种做法。当轻钢龙骨为 T 形时，多为托卡固定法安装面板。T 形轻钢骨架通长次龙骨安装完毕，经检查标高、间距、平直度符合要求后，垂直于通长次龙骨弹分块及卡档龙骨线。饰面板安装由顶棚的中间行次龙骨的一端开始，先装一根边卡档次龙骨，再将面板侧槽卡入 T 型次龙骨翼缘(暗装)或将无侧槽的饰面板装在 T 形翼缘上面(明装)，然后安装另一侧卡档次龙骨。按上述程序分行安装。若为明装时，最后分行拉线调整 T 形明龙骨的平直。搁置固定法托卡面面板的基本方式如图 3.39 所示：

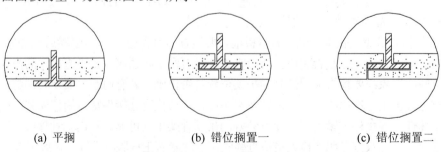

图 4.39　饰面板搁置固定方法示意

③ 托卡固定法。用搁栅本身或另用卡具将板材卡在搁栅上,这种作法多用轻钢、型钢搁栅。饰面板材为金属板材。

④ 钩挂固定法。利用金属挂钩搁栅将板材挂于其下,饰面板材多为金属板材。

⑤ 胶结粘固法。施工要点是按主粘材料性质选用适宜的胶接材料,例如401胶等,使用前必须做粘接试验,掌握好压合时间。罩面板应经选配修整,使厚度、尺寸、边楞一致。每块罩面板粘接时应预装,然后在预装部位龙骨框底面刷胶,同时在罩面板四周边宽10~15mm的范围刷胶,大约过2~3min后,将罩面板压粘在预装部位,每间顶棚先由中间行开始,然后向两侧分行粘接。

(7) 细部处理。

① 轻钢龙骨纸面石膏板吊顶与墙、柱立面结合部位,一般处理方法归纳为阶梯型边龙骨收口、L形边龙骨收口。具体做法节点如图4.40所示。

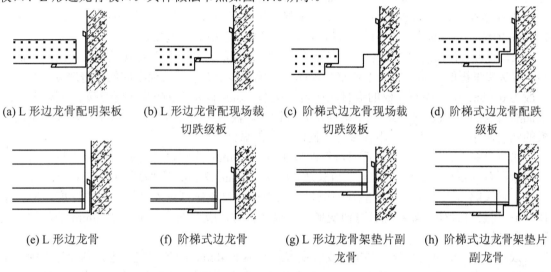

(a) L形边龙骨配明架板　(b) L形边龙骨配现场裁　(c) 阶梯式边龙骨现场裁　(d) 阶梯式边龙骨配跌
　　　　　　　　　　　　　切跌级板　　　　　　　切跌级板　　　　　　　　级板

(e) L形边龙骨　　　　(f) 阶梯式边龙骨　　　(g) L形边龙骨架垫片副　(h) 阶梯式边龙骨架垫片
　　　　　　　　　　　　　　　　　　　　　　　　龙骨　　　　　　　　　副龙骨

图4.40 吊顶与墙面的连接示意

② 烟感器和喷淋头安装:施工中应注意水管预留必须到位,既不可伸出吊顶面,也不能留短;烟感器及喷淋头旁0.8mm范围内不得设置任何遮挡物(图4.41),

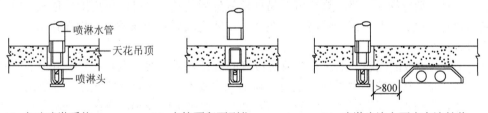

(a) 自动喷淋系统　　　(b) 水管预留不到位　　　(c) 喷淋头边上不应有遮挡物

图4.41 吊顶与烟感器和喷淋头的安装示意

③ 吊顶与窗帘盒的连接,如图4.42所示。

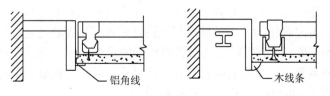

图4.42 吊顶与窗帘盒的连接示意

④ 吊顶与灯具的连接，如图 4.43 所示。

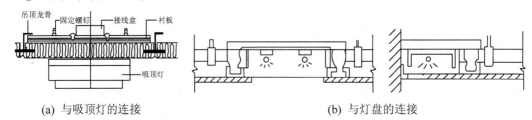

(a) 与吸顶灯的连接　　　　　　　　(b) 与灯盘的连接

图 4.43　吊顶与灯具的安装示意

3) 轻钢龙骨纸面石膏板施工技术

(1) 纸面石膏板的现场加工。大面积板料切割可使用板锯，小面积板料切割采用多用刀进行灵活裁割；用专用工具圆孔锯在纸面石膏板上开各种圆形孔洞，用针锉在板上开各种异型孔洞；用针锯在纸面石膏板上开出直线型孔洞；用边角刨将板边制成倒角；用滚锯切割小于 120mm 的纸面石膏板条，使用曲线锯，可以裁割不同造型的异型板材。

(2) 纸面石膏板的罩面钉装。大多是采用横向铺钉的形式，纸面石膏板在吊顶面的平面排布，需从整张板的一侧开始向不够整张板的另一侧逐步安装。板与板之间的接缝缝隙，其宽度一般为 6～8mm。纸面石膏板的板材应在自由状态下就位固定，以防止出现弯棱、凸鼓等现象。纸面石膏板的长边(包封边)，应沿纵向次龙骨铺设。板材与龙骨固定时，应从一块板的中间向板的四边循序固定，不得采用在多点上同时作业的做法。

用自攻螺钉铺钉纸面石膏板时，钉距以 150～170mm 为宜，螺钉应与板面垂直。自攻螺钉与纸面石膏板边的距离，距包封边(长边)以 10～15mm 为宜；距切割边(短边)以 15～20mm 为宜。钉头略埋入板面，但不能致使板材纸面破损。自攻螺钉进入轻钢龙骨的深度，应大于 10mm；在装订操作中如出现有弯曲变形的自攻螺钉时，应予剔除，在相隔 50mm 的部位另安装自攻螺钉。

纸面石膏板的拼接缝处，必须是安装在宽度不小于 40mm 的 T 形龙骨上，其短边必须采用错缝安装，错开距离应不小于 300mm，一般是以一个覆面龙骨的间距为基数，逐块铺排，余量置于最后。安装双层石膏板时，面层板与基层板的接缝也应错开，并不得在同一根龙骨上接缝。

(3) 注意事项。吊顶施工中应注意工种间的配合，避免返工拆装损坏龙骨及板材。吊顶上的风口、灯具、烟感探头、喷洒头等可在吊顶板就位后安装，也可留出周围吊顶板。待上述设备安装后再行安装；T 形明露龙骨吊顶应在全面安装完成后对明露龙骨及板面作最后调整，以保证平直。

(4) 纸面石膏板的嵌缝。纸面石膏板拼接缝的嵌缝材料主要有两种：一是嵌缝石膏粉；二是穿孔纸带。嵌缝石膏粉的主要成分是石膏粉加入缓凝剂等。嵌缝及填嵌钉孔等所用的石膏腻子，由嵌缝石膏粉加入适量清水(嵌缝石膏粉与水的比例为 1∶0.6)，静置 5～6min 后经人工或机械调制而成，调制后应放置 30min 再使用。注意石膏腻子不可过稠，调制时的水温不可低于 5℃，若在低温下调制应使用温水；调制后不可再加石膏粉，避免腻子中出现结块和渣球。穿孔纸带即是打有小孔的牛皮纸带，纸带上的小孔在嵌缝时可保证石膏腻子多余部分的挤出。纸带宽度为 50mm，使用时应先将其置于清水中浸湿，这样做有利于纸带与石膏腻子的粘合。此外，另有与穿孔纸带起着相同作用的玻璃纤维网格胶带，其成品已浸过胶液，具有一定的挺度，并在一面涂有不干胶。它有着较牛皮纸带更优异的拉结作用，在石膏板板缝处有更理想的嵌缝效果，故在一些重要部位可用它取代穿孔牛皮纸带，以防止板缝开裂的可能性。玻璃纤维网格胶带的宽度一般为 50mm，价格高于穿孔纸带。

整个吊顶面的纸面石膏板铺钉完成后,应进行检查,并将所有的自攻螺钉的钉头涂刷防锈漆,然后用石膏腻子嵌平。此后即作板缝的嵌填处理,其程序如下:

① 清扫板缝,用小刮刀将嵌缝石膏腻子均匀饱满地嵌入板缝,并在板缝处刮涂约60mm宽、1mm厚的腻子。随即贴上穿孔纸带(或玻璃纤维网络胶带),使用宽约60mm的腻子刮刀顺穿孔纸带(或玻璃纤维网格胶带)方向压刮,将多余的腻子挤出,并刮平、刮实,不可留有气泡。

② 用宽约150mm的刮刀将石膏腻子填满宽约150mm的板缝处带状部分。

③ 用宽约300mm的刮刀再补一遍石膏腻子,其厚度不得超出2mm。

④ 待腻子完全干燥后(约12小时),用2号砂布或砂纸将嵌缝石膏腻子打磨平滑,其中间部分略微凸起,但要向两边平滑过渡。

4) 金属饰面板工艺技术

金属饰面板材吊顶主要是指采用金属块形饰面板、金属条形饰面板做吊顶装饰。金属饰面板的外观有锌面板、亚光板、镜面板、穿孔板以及其他各种造型形式,如藻井式、内圆形立体图案等。

(a) 金属明装方形板　　　　　(b) 金属暗装方形板

图4.44　金属方形装饰板示意

金属饰面板材在通常情况下,板块的边部加工处理与其吊顶安装方式有直接的关系,一般边部卷边或卷边带有槽口,因此龙骨、连接件与金属饰面板都是配套使用。目前市场上的大多数产品,采用明装搁置式和暗装嵌入式两类。方形金属饰面板的安装有两种方法:一种是搁置式安装,与活动式吊顶顶棚罩面板安装方法相同;另一种是卡入式安装,只需将方形板向上的褶边(卷边)卡入嵌龙骨的钳口,调平调直即可,板的安装顺序可任意选择。

(1) 明装搁置式块形金属装饰板吊顶。明装搁置式块形金属装饰板适用面积广,既可单独使用,也可由不同高度、不同宽度、不同颜色装饰板组合成复合吊顶,其形式可以多变,具有强烈的装饰感。

块形金属吊顶饰面板的四边带翼,即折边端口有向外的卷边,因此可以与T形的铝合金龙骨的吊顶骨架框尺寸相一致,将块形金属吊顶饰面板平放到T形龙骨上搭装即可,搁置安装后的吊顶形成格子式离缝效果,如图4.45所示。吊顶施工时,应先安装收边装饰条,与墙体固定牢固,接头要紧密。龙骨调平以后,将面板依次安装到龙骨上。

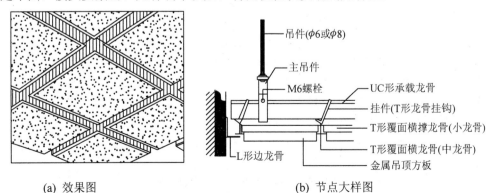

(a) 效果图　　　　　　　　(b) 节点大样图

图4.45　明架式金属方形板安装示意

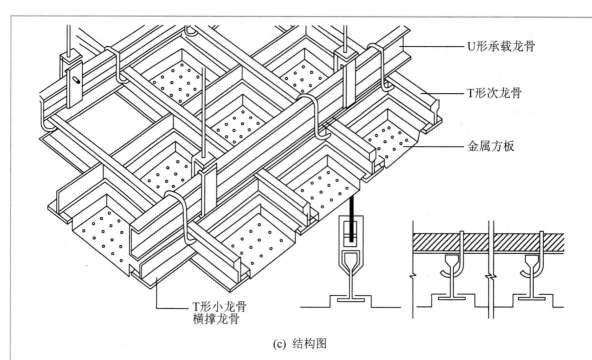

图 4.45 明架式金属方形板安装示意(续)

(2) 暗装嵌入式块形金属装饰板吊顶。暗装嵌入式块形金属装饰板块有折边,但不带翼,折边向上且有卡口,采用特制的异形金属龙骨(三角龙骨,或称夹嵌龙骨)。可以使折边的金属板很方便嵌入金属龙骨中,如图 4.46 所示。

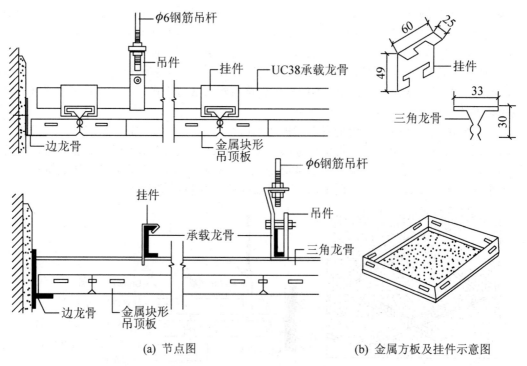

图 4.46 暗架式金属方形板安装示意

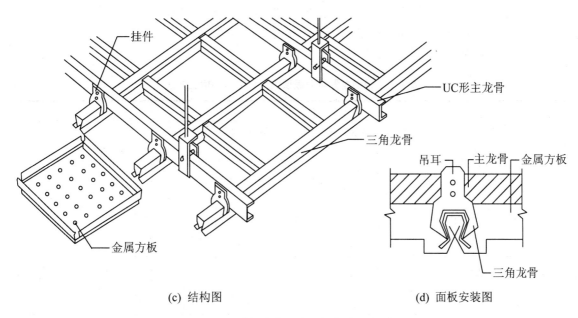

(c) 结构图　　　　　　　(d) 面板安装图

图 4.46　暗架式金属方形板安装示意(续)

3) 施工注意事项

(1) 检查顶棚隐蔽工程的安装情况，如空气调节系统，消防喷淋、烟感系统，供、配电系统，背景音乐等线管是否安装到位并经隐蔽验收。

(2) 按图样设计要求四周找平，搁棚中部按常规起拱。

(3) 吊杆可用浇注板时预埋件或预留吊钩连接，也可用膨胀螺丝，在楼上钻孔后固定连接。

(4) 吊杆龙骨间距按厂家提供资料合理分布，龙骨连接固定后要通线找平。

(5) 所有金属件如无电镀层，必须先刷涂防锈油两遍。

(6) 将石膏板边缘刨成倒角，然后用自攻螺丝与龙骨结合，并拧紧。

(7) 石膏板对接留缝 2～3mm，并倒角，用嵌缝腻子加以覆盖，将接缝带埋入腻子中，并用腻子把石膏板倒角填满，后用刮板将板缝找平。

4. 施工质量要求

(1) 熟习图样，按图施工。采用水平管抄出水平线，用墨线弹出基准线。对局部吊顶房间，如原天棚不水平，则吊顶是按水平制作或顺原天棚制作，应在征求设计人员意见后由客户确定。

(2) 所有在吊顶内的零配件、龙骨应为镀锌件。

(3) 龙骨、吊杆、连接件均应位置正确，办公室装潢材料平整、顺直、连接牢固，无松动。

(4) 凡有悬挂的承重件必须增加横向的次龙骨。龙骨最少是轻钢龙骨 UC50 以上，间距 300mm 为宜，吊筋间距 600～800mm 为宜，必须使用 100mm×8mm 钢膨胀固定，约 $1m^2$ 用一个。

(5) 纸面石膏板使用前必须弹线分块，封板时相邻板留缝 3mm，使用专用螺钉固定，沉入石膏板内但不能致使板材纸面破损，钉距为 150～170mm，并做防绣处理。固定应从板中间向四边固定，不得多点同时作业，板缝交结处必须有龙骨。

(6) 表面应平整，不得有污染、折裂、缺棱掉角或锤伤等缺陷，接缝应均匀一致。

(7) 用 2m 靠尺检查，平整度误差在 3mm 以内。

(8) 光带、造型部分平直、无波浪,弧形、圆形吊顶光滑、顺畅。
(9) 轻钢龙骨罩面板顶棚允许偏差和检验方法见表4-8。
(10) 关键控制点的控制见表4-9。

表4-8 轻钢龙骨罩面板顶棚允许偏差和检验方法

项 类	项 目		允许偏差/mm				检验方法
			纸面石膏板	矿棉板	吸声石膏板	塑料板	
龙骨	龙骨间距		2	2	2	2	尺量检查
	龙骨平直		3	2	2	3	拉5m线,用钢直尺检查
	起拱高度		±10	±10	±10	±10	拉线尺量
	龙骨四周水平		±5	±5	±5	±5	拉通线或用水准仪检查
罩面板	表面平整	暗装	3	2	2	2	用2m靠尺和塞尺检查
		明装	—	3	2.5	2	
	接缝平直		3	3	3	3	拉5m线,用钢直尺检查
	接缝高低	暗装	1	1.5	1	1	用钢直尺或塞尺检查
		明装	—	2	1.5	1	
	顶棚四周水平		±5	±5	±5	±5	拉通线或用水准仪检查
压条	压条平直		3	3	3	3	拉5m线,用钢直尺检查
	压条间距		2	2	2	2	尺量检查

注:木板、胶合板采用暗装安装方法,其安装允许偏差按塑料板暗装时的允许偏差。

表4-9 关键控制点的控制

序号	关键控制点	主要控制方法
1	龙骨、配件、罩面板的购置与进场验收	(1) 广泛进行市场调查;(2) 实地考察分供方生产规模、生产设备或生产线的先进程度;(3) 定购前与业主协商一致,明确具体品种、规格、等级、性能等要求
2	吊杆安装	(1) 控制吊杆与结构的紧固方式,对于上人吊顶,必须采用预埋方式;(2) 控制吊杆间距、下部丝杆端头标高一致性;(3) 吊杆防腐处理
3	龙骨安装	(1) 拉线复核吊杆调平程度;(2) 检查各吊点的紧挂程度;(3) 注意检查节点构造是否合理;(4) 核查在检修孔、灯具口、通风口处附加龙骨的设置;(5) 骨架的整体稳固程度
4	罩面板安装	(1) 安装前必须对龙骨安装质量进行验收;(2) 使用前应对罩面板进行筛选,剔除规格、厚度尺寸超差和棱角缺损及色泽不一致的板块
5	外观	(1) 吊顶面洁净、色泽一致;(2) 压条平直、通顺严实;(3) 与灯具、风口篦交接部位吻合、严实

4.2.2 铝合金龙骨顶棚施工技术

铝合金龙骨吊顶材料是随着铝型材的发展而出现的一种新型吊顶骨架材料,是应用比较早的金属杆件型材。铝合金龙骨既是承重构件,又是吊顶饰面板的压条。常用的饰面板材料有矿棉板、玻璃纤维板、装饰石膏板、铝塑板等,一般就是直接搁置在铝合金龙骨形成的方框内,施工非常简单快捷。铝合金龙骨吊顶还具有质轻、结构灵活,还有吸声、防火、隔热、保温、且型材表面经过阳极氧化处理,表面光泽、美观大方等特点,广泛用于公共室内装修中。

1. 施工准备

1) 材料

(1) 吊点、吊筋与承载龙骨。不上人的吊顶施工,可采用 M6 梅花金属内扣膨胀螺栓与 6 mm 全丝扣镀锌螺杆作吊筋,吊点间距为 0.8~1.0 m。可采用 38 型主龙骨做承载龙骨的双层结构,也可按图样设计要求,采用铁丝吊索与尾孔射钉拧接固定做吊点与吊筋,下端连接 T 形铝合金主龙骨的单层结构。

当吊顶为上人龙骨时,必须采用金属膨胀螺栓与角码件做吊点,ϕ8mm 以上吊筋做吊杆。吊点间距在 1.0~1.2 m 内,并且采用 U50 或 U60 形主龙骨做承载龙骨的双层结构。

(2) 铝合金龙骨。铝合金龙骨主要有 T 形主龙骨,是该吊顶骨架的主要受力构件,T 形副龙骨在骨架中起横撑作用。L 形边龙骨通常与墙面连接,并在边部固定饰面板,起着收口的作用。LT 形铝合金龙骨按其安装方式分为明装式和暗装式两种,明装式将矿棉板直接搁置在龙骨上边,底下露出龙骨;暗装式采用企口嵌装式,不露出龙骨,但板材质量要求高。

(3) 矿棉装饰吸音板。矿棉装饰吸声板主要有大小方形和矩形各种尺寸,常用的有直角边、楔形边和企口边。矿棉吸音板主要与 LT 形金属龙骨配套使用,还可以使用珍珠岩装饰吸声板、装饰石膏板、铝塑板等。

2) 机具

冲击电钻、铝合金切割锯、手电钻、手动铆钉钳等。

2. 施工结构图

铝合金龙骨矿棉吸声板顶棚结构图,如图 4.47 所示。

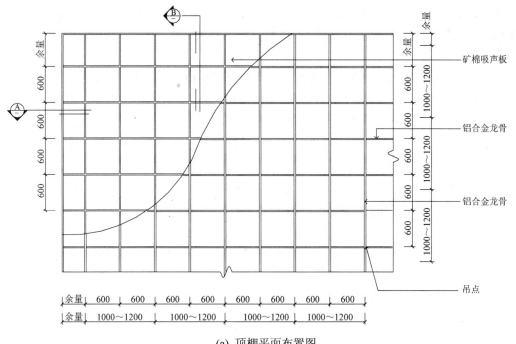

(a) 顶棚平面布置图

图 4.47 铝合金龙骨顶棚结构图(单位:mm)

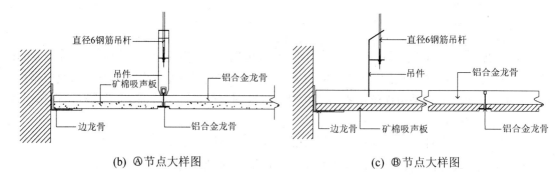

(b) Ⓐ节点大样图　　　　　　(c) Ⓑ节点大样图

图 4.47　铝合金龙骨顶棚结构图(单位：mm)(续)

3. 工艺技术

1) 工艺流程

工艺流程为弹线工艺→固定边龙骨→固定吊点、吊杆→组装龙骨→安装龙骨→安装饰面板→收口处理。

2) 工艺过程简述

(1) 弹线工艺、固定边龙骨。弹线定位包括吊顶标高线和龙骨布置分搭定位线。

① 标高线可用水柱法标出吊顶平面位置，然后按位置弹出标高线。沿标高线固定角铝，角铝的底面与标高线平齐。便龙骨的固定方法通常用木楔铁钉或水泥钉直接将其钉在墙柱面上。固定位置的间隔为 400～600mm。

② 龙骨的分格定位，需根据饰面板的尺寸和龙骨分格的布置。为了安装方便，一般地两龙骨中心线的间距尺寸一般大于饰面板尺寸 2mm 左右。安装时控制龙骨的间隔需要用模规，模规可用刨光的木方或铝合金条来制作，模规的两端要求平整，且尺寸准确，与要求的龙骨间隔一致。

龙骨的标准分格尺寸定下后，再根据吊顶面积对分格位置进行布置。布置尽量保证龙骨分格的均匀性和完整性，以保证吊顶有规整的装饰效果。由于室内的吊顶面积一般都不可能按龙骨分格尺寸正好等分，吊顶上常常会出现与标准分格尺寸不等的分格，这些分格尽量安排在顶棚边角的地方，在装饰工程中也称为收边分格。处理的方法通常有两种：第一种，把标准分格设置在吊顶中部，而分格收边在吊顶四周。第二种，将标准分格布置在人流活动量大或较显眼的部位，而把收边分格置于不被人注意的次要位置。

③ 吊点的定位，铝合金顶棚吊点的设计与布置应该考虑吊顶上人的或者是不上人、饰面材料等，一般间隔距离在为 0.8～1.2m 左右。吊点布置的要点是考虑吊顶的平整度需要。

(2) 固定吊点、吊杆。铝合金龙骨吊顶的吊件，通常使用膨胀螺钉或射钉固定。当吊筋采用钢丝或镀锌铁丝时，其上端与顶棚的连接可以绑扎到预埋钢筋和膨胀螺栓上，还可以通过 50mm 以上的射钉固定到顶棚上。射钉一定要钉到坚实的基体上，并要进入足够的深度。无论采用哪种吊杆杆形式，吊杆不应固定在设备管道上，以免管道变形产生顶棚面变形，影响吊顶美观和质量。

悬吊铝合金龙骨也可以用伸缩式吊杆。伸缩式吊杆的型式较多，用得较为普遍的方法是将 8 号铁丝调直，再用一个带孔的弹簧钢片，将上面吊点伸下来的铅丝和吊龙骨的铅丝都穿入其孔内，调节与固定主要是靠弹簧钢片，当钢片处于自由状态时，两端孔片分离，与吊杆卡紧、定位。

(3) 组装龙骨。铝合金龙骨架需在地面上预先组装，铝合金主龙骨与横撑龙骨的连接方式通常有3种。

① 第一种连接在主要龙骨上部开出半槽，在次龙骨的下部开出半槽，并在主龙骨半槽两侧各打出一个φ3mm的圆孔[图4.48(a)]。组装时将主、次龙骨的半槽卡接起来。然后用22号细铁丝穿过主龙骨上的小孔，把次龙骨扎紧在主龙骨上。注意龙骨上的开槽间隔尺寸必须与龙骨架分格尺寸一致。该安装方式如图4.48(b)所示。

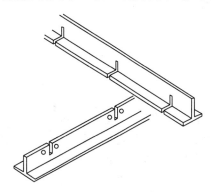
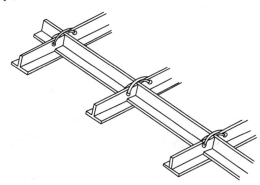

(a) 主、次龙骨开槽方法　　　　　　　　(b) 安装示意图

图 4.48　龙骨安装方法(一)

② 第二种是在分段截开的次龙骨上用铁皮剪剪出连接耳，在连接耳上打孔，通常打φ4.2的孔再用φ4铝铆钉固定或打φ3.8的孔用M4自攻螺钉固定。连接耳形式如图4.49(a)。安装时，将连接耳弯成90°直角，在主龙骨上打出相同直径的小孔，再用自攻螺钉或铝抽芯铆钉将次龙骨固定在主龙骨上。安装形式见图4.49(b)。注意次龙骨的长度必须与分格尺寸要一致，间隔用模规来控制。

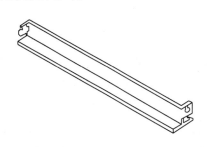
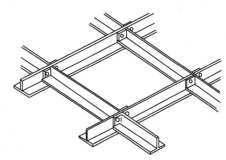

(a) 铝合金龙骨单体加工方法　　　　　　　　(b) 连接示意图

图 4.49　龙骨安装方法(二)

③ 第三种是在主龙骨上打出长方孔，两长方孔的间隔距离为分格尺寸。安装前用铁皮剪剪出次龙骨上的连接耳。安装次龙骨时只要将次龙骨上的连接耳插入主龙骨上长方孔，再弯成90°直角即可。每个长方孔内可插入两个连接耳，安装形式如图4.50所示。

(4) 安装龙骨。双层铝合金龙骨安装时，应拉纵横标高控制线，进行承载龙骨的调平与调直。调平应先调平主龙骨。调整方法可在断面为主龙骨间隔距离的方木上进行，按主龙骨间距钉圆钉，将主龙骨卡住，临时固定，可参见图4.37所示，方木两端顶到墙上或者边柱，以标高线为基准，调节吊杆调平后固定承载龙骨。而后安装第二层龙骨架。单层铝合金龙骨安装可参考木质龙骨的吊装工艺。龙骨的安装一般从房间的一端依次安装到另一端，如有高低分层吊顶，先安装高跨，再安装低跨。

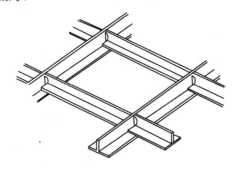

图4.50　龙骨安装方法(三)

(5) 饰面板安装。安装固定饰面板要注意对缝均匀、图案匀称清晰，安装时不可生扳硬装，应根据装饰板的结构特点进行，防止棱边碰伤和掉角。铝合金龙骨顶棚饰面板安装一般采用搁置的方法，即把饰面板直接搁置在龙骨上，常用企口暗缝形式，用龙骨的两条肢插入暗缝内，靠两条肢将饰面板托挂住。其形式和轻钢龙骨搁置安装的方法一致，如图4.39所示。

4.2.3　开敞式金属顶棚施工技术

开敞式金属顶棚是通过一定数量的金属单体如金属圆管、金属单片等标准化定型构件相互组合成单元体，再将单元体拼排，通过龙骨或不通过龙骨而直接悬吊在结构基体下，形成既遮又透，有利建筑通风及声学处理，又起装饰效果的一种新型吊式顶棚。如再嵌装一些灯饰，能使整个室内更添光彩、韵味，特别适用于大厅、大堂的室内空间。

本节主要介绍介绍条形金属板吊顶、金属格栅吊顶、金属刮片吊顶、铝合金单体吊顶和网络体形吸声金属吊顶等。

1. 条形金属板吊顶

常用金属条形吊顶装饰板长度一般是3.0～6.0m，宽度100～300mm不等，厚度通常在0.5～1.2mm。施工时，板材需要加长时，可采用配套条板接长连接件或板缝嵌条。饰面板安装通常是指选用配套的金属龙骨和条形金属饰面板。

长条形金属板沿边分为"卡边"与"扣边"两种。卡边式长条形金属板安装时，只需直接将板的边沿按顺序利用板的弹性卡入特别的带夹齿状的龙骨卡口内，调平调直即可，不需任何连接件。此种板形有板缝，故又称"开敞式"(敞缝式)吊顶顶棚。板缝有利于顶棚通风，可不封闭，也可按设计要求加设配套的嵌条予以封闭。扣边式长条金属板，亦可按卡边型金属板一样安装在带夹齿状龙骨卡口内，利用板本身弹性相互卡紧。由于此种板有一平伸出的板肢，正好把板缝封闭，故又称封闭式吊顶顶棚。另一种扣边式长条形金属板即通常称的扣板，则采用C形或U形金属龙骨，用自攻螺钉将第一块板的扣边固定于龙骨上，将此扣边调平调直后，再将下一块板的扣边压入已先固定好的前一块板之扣槽内，依顺序相互扣接即可，如图4.51、图4.52所示。

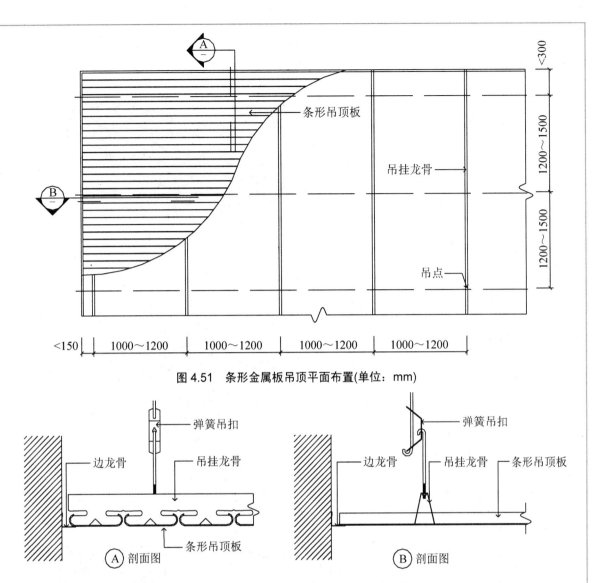

图4.51 条形金属板吊顶平面布置(单位：mm)

图4.52 条形金属板吊顶节点图

2. 金属格栅吊顶

格栅形金属板吊顶是以格栅形金属吊顶板与吊顶龙骨及其配套材料组装而成的。格栅形金属板吊顶的吊顶板均是平面与地面相垂直的，但不同之处在于格栅形金属板吊顶的表面形成的是一个个"井"字方格，故吊顶表面的稳定性要更好一些。格栅形金属板吊顶有利于室内通风和空调，良好的保温、吸声、防火功能、装饰性，而且造价适中、组装简便、快速、检修、清洗也较方便。

格栅形金属吊顶板的材质有两种：铝合金板和彩色镀锌钢板。其中格栅形铝合金吊顶板是由铝合金板经数道辊轧、裁边、切割、表面处理(氧化镀膜)而成；格栅形镀锌钢板吊顶板是由镀锌钢板经数道辊轧、裁边、切割、表面处理(烤漆或喷漆)而成。格栅形金属板吊顶特别适合于大型体育场馆、车站、停车场、室内花园等公用设施。

格栅形金属板吊顶施工简便，只需先将主板与副板相互插装，然后再将主板与已经吊好的承载龙骨用钢丝相连接，再经找正、调平即可。格栅型单体构建主要的拼装有两种方式：一是，采用其配套的固定单板的材料，如夹片龙骨、托架龙骨、网络支架等(图 4.53)；二是，采用十字连接件(图 4.54)。

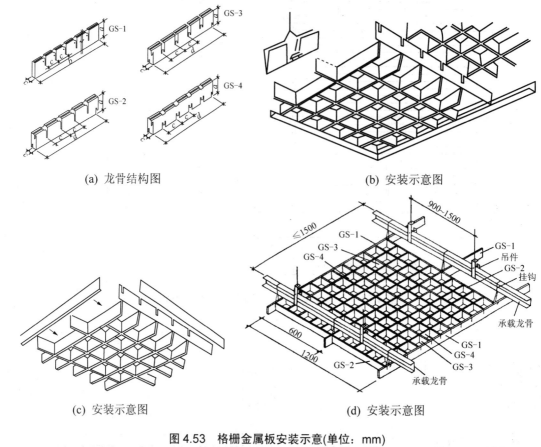

图 4.53 格栅金属板安装示意(单位：mm)

 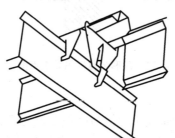 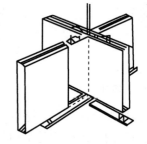

图 4.54 格栅金属板吊顶十字连接示意(单位：mm)

3. 金属挂片吊顶

挂片形金属板吊顶，它是将一个个金属小片悬挂在与其配套的龙骨上。挂片形金属板吊顶是我国近年来出现的新型金属吊顶之一。金属挂片的材质一般为铝合金板经氧化镀膜(或喷塑)制成，也可以是不锈钢或彩色不锈钢板。采用不锈钢材料的装饰效果更佳，这是由于其特有的金属光泽所致。挂片形金属板吊顶风格很独特，可以烘托出室内特有的装饰效果。适合于一些要求具有独特装饰要求的场所，诸如酒吧、舞厅等。可以组合成多种图案，如图 4.55 所示。

(a) 丁字图案　　　　　　(b) 鱼骨图案　　　　　　(c)网络图案

图 4.55　挂片形金属吊顶图案举例

挂片形金属板吊顶的施工步骤如下：测量、画线→确定吊点→安装吊杆→安装承载龙骨→安装挂片大龙骨→安装挂片小龙骨→校正、调整→验收，如图 4.56 所示为金属挂片的安装示意图。

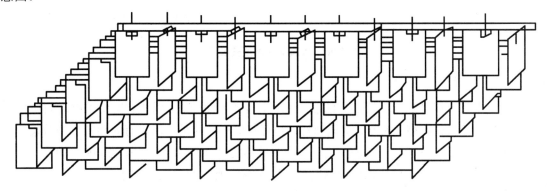

图 4.56　金属挂片吊顶安装示意

4. 花片形金属板吊顶

花片形金属板吊顶是一种立体形的金属板吊顶，花片形金属板吊顶是以金属花片与 T 形龙骨及其配套材料组装而成的。该种吊顶是由一个个金属花形组成，而花片是立体的，因而该类吊顶的风格独特。花片形金属板吊顶是我国近年来出现的新型金属吊顶之一。花片形金属板吊顶举例，如图 4.57 所示。材质有两种：铝合金板和彩色镀锌钢板，其制作方法是由金属卷材经辊压后，进行表面处理而成。适合于大型场馆、车站、候机厅、室内花园，或其他湿度较大的公用建筑室内。

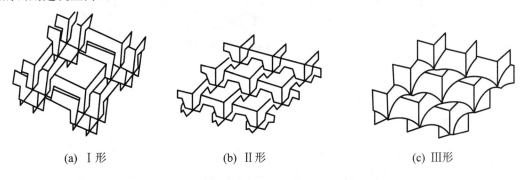

(a) Ⅰ形　　　　　　(b) Ⅱ形　　　　　　(c) Ⅲ形

图 4.57　金属花片吊顶花形示意

安装非常简单也是直接搁置在 T 形龙骨上即可，如图 4.58 所示。

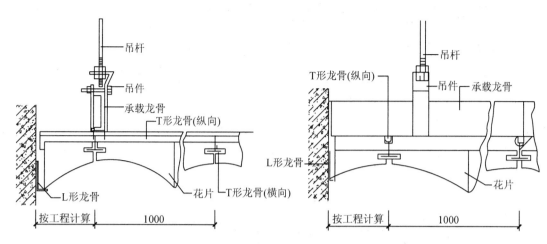

图 4.58 金属花片吊顶安装示意

5. 铝合金单体吊顶

铝合金单体一般是采取浇铸的方法制成毛坯，再经表面处理，以达到所要求制品的质量要求。铝合金单体吊顶高雅、大方、造型独特，具有其他形式的吊顶所没有的独特装饰效果，可用于对吊顶装修效果有特定要求的室内。铝合金单体的规格尺寸一般大多为 600~800mm，个别也有较大规格尺寸的，用户也可根据需要与厂家商定所需的图案与尺寸。

铝合金单体既可以每个单独地通过单体挂件、单体吊件和吊杆与屋顶直接相连接，也可以再将吊杆与其他龙骨(如承载龙骨)相连接，而承载龙骨再与屋顶连接，这样做的好处是可以避免屋顶上吊点过多。其工艺流程：测量、画线→确定吊点→安装吊杆→安装承载龙骨→安装单体吊杆→安装单体吊件→安装单体挂件→安装单体→校正、调整→验收，如图 4.59 所示。

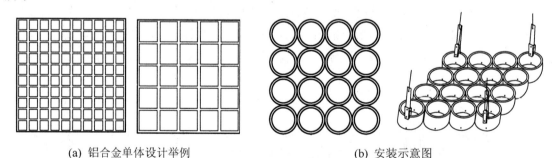

(a) 铝合金单体设计举例　　　　　　(b) 安装示意图

图 4.59 铝合金单体吊顶安装示意

6. 网络体形吸声金属吊顶

网络体形(吸声)金属吊顶是一种以具有吸声功能的吸声板组件通过网络支架来组装成的金属吊顶。该种吊顶造型独特，具有优异的吸声功能，能形成不同的几何图案，而且有利于吊顶上部的灯光设置，以取得良好的照明以烘托出高雅的气氛。是一种集装饰和吸声功能为一体的新型吊顶。它广泛地应用于大型的公用建筑设施，如车站、游艺厅、体育馆、图书馆和噪声较大的工业建筑室内中。

其施工工艺流程：测量、画线→确定吊点→安装吊杆→组装网络单元→网络单元与吊杆连接→网络单元之间相互连接→校正、调整→拧上网络支架的下封盖→验收。

(1) 确定吊点。确定吊点要注意的是，由于所组成的几何图案不同各吊点之间的距离也不尽相同，事先一定要通过计算来确定各吊点之间不同方向上的间距，并据此来确定吊点的相互距离，如图4.60所示。

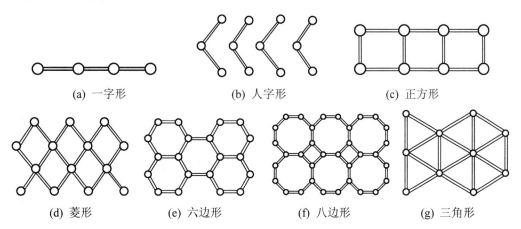

图4.60 网络体形吸声金属吊顶的图案举例

(2) 组装网络单元。为了加快施工进度，或先将吸声板组件先组装成一个个网络单元。其具体做法是使用联片将几个网络支架与吸声板组件相连接，并用螺钉固定，并套上封盖。

(3) 安装网络单元。将网络单元依次分别穿过吊杆，并用螺母在吊杆的下端将其固定，然后根据标高线调整每个网络单元的上、下位置，然后再用联片将各个网络单元相连接。网络体形吸声金属吊顶的节点结构，如图4.61、图4.62所示。

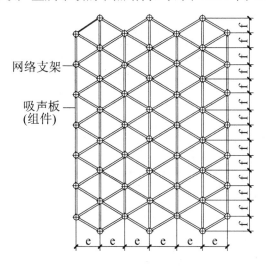

图4.61 网络体形吸声金属吊顶吊点示意

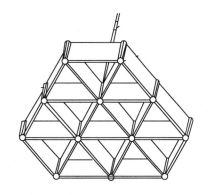

图4.62 网络体形吸声金属吊顶安装示意

4.3 案例分析

4.3.1 案例一：某室内木质顶棚结构

1. 施工准备

本项目主要是木龙骨樱桃木饰面板的顶棚的施工技术。涉及的材料主要有：木龙骨、9mm夹板、樱桃木饰面板、乳化有机灯片、白色乳胶漆、日光灯、樱桃木线条、清漆等材料。涉及的工种主要是木工和油漆工等，主要机具包含木工和油漆工所需的各项工具等。

做好顶棚的基础工作，室内抹灰等湿作业及设备、管道等隐蔽工程安装完毕，并检查是否符合设计要求；检查吊顶的结构质量是否符合有关国家的规定，如不符合应采用适当的措施进行修整；做好木质龙骨架的防火处理；材料进场到位、各种加工设备就位并进行施工前交底工作。

2. 施工设计及节点大样

施工设计及节点大样如图4.63～图4.64所示。

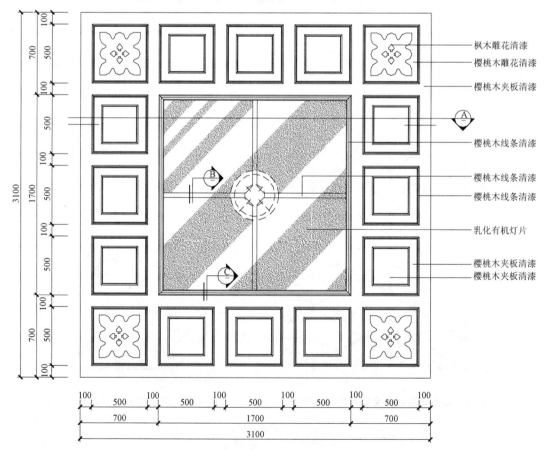

图4.63 某室内顶棚平面布置(单位：mm)

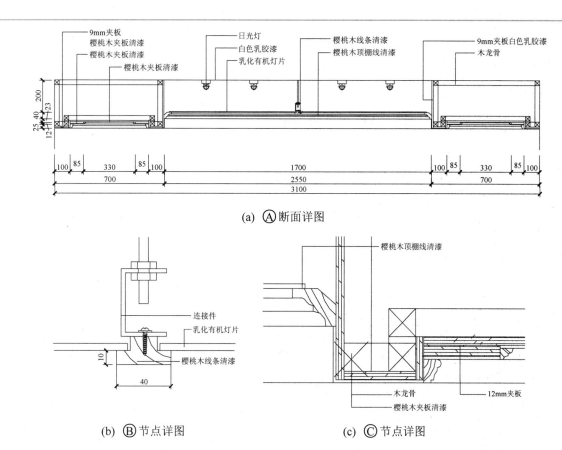

图 4.64 某室内顶棚节点详图(单位：mm)

3. 工艺流程

1) 木龙骨樱桃木饰面板

木龙骨樱桃木饰面板主要结构为吊筋层、木龙骨层和纸面石膏板装饰面层，大样图见图 4.64(a)所示。其工艺流程：基层处理→顶棚中心 1.7m×1.7m 处油白色乳胶漆→安装日光灯→弹线工艺→安装吊杆→安装边龙骨→安装日光灯→安装木龙架骨→龙骨架检查调整→安装樱桃木饰面板→细部处理→油清漆。

2) 顶棚清漆

顶棚清漆包括樱桃木饰面及其线条油清漆，其工艺流程：基层处理→填补腻子、局部刮腻子→打磨→刷底漆(清漆)两遍→涂刷面漆两遍。

4.3.2 案例二：某接待室顶棚结构

1. 施工准备

本项目主要是轻钢龙骨纸面石膏板及云母片饰面顶棚的施工技术。涉及的材料主要有 U 形轻钢龙骨、细木工板、纸面石膏板、云母夹层玻璃饰面板、白色乳胶漆、筒灯、不锈钢柳钉、顶棚金属装饰线条等材料。涉及的工种主要是金属工、木工和油漆工等，主要机具包含木工、金属工和油漆工所需的各项工具等。

做好顶棚的基础工作，室内抹灰等湿作业及设备、管道等隐蔽工程安装完毕，并检查是否符合设计要求;检查吊顶的结构质量是否符合有关国家的规定,如不符合应采用适当的措施进行修整;材料进场到位、各种加工设备就位并进行施工前交底工作。

2. 施工设计及节点大样

施工设计及节点大样如图4.65～图4.67所示。

3. 工艺流程

1) 轻钢龙骨纸面石膏板

轻钢龙骨纸面石膏板主要结构为吊筋层、轻钢龙骨层和纸面石膏板装饰面层,大样图见图图4.66和图4.67中①、②、③、⑥所示。其工艺流程:弹线工艺→安装吊杆→安装边龙骨→安装U形轻钢主龙骨→安装覆面和横撑轻钢龙骨→龙骨架检查调整→安装纸面石膏板饰面板→油饰白色乳胶漆→灯具安装→细部处理。

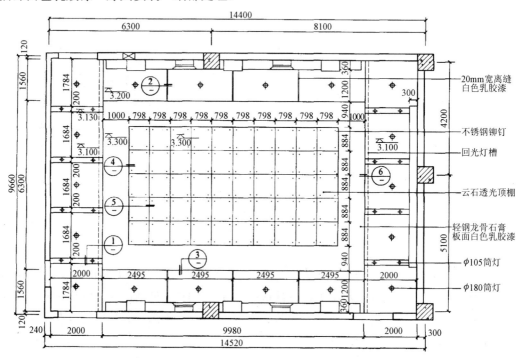

图 4.65 某接待室顶棚平面布置图(单位:mm)

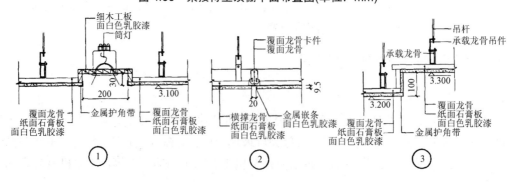

图 4.66 某接待室顶棚节点①、②、③大样图(单位:mm)

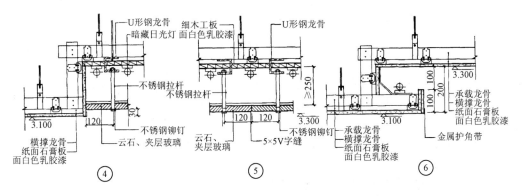

图 4.67 某接待室顶棚节点④、⑤、⑥大样图(单位:mm)

2) 轻钢龙骨云母夹层玻璃饰面板

轻钢龙骨云母夹层玻璃饰面板主要结构为吊筋层、轻钢龙骨层和云母夹层玻璃装饰面层,大样图见图 4.66 和图 4.67 中④、⑤所示。其工艺流程:弹线工艺→安装吊杆→安装 U 形轻钢主龙骨→安装覆面和横撑轻钢龙骨→龙骨架检查调整→安装细木工板→油饰白色乳胶漆→安装不锈钢拉杆→油饰白色乳胶漆→灯具安装→安装云母夹层玻璃→细部处理。

小 结

顶棚是室内装饰的各个界面中重要组成部分之一,也是室内界面中最富有变化、引人注目的界面。室内顶棚透视感较强,通过不同材料、不同形式的装饰处理,再配以不同的灯具造型能增强室内空间感染力。本章介绍了室内顶棚的种类和装饰要求,详细介绍了室内木质结构顶棚和金属顶棚的结构和工艺,包括顶棚施工准备、施工结构图、施工工艺流程、施工注意事项和施工验收标准等方面内容。

木龙骨顶棚是指用木质材料作龙骨,组成顶棚骨架,面层覆以板条抹灰、钢板网抹灰以及各种饰面板组成的顶棚。是一种传统的吊顶形式。由于木材资源稀缺,防火性能较差,因此在公共场所木龙骨吊顶应用较少。但由于木材是天然材料容易加工、便于连接、施工便利,可以形成多种造型,在家庭的室内装修的吊顶施工中仍得到广泛的应用。

金属龙骨耐火极限高、防火性能好,金属龙骨被广泛应用在现代室内顶棚装饰施工中。金属龙骨顶棚一般包含轻钢龙骨和铝合金龙骨两类。按其承载能力,分为轻型、中型和重型,还可以分为上人和不上人两种吊顶形式;按其型材断面形式又可分为 U 形、T 形、H 形、V 形和 L 形及其变形等形式;按面材的大小分,可分为大幅面和小幅面的顶棚两种形式;按其用途及安装部位,分为主龙骨、次龙骨(副龙骨、覆面龙骨)、横撑龙骨和配件等。本章对以上结构的顶棚都进行了介绍。

思考与练习

4-1 简述室内顶棚的功能及类型？

4-2 间接式顶棚由哪几部分组成？

4-3 木质顶棚有哪些特点，有什么具体的要求？

4-4 在顶棚施工中，弹线的基本步骤和方法有哪些？

4-5 木龙骨顶棚中常用材料及机具有哪些？其施工工艺有什么特点？请结合施工结构图说明。

4-6 轻钢龙骨纸面石膏板顶棚常用材料及机具有哪些？其施工工艺流程包含哪些内容？请结合施工结构图说明。

4-7 木质开敞式顶棚有哪些类型？请举例说明。

4-8 木质与轻钢龙骨骨架有什么相同和不同之处？

4-9 简述铝合金顶棚施工工艺及操作要点包含哪些？

4-10 金属开敞式顶棚有哪些类型？请举例说明。

4-11 金属顶棚饰面装饰方法有哪些？请举例说明。

4-12 吊顶工程质量验收规范包含哪些内容？都有什么要求？

4-13 如图 4.68 所示为某顶棚平面布置图，主要材料为轻钢龙骨纸面石膏板，请画出①、②、③、④和⑤的节点大样图。

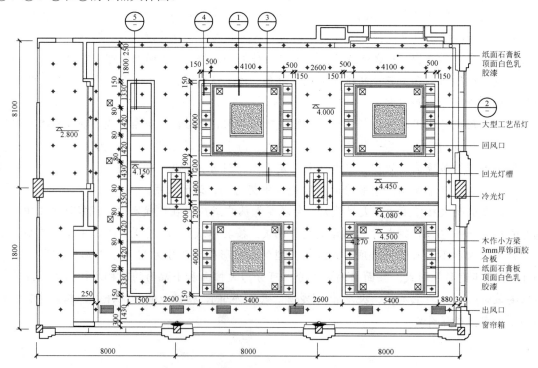

图 4.68 某室内顶棚平面布置图(单位：mm)

第五章　门窗装饰工程施工技术

教学提示：门窗是室内装饰工程的重要组成部分，在室内装饰中扮演着重要的角色。门是人们进出房间和室内外的通道口，兼有采光通风的作用。窗的主要作用是采光、通风。门窗在建筑立面造型、比例尺度、虚实变化等方面同样有着重要作用。对门窗的具体要求应根据不同的地区、不同的建筑特点、不同的建筑等级等设立较详细和具体的规定，应满足防水、防火、防风沙、隔声、保温等方面的要求。本章主要介绍木质门窗施工技术、铝合金门窗和塑钢门窗施工技术。

教学要求：了解门窗的构成与分类及其特点，明确门窗装饰装修的意义。重点掌握室内门窗各种类型的施工技术、工艺要求和施工质量要求以及施工验收方法。

门和窗是房屋的重要组成部分。门的主要功能是交通联系,窗主要供采光和通风之用,它们均属建筑的围护构件。在设计门窗时,必须根据有关规范和建筑的使用要求来决定其形式及尺寸大小。造型要美观大方,构造应坚固、耐久,开启灵活,关闭紧严,便于维修和清洁。门窗的装饰施工要做到以下几点:首先,门窗的造型要与整体室内空间气氛和风格相一致,有形式美感,应力求单纯、简洁,使之和谐而有整体感,即门窗的形式、造型结构、材料、色彩、风格要与室内其他部分具有有机的联系,在感官上产生浑然一体的效果;各部分的门窗样式之间要具有某种联系,使之有异中求同的效果。其次,门窗装饰要求实用经济。最后,在门窗装饰设计及施工中要注意安全问题,即在开启速度、设置位置、防护设施和门窗结构等方面考虑使用的安全性。

5.1 木质门窗装饰施工技术

在现代室内装饰工程中,装饰木门窗具有品种多样、造型丰富、具有天然的质感,装饰性能强,是一种绿色环保的产品,深受人们的喜爱,在室内装饰中广泛应用。

5.1.1 门窗的分类与构成

1. 门窗分类

门窗从材料上可氛围木门窗、钢门窗、铝合金门窗、塑钢门窗、彩钢板门窗等,从其开启形式门可分为平开门、弹簧门、推拉门、折叠门、转门等,窗可分为平开窗、固定窗、悬窗、推拉窗等,具体分类参见表5-1。

表5-1 门窗分类表

类别	图例	说明	特征
平开门		平开门是水平开启的门,它的铰链装于门扇的一侧与门框相连,使门扇围绕铰链轴转动。其门扇有单扇、双扇,向内开和向外开之分	平开门构造简单,开启灵活,加工制作简便,易于维修,是建筑中最常见、使用最广泛的门
弹簧门		弹簧门的开启方式与普通平开门相同,所不同处是以弹簧铰链代替普通铰链,借助弹簧的力量使门扇能向内、向外开启并可经常保持关闭	它使用方便,美观大方,广泛用于商店、学校、医院、办公和商业大厦。为避免人流相撞,门扇或门扇上部应镶嵌玻璃

续表

类 别	图 例	说 明	特 征
推拉门		推拉门开启时门扇沿轨道向左右滑行。通常为单扇和双扇，也可做成双轨多扇或多轨多扇，开启时门扇可隐藏于墙内或悬于墙外。根据轨道的位置，推拉门可为上挂式和下滑式	推拉门不占空间，受力合理，不易变形，但在关闭时难于严密，构造也比较复杂，在家庭装修中一般采用轻便推拉门分隔室内空间，在工业建筑中大多用做仓库和车间大门
折叠门		可分为侧挂式折叠门和推拉式折叠门两种。由多扇门构成，每扇门宽度500～1000mm，一般以600mm为宜，适用于宽度较大的洞口	折叠门开启时占空间少，但构造较复杂，一般用作商业建筑的门，或公共建筑中作灵活分隔空间用
转门		是由两个固定的弧形门套和垂直旋转的门扇构成。门扇可分为三扇或四扇，绕竖轴旋转。转门对隔绝室外气流有一定作用，可作为寒冷地区公共建筑的外门，但不能作为疏散门。当设置在疏散口时，需在转门两旁另设疏散用门	转门构造复杂，造价高，不宜大量采用
卷帘门		门扇是由一块块的连锁金属片条或木板条组成，分页片式和空格式。帘板两端放在门两边的滑槽内，开启时由门洞上部的卷动滚轴将门扇页片卷起，可用电动或人力操作。当采用电动开关时，必须考虑停电时手动开关的备用措施	卷帘门开启时不占室内外空间，适用于非频繁开启的高大洞口，但制作较复杂，造价较高，较多用作商业建筑外门和厂房大
平开窗		铰链安装在窗扇一侧与窗框相连，向外或向内水平开启。有单扇、双扇、多扇及向内开与向外开之分	平开窗构造简单，开启灵活，制作维修均方便，是民用建筑中使用最广泛的窗

续表

类别	图例	说明	特征
固定窗		无窗扇、不能开启的窗为固定窗。固定窗的玻璃直接嵌固在窗框上	可供采光和眺望之用，不能通风。固定窗构造简单，密闭性好，多与门亮子和开启窗配合使用
窗悬窗		根据铰链和转轴位置的不同，可分为上悬窗、中悬窗和下悬窗。上悬窗铰链安装在窗扇的上边，一般向外开，防雨好，多采用作外门和窗上的亮子。下悬窗铰链安在窗扇的下边，一般向内开，通风较好，不防雨，不能用作外窗，一般用于内门上的亮子。中悬窗是在窗扇两边中部装水平转轴，开启时窗扇绕水平轴旋转，开启时窗扇上部向内，下部向外，对挡雨、通风有利，并且开启易于机械化，故常用作大空间建筑的高侧窗。上下悬窗联动，也可用于外窗或用于靠外廊的窗	
推拉窗		窗扇沿导轨或滑槽滑动，分水平推拉和垂直推拉两种。推拉窗开启时不占室内空间	窗扇受力状态好，适于安装大玻璃，通常用于金属及塑料窗。木推拉窗构造较复杂，窗扇难密闭，故一般用作递物窗，少用作外窗

2. 木门的构造

门一般由门框、门扇、亮子、五金件及其附件组成。门扇按其构造方式不同，有镶板门、夹板门、拼板门、玻璃门和纱门等类型。亮子又称腰头窗，在门上方，为辅助采光和通风之用，有平开、固定及上中下悬几种。门框是门扇、亮子与墙的联系构件；五金零件一般有铰链、插销、门锁、拉手、门碰头等；附件有贴脸板、筒子板等。图 5.1 所示为木门的组成。

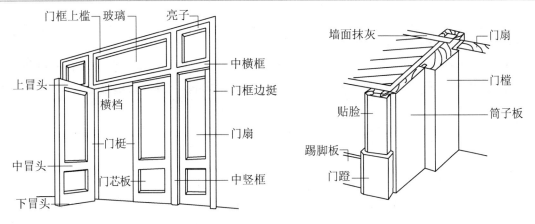

图 5.1 木门构造

1) 门框

门框又称门樘,一般由两根竖直的边框和上框组成。当门带有亮子时,还有中横框。多扇门则还有中竖框(图 5.1)。

门框的断面形式与门的类型、层数有关,同时应利于门的安装,并应具有一定的密闭性。门框的断面尺寸主要考虑接榫牢固与门的类型,还要考虑制作时刨光损耗,如图 5.2 所示为门框的断面形式与尺寸。

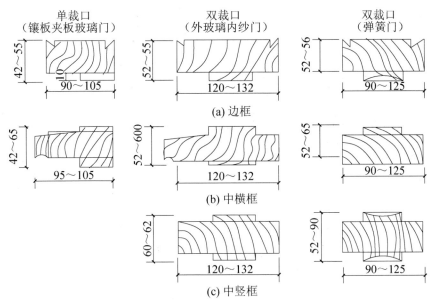

图 5.2 各种门框截面形式(单位:mm)

毛断面尺寸应比净断面尺寸大些,一般单刨光按 3mm 计算,双面刨光则按 5mm 计算。故门框的毛料尺寸(双裁口的木门,门框上安装两层门扇时):厚度×宽度为(60~70)mm×(130~150)mm,单裁口的木门(只安装一层门扇时)为(50~70)mm×(100~120)mm。

2) 门扇

常用的木门门扇有镶板门(包括玻璃门、纱门)和夹板门。

(1) 镶板门。是广泛使用的一种门,门扇由边梃、上冒头、中冒头(可作数根)和下冒头组成骨架,内装门芯板而构成(图 5.3)。构造简单,加工制作方便,适于一般民用建筑作内门和外门。门扇的边梃与上、中冒头的断面尺寸一般相同,厚度为 40～45mm,宽度为 100～120mm。为了减少门扇的变形,下冒头的宽度一般加大至 160～250mm,并与边梃采用双榫结合。

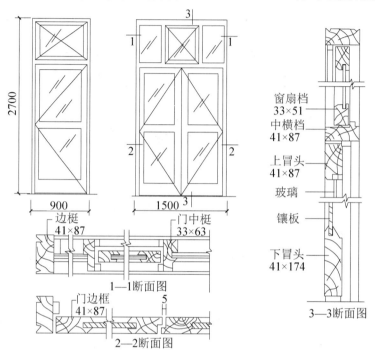

图 5.3 镶板门构造(单位：mm)

门芯板一般采用 10～12mm 厚的木板拼成,也可采用胶合板、硬质纤维板、塑料板、玻璃和塑料纱等。当采用玻璃时,即为玻璃门,可以是半玻门或全玻门。若门芯板换成塑料纱(或铁纱),即为纱门。由于纱门轻,门扇骨架用料可小些,边框与上冒头可采用 30～70mm,下冒头用 30～150mm。

(2) 夹板门,是用断面较小的方木做成骨架,两面粘贴面板而成(图 5.4)。门扇面板可用胶合板、塑料面板和硬质纤维板。面板不再是骨架的负担,而是和骨架形成一个整体,共同抵抗变形。夹板门的形式可以是全夹板门、带玻璃或带百页夹板门。

夹板门的骨架一般用厚约 30mm、宽 30～60mm 的木料做边框,中间的肋条用厚约 30mm,宽 10～25mm 的木条,可以是单向排列、双向排列或密肋形式,间距一般为 200～400mm,安门锁处需另加上锁木。为使扇内通风干燥,避免因内外温湿度差产生变形,在骨架上需设通气孔。为节约木材,也有用蜂窝形浸塑纸来代替肋条的。

由于夹板门构造简单,可利用小料、短料,自重轻,外形简洁,便于工业化生产,在一般民用建筑中广泛用作建筑的内门。

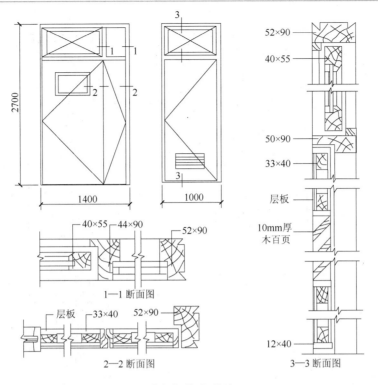

图 5.4 夹板门构造(单位:mm)

3. 木窗的构造

窗是由窗框、窗扇(玻璃扇、纱扇)、五金(铰链、风钩、插销)及附件(窗帘盒、窗台板、贴脸板)等组成,如图 5.5 和图 5.6 所示。

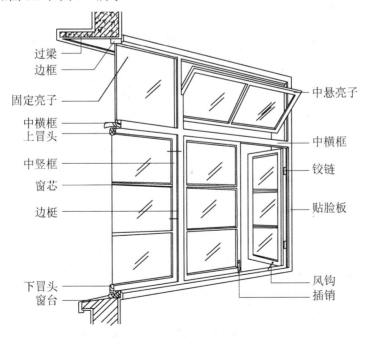

图 5.5 窗构成

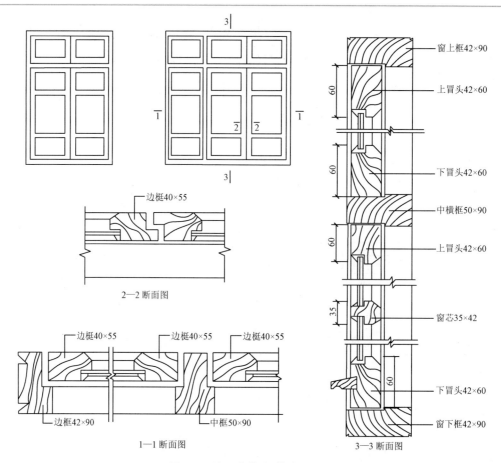

图 5.6 外开窗构造(单位：mm)

1) 窗框

最简单的窗框是由边框及上下框所组成。当窗尺度较大，应增加中横框或中竖框；通常在垂直方向有两个以上窗扇时应增加中横框，在水平方向有三个以上的窗扇时，应增加中竖框。

窗框与门框一样，在构造上应有裁口及背槽处理。裁口亦有单裁口与双裁口之分，如图 5.7 所示。

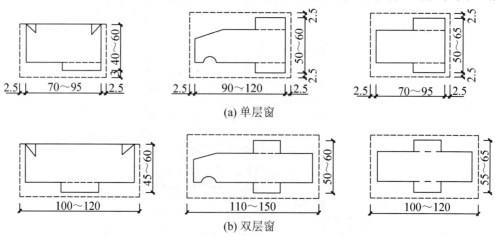

图 5.7 窗框的断面形式与尺寸(单位：mm)

窗框断面尺寸应考虑接榫牢固，一般单层窗的窗框断面厚 40～55mm，宽 70～95mm(净尺寸),中横框和中竖框因两面有裁口,并且横框常有披水,断面尺寸应相应增大。双层窗窗框的断面宽度应比单层窗宽20～30mm。窗框的安装与门框一样,分后塞口与先立口两种。塞口时洞口的高、宽尺寸应比窗框尺寸大10～20mm。

窗框在墙上的位置,一般是与墙内表面平,安装时框突出砖面20mm,以便墙面粉刷后与抹灰面平。框与抹灰面交接处,应用贴脸搭盖,以阻止由于抹灰干缩形成缝隙后风透入室内,同时可增加美观。贴脸板的形状与尺寸与门的相同。

当窗框立于墙中时,应内设窗台板,外设窗台。窗框平外时,靠室内一面设窗台板。窗台板可用木板,亦可用预制水磨石板(图5.8)。

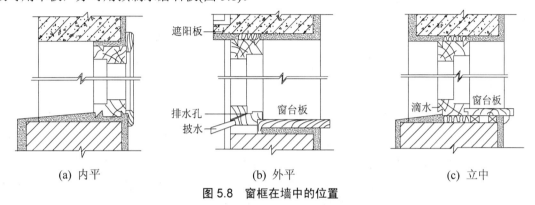

图 5.8 窗框在墙中的位置

2) 窗扇

常见的木窗扇有玻璃窗扇和纱窗扇。窗扇是由上、下冒头和边梃榫接而成,有的还用窗芯(又叫窗棂)分格(图5.9)。

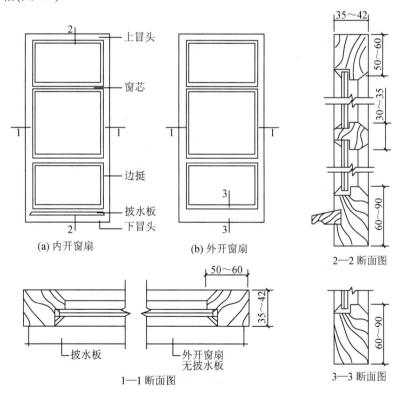

图 5.9 玻璃窗扇构造(单位:mm)

窗扇的上下冒头、边梃和窗芯均设有裁口，以便安装玻璃或窗纱。裁口深度约 10mm，一般设在外侧。用于玻窗的边梃及上冒头，断面厚 x 宽约(35～42)mm×(50～60)mm，下冒头由于要承受窗扇重量，可适当加大，一般为(35～42)mm×(60～90)mm，窗芯约(35～42)mm×(30～35)mm (图 5.9)。

3) 玻璃

建筑用玻璃按其性能可能有普通平板玻璃、磨砂玻璃、压花玻璃(装饰玻璃)、吸热玻璃、反射玻璃、中空玻璃、钢化玻璃、夹层玻璃等。平板玻璃制作工艺简单，价格最便宜，在大量性民用建筑中用得最广。为了遮挡视线的需要，也选用磨砂玻璃或压花玻璃。对其他几种玻璃，则多用于有特殊要求的建筑中。

玻璃厚薄的选用与窗扇的分格大小有关。单块面积小的，可选用薄的。面积大的，玻璃厚度应厚些。

5.1.2 木门窗装饰施工技术

1. 施工准备

1) 材料要求

(1) 木材品种、材质等级、规格、尺寸及人造木板的甲醛含量应符合设计要求。

(2) 制作木门窗的木材料必须烘干，含水率符合 JG/T 122—2000《建筑木门、木窗》的规定。

(3) 材料上的活节必须进行加胶处理，且不得位于结合处。

(4) 对称层和同一层单板应是同一树种、同一厚度；胶合板不允许有脱胶鼓泡现象，板面应平整、周边整齐，不得存在明显的边角缺损，翘曲度不超过 1%(一、二等板)和 2%(三等板)。

2) 机具

电锯、木工三角尺、电刨、木工铅笔、木钻、粉线袋、木锯、线坠、刨，粗、细、裁口，螺钉锭具、手电钻、扁铲、水平尺、托线板、木工斧、铝合金测尺(2m)、羊角锤。

3) 作业条件

(1) 后塞口门窗安装前必须对门窗洞口及洞口防腐大砖埋设进行检查验收，发现超差现象必须先对洞口进行处理；

(2) 木门窗框、扇进场安装前，必须对门窗框、扇进行验收，重点检查有无翘扭、弯曲、窜角、劈裂、榫槽间结合处松散等情况，发现问题必须认真修理，无法修复的必须重新加工制作。

(3) 预先安装的门窗框，应在楼、地面基层标高或墙砌到窗台标高时安装。

(4) 门窗扇安装应在饰面抹灰工程完成后进行。

(5) 门、窗框安装前，门、窗框外侧面(靠墙靠地面)必须涂刷沥青防腐油或其他防腐涂料。

(6) 门窗进场后临时堆放必须分规格水平堆放平整。底层应搁置在垫木上，垫木垫起高度 400mm，层间垫木板以利于通风。

(7) 木门窗制作、安装的主要工序必须由技术熟练的专业木工完成。

(8) 机运工、电工必须持证上岗。

(9) 作业人员经安全、质量、技能培训，能够满足作业规定的要求。

2. 工艺技术

1) 工艺流程

工艺流程为检查洞口尺寸、位置→配料裁料→刨料→木门窗制作→木门窗框安装→木门窗扇安装→门窗玻璃安装→安装门窗套→涂饰→验收。

2) 工艺过程简述

(1) 检查洞口尺寸、位置。

(2) 配料裁料。

进场木料大多含水率偏高,木门窗加工现场必须设烘干窑,对潮湿木材进行烘干,使其含水率满足 JG/T 122—2000 要求。配料列出配料单,按配料单进行配料。配料时,首先剔除那些有腐朽、斜裂节疤的木料。配料要精打细算,长短搭配,先配长料,后配短料;先配框料,后配扇料。门窗樘料不得选用有扭弯的木料。配料时,合理确定加工余量,各部件的毛料尺寸要比净料尺寸加大一些。单面刨光预留 2mm,双面刨光预留 3mm。下料时应注意留足加工余量,一般地,门窗樘冒头按图样放长 100mm(无走头时放长 40mm);门樘立梃按图样放长 60mm;门窗扇梃按图样放长 40mm;门芯板按扇梃内净距放长 20mm;其他扇冒头、门窗樘中冒头、楞子等均按图样放长 10mm。

(3) 刨料。门窗框料只刨三面,不刨靠墙的一面。门、窗扇的上冒头也先刨三面,靠樘子的一面待安装时根据缝的大小再进行修刨。刨料时,纹理清晰的正面应做记号。刨料完成后,应按同类型、同规格樘扇分别堆放,上、下对齐。正面相合,堆垛下垫平垫实。

(4) 木门窗制作。包含门框制作与门扇制作。

① 画线:画线是在每根刨好的木料上画出榫头线和打眼线等。门窗樘按常规用平肩插。樘梃宽超过 80mm 的要画双实榫;门扇梃厚度超过 60mm 的要画双头榫。冒头料宽度超过 180mm 的一般画上下双榫。榫眼厚度一般为料厚的 1/4~1/3。半榫眼深度一般不大于料断面尺寸的 1/3。画线宜成批进行,把门窗料叠放在架子上并固定后用丁字尺一次画下来,并标识出门窗料的正面。所有榫、眼注明是全眼还是半眼,透榫还是半榫。并画出倒棱、裁口线。

② 打眼:选择与榫眼宽相同宽度的凿刀,先打全眼,后打半眼。打全眼时要先打背面,凿到约一半时,翻转过来再打正面直到贯穿。眼的正面留线,反面不留线,反面应比正面略宽。

③ 开榫、拉肩:按榫头线纵向锯开,锯掉榫头两旁的肩头。锯出的榫头要方正、平直,不伤榫眼;半榫的长度应比半眼的深度少 2mm,楔头要倒棱。

④ 裁口与倒角:用裁口刨刨到快到位时,改用单线刨子刨,去掉木屑,刨到为至。裁好的口要求方正平直,不能有戗槎起毛、凸凹不平的现象。为便于门扇密闭,门框上要有裁口(或铲口)。报据门扇数与开启方式的不同,裁口的形式可分为单裁口与双裁口两种。单裁口用于单层门,双裁口用于双层门或弹簧门。裁口宽度要比门扇厚度大 1~2mm,以利于安装和门扇开启。裁口深度一般 8~10mm。由于门框靠墙一面易受潮变形,故常在该面开 1~2 道背槽,以免产生翘曲变形,同时也利于门框的嵌固。背槽的形状可为矩形或三角形,深度约 8~10mm,宽约 12~20mm。

⑤ 倒棱:即框角刨去一个三角形部分。倒棱要平直,注意不能过线。

⑥ 拼装:首先检查待拼装的部件是否方正、平直、线脚整齐、表面光滑。并核对尺寸规格是否合适。拼装时应先将榫头抹上胶,用锤轻轻敲打拼合,敲打时要垫木块防止出现痕迹。待整个拼好并归方后,敲实所有榫头,并将楔头沾上胶打入。带有门芯板的门扇拼装时,先把门芯板按尺寸裁好,一般门芯板应比扇边上凹槽内量得的尺寸小 3~4mm,门芯板四边去棱,刨光净好,然后把一根门梃平放,将冒头逐个装入,再将门芯板嵌入冒头与门梃的凹槽内,最后将另一根门梃的眼对准榫头装入,并用锤垫木块敲紧。门窗框、门窗扇组装好后,为使其成为一个整体,必须在眼中加楔。一般每个榫头内加两个楔子,加楔时,用凿子或斧子把榫头凿出一道缝,将楔子沾上胶插进缝内,楔入时宜先轻后重,避免用力过猛。门、窗框、扇组装,

净面后，应按规格型号分别码放整齐，并堆放在室内。如必须在室外短期堆放时，下部必须夯实整平并垫起 400mm 高度，上部用雨布盖好，门进场后宜尽快刷一道底油以防风裂和潮湿。

(5) 木门窗安装。

① 门窗框安装分为立口和塞口两种，如图 5.10 所示为门框安装示意图(同窗框的安装)。塞口(又称塞樘子)，是在墙砌好后再安装门框。采用此法，洞口的宽度应比门框大 20～30mm，高度比门框大 10～20mm。门洞两侧砖墙上每隔 500～600mm 预埋木砖或预留缺口，以便用圆钉或水泥砂浆将门框固定。框与墙间的缝隙需用沥青麻丝嵌填。立口(又称立樘子)在砌墙前即用支撑先立门框然后砌墙。框与墙的结合紧密，但是立樘与砌墙工序交叉，施工不便。现在的做法一般是塞口的方法，安装的门窗框在主体结构完工后，复查洞口标高、尺寸及木砖位置正确无误后进行。安装时用木楔将木窗框固定在门窗洞口内正确位置上，安装时注意在竖方向上吊垂直线保证各楼层窗侧边在一条铅垂线上，在水平方向上同一楼层的每樘窗眉、窗台在同一条水平线上。

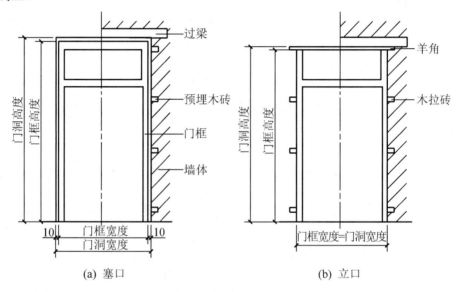

图 5.10 门框安装形式

门框在墙中的位置，可在墙的中间或与墙的一边平(图 5.11)。一般多与开启方向一侧平齐，尽可能使门扇开启时贴近墙面。门框四周的抹灰极易开裂脱落，因此在门框与墙结合处应做贴脸板和木压条盖缝，贴脸板一般为厚 15～20mm，宽 30～75mm。木压条厚与宽约为 10～15mm。装修标准高的建筑，还可在门洞两侧和上方设筒子板，如图 5.11(a)所示。

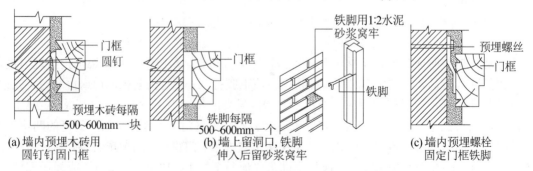

图 5.11 塞口门框在墙上的安装

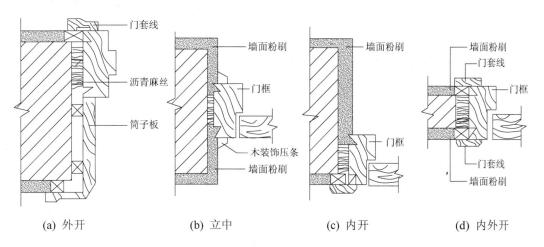

图5.12　门框在墙上的位置

② 门窗扇安装。

a. 确定门窗扇尺寸：首先量出门窗框裁口净尺寸，并考虑留缝宽度，确定拟装扇的高、宽尺寸，然后画出刨平线，画线时尽量保证梃宽一致。若门窗扇尺寸过大时，可先锯后修刨。门窗扇为双扇时，先作窗扇的高低缝，并以开启方向的右扇压左扇。若门窗扇尺寸过小，可在下边加条或在装合页一边用胶和钉子绑钉刨光的木条，注意钉帽要砸扁，冲入木条 1～2mm。对于易于框接触发生摩擦的扇边，应刨成 0.5～1mm 斜面。

b. 安装门窗扇：安装门扇时，可在门扇下垫上楔，将门扇调到合适高度，在上、下合叶各固定一个螺钉，把门扇挂在门套上，检查门的缝隙是否均匀，扇与框是否齐平，门扇能否关住。门扇与门套侧边的缝为 1～2.5mm，上边缝隙为 1～2mm，下边缝隙约为 6mm，窗扇下边缝隙约为 3mm，有地毯时门下留空间应增加到 20mm。要认真检查是否合格，没有发现问题，再把其他螺钉上齐。门扇安装好后要试开启、关闭等功能，以开到哪里就能停在哪里为好，不能有自动开或自动关的现象。安装双门扇时，先在门框上找中心，然后把门窗扇放到相应位置，根据找出的中心点再画出线作为裁口深度。

c. 五金件安装。装门窗扇时，用木楔塞在扇的下边，检查缝隙，合格后画出合页位置线，剔槽装合页。合页、铰链安装位置距门窗上下两端的距离应为门窗扇全高的 1/8，开启灵活自如。小五金应安装齐全、位置适宜、固定牢靠。所有小五金均应用木螺丝拧入固定，当木门窗为硬木材料时，可先钻稍细于木螺钉孔径，孔深为木螺丝全长的 2/3，打入 1/3 后，用螺丝刀拧入余下的 2/3。对于开启易碰墙的门，宜安装门吸。窗风钩安装要注意使上下各层窗扇开启角度一致。

(6) 门窗玻璃的安装。安装玻璃前应检查企口内污垢是否已清除，企口内底灰应均匀涂抹。门框、扇玻璃安好后，用钉子钉木压条固定，钉距不大于 300mm，每边不少于两颗钉子，并用手推检查安装是否过紧，木压条应大小一致，光滑顺直。采用玻璃胶密封时应均匀平直，接口处应美观，并不得污染玻璃。

冬季施工时，从户外运进玻璃，应待其变暖后再安装。安装磨砂、压花玻璃时，磨砂面应向室内，压花花纹应向室外。安装特厚玻璃装饰门应在地面施工、门框饰面、门框顶部的限位槽已留出的情况下进行。限位槽宽度应大于玻璃厚度 2～4mm，槽深 10～20mm，对接缝为

2～3mm，玻璃边倒角处理，对接后注胶抹平擦净。玻璃的安装一般用油灰(桐油灰)嵌固。为使玻璃牢固地装于窗扇上，应先用小钉将玻璃卡牢，再用油灰嵌固。对于不会受雨水侵蚀的窗扇玻璃嵌固，也可用小木压条镶嵌，如图 5.13 所示。

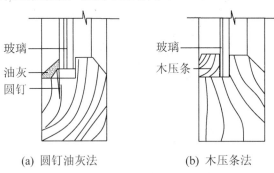

图 5.13　门窗玻璃安装

(7) 门窗套安装。门窗套安装前应对埋入砌体或混凝土中的木砖进行防腐处理，正确的做法是将木砖浸入防腐漆中一段时间后取出晾干使用。应注意的是有些施工人员为图方便，将防腐处理了的木砖打入砌体或混凝土后，尾端多余的部分直接扭断，这样做容易导致木砖开裂。若发现打入的木砖已经开裂，应要求更换。因为门窗套是固定于木砖之上的，开裂的木砖对门窗套的牢固程度会有影响，所以应在木砖打入后，将尾端锯断再在已固定的木砖尾端涂刷防腐漆。

门窗套的背面与砖石砌体、混凝土或抹灰层接触面必须进行防腐处理。为保证门的稳定，宜将门套下端插入地面约 2cm，然后用水泥砂浆将凿开的地面抹平。因此，门套下端应进行防腐(如果是安装在卫生间等有水源的房间应不低于 15cm)，注意检查门套立板底的防腐处理是否到位，这是施工人员容易遗漏的地方。

门窗套在安装时，重点注意以下几个问题：①两个面的夹角必须是 90°；门窗框的上、中、下是否一样宽，相差超过 5mm 时就要调整；②用钢尺量裁口里角的对角线长度差必须符合规范要求。

门窗套安装完毕后，与门窗洞口间会存在或大或小的间隙，门套宜用水泥砂浆填实，也可以使用弹性材料填实，手敲检查是否存在空心部位。有的装饰单位使用木方或木芯板填充，再抹一层水泥砂浆封闭，经过一段时间后，木方、木芯板与水泥砂浆难以稳固结合，必然会导致开裂；有的装饰单位认为，如设计上有贴脸，只要贴脸宽度大于门窗套后的间隙宽度可以遮盖，用木方或木芯板填充亦无不可。实际上，木方和木芯板是存在一定收缩膨胀的，一旦因温度或吸湿膨胀，将导致木门窗套变形，因此，必须严格控制。

贴脸安装时，与木门窗的接触面应采用胶粘处理，与墙面接触处应采用射钉固定，否则容易出现翘边现象。

(8) 涂饰。油漆分清漆和混色漆，均经历表面处理、批腻子、打磨、油漆涂饰等步骤，但具体又有不同(具体参见第 3.1.2 节相关内容)。

3) 施工注意事项

(1) 潮湿的木材必须烘干，含水率达到规定要求后，方可加工制作。

(2) 防腐剂、油漆、木螺丝、小五金必须采用大厂生产的优质产品。

(3) 强调木螺丝打入深度不得超过螺丝长度的 1/3，余下的 2/3 长必须用螺钉旋具拧入。

(4) 木门窗加工配料时，必须严格按要求留足加工余量。

(5) 樘梃宽超过 80mm，扇梃厚度超过 50mm 的必须用双榫连接。

(6) 每个榫头内应加两个胶楔。

(7) 立框时掌握好抹灰层厚度，保证有贴脸的门窗框安装后与抹灰面平齐。

(8) 门窗框安装前必须认真测量每一个洞口的尺寸，计算并调整(相差大时先进行处理)缝隙宽度。避免门窗框与门窗洞之间的缝隙过大或过小。

(9) 木砖的埋设一定要满足数量和间距的要求，即 2m 高的门窗每边应不少于 3 块木砖。

(10) 门窗框安装时，除注意本身吊正、找平、进出一致外，还应特别注意同层各个门窗及各层同一平面位置的门窗在同一条垂直线和同一条水平线上。

3. 施工质量要求

1) 木门窗安装质量要求

木门窗的质量验收标准和检验方法见表 5-2 所示，木门窗安装允许偏差及检查方法见表 5-3，木门窗制作的允许偏差和检验方法见表 5-4。

表 5-2　木门窗的质量验收标准和检验方法

项　目	项次	质　量　要　求	检　验　方　法
主控项目	1	木门窗的木材品种、材质等级、规格、尺寸、框扇的线型及人造木板的甲醛含量应符合设计要求	观察；检查材料进场验收记录和复验报告
	2	木门窗应采用烘干的木材进行制作，含水率应符合《建筑木门、木窗》(JG/T 122—2000)的规定	检查材料进场验收记录
	3	木门窗的防火、防腐、防虫处理应符合设计要求	观察；检查材料进场验收记录
	4	木门窗的结合处和安装配件处，不得有木节或已填补的木节；木门窗如有允许限值以内的死节及直径较大的虫眼时，应用同一材质的木塞加胶填补；对于清漆制品，木塞的木纹和色泽应与制品一致	观察检查
	5	门窗框和厚度大于 50mm 的门窗扇应用双榫连接；榫槽应采用胶料严密嵌合，并应用胶榫加紧	观察；手扳检查
	6	胶合板门、纤维板门和模压门不得脱胶；胶合板不得刨透表层单板，不得有戗槎；制作胶合板门、纤维板门时，边框和横楞应在同一平面上，面层、边框及横楞应加压胶结，横楞和上下冒头应各钻两个以上的透气孔，透气孔应通畅	观察检查
	7	木门窗的品种、类型、规格、开启方向、安装位置及连接方式应符合设计要求	观察；尺量检查；检查成品门的生产合格证
	8	木门窗框的安装必须牢固；预埋木砖的防腐处理、木门窗框固定点的数量、位置及固定方法应符合设计要求	观察；手扳检查；检查隐蔽工程验收记录和施工记录
	9	木门窗扇必须安装固定，并应开关灵活，关闭严密，无倒翘	手扳检查，观察；开启和关闭检查
	10	木门窗配件的型号、规格、数量应符合设计要求，安装应牢固，位置应准确，功能应满足使用要求	观察；开启和关闭检查；手扳检查

项目	项次	质量要求	检验方法
一般项目	11	木门窗表面应洁净，不得有刨痕、锤印	观察检查
	12	木门窗的割角、拼缝应严密平整；门窗框、扇裁口应顺直，刨面应平整	观察检查
	13	木门窗上的槽、孔应边缘整齐，无毛刺	观察检查
	14	木门窗与墙体间缝隙的填嵌材料应符合设计要求，填嵌应饱满；寒冷地区外门窗或门窗框与砌体间的空隙应填充保温材料	轻敲门窗框检查；检查隐蔽工程验收记录和施工记录
	15	木门窗披水条、盖口条、压缝条、密封条的安装应顺直，与门窗结合应牢固、严密	观察；手扳检查
	16	木门窗安装的允许偏差和检验方法应符合表5-3的规定	

表 5-3　木门窗安装允许偏差及检查方法

检查项目		留缝限值/mm		允许偏差/mm		检查方法
门窗槽口对角线长度差		—		3	3	钢尺检查
门窗框的正侧面垂直度		—		2	2	
框与扇、扇与扇接缝高低差		—	—	2	2	
门窗扇对口缝		1~2.5	1~2			塞尺检查
门窗扇与上框间留缝		1~2	1~2			
门窗扇与侧框间留缝		1~2.5	1~2			
无下框门扇与地面间留缝	内门	5~8	5~8			
	卫生间	8~12	8~12			

表 5-4　木门窗制作的允许偏差和检验方法

项次	项目	构件名称	允许偏差/mm		检验方法
			普通	高级	
1	翘曲	框	3	2	将框、扇放在检查平台上，用塞尺检查
		扇	2	2	
2	对角线长度差	框、扇	3	2	用钢尺检查，对框量裁口里角，对扇量外角
3	表面平整度	扇	2	2	用1m靠尺和塞尺检查
4	高度、宽度	框	0, -2	0, -1	用钢尺检查，对框量裁口里角，对扇量外角
		扇	2, 0	1, 0	
5	裁口、线条结合处高低差	框	1	0.5	用钢直尺和塞尺检查
6	相邻棂子两端间距	扇	2	1	用钢直尺检查

5.2　金属门窗装饰施工技术

5.2.1　塑钢门窗装饰施工技术

塑钢门窗是硬化塑料门窗组装时在硬PVC门窗型材截面空腔中衬入加强型钢，塑钢结合，用以提高门窗骨架的刚度。塑钢门窗造型简洁优美，色彩多样，具有绝热保温、防潮、隔声性能好，防火、阻燃、耐老化、耐侵蚀、耐候性能好，抗风压能力强、有利于室内通风采光，是现代建筑室内装修中得到了大量的应用，取得了很好的装饰效果。塑钢门窗的施工技术分为制作和安装两个部分。

1. 塑钢门窗特点

(1) 色彩艳丽，现代感强。塑钢门窗类装饰材料，与木质、钢质及铜铝合金等同类产品相比，色彩艳丽丰富、花色繁多色调高雅、富丽堂皇。加入特殊添加剂及经过特殊工艺处理的塑料门窗类产品，色彩稳定，不易老化褪色，而且具有较好的耐污染性，给人以洁净、卫生的印象，符合现代社会的生活理念。在室内装饰工程中会给人一种强烈的时代感。尺寸工整、边角平齐、缝线规则，加之色彩、构造、功能的综合效果，体现了现代工艺的技术水平和特色，是传统手工产品所无法比拟的。

(2) 良好的密封性，保温节能性好。塑钢门窗在设计、生产时考虑到高密闭性的要求，其门窗构件，在尺寸精度和缝隙的密封处理方面都远远优于普通门窗。在室内外压差为 $300N/m^2$、雨水量为 $2L/(min·m^2)$ 的条件下，10min 不进水；风速为 $40km/h$ 时，用 ASTM-283 标准实验，空气泄漏量仅为 $0.0283m^3/min$，隔声量可达到 25~40dB。因而具有良好的隔声、防尘、防水和防潮的作用。由于塑钢型材多为空腹式多腔结构，使得塑钢门窗在使用过程中具有良好的隔热性能。塑钢的导热系数低，仅为钢材的 1/360、铝材的 1/1250，可节约采暖耗能 30%~50%。同时塑钢在生产过程耗能较低，仅为钢材和铝材的几分之一，所以其经济效益和社会效益都是巨大的。

(3) 力学性能好。塑钢门窗框料的空腔内嵌有金属加强骨架，即一定厚度的增强金属型钢，就像钢筋混凝土中的钢骨架起到增强作用，使得塑钢门窗的承载能力强，抗风压荷载高，保证它能在恶劣的气候条件下正常使用，并且抗冲击性好、不易变形、不脆断，可抵御一定程度的意外侵害。

(4) 耐腐蚀、防虫蛀。对空气中含有酸、碱、废气、盐雾和其他化学物质，塑钢门窗有较好的抵御性，在使用中不需要刷油漆保护、更新和进行表面处理。这一点成为其取代外围护木门窗的重要理由。塑钢门窗特有的耐化学腐蚀和防虫特性都是其他门窗材料(木、钢、铝合金)无可比拟的。

(5) 良好的耐候性。塑料的老化是人们普遍关注的问题。由于改性 PVC 塑钢门窗采用了独特的先进合理的配方，提高了其耐寒性、耐老化性能，可长期使用于温差较大的环境中(-50~+70℃)。严寒、烈日暴晒、潮湿都不会使其出现变质、老化、脆化等现象，使用寿命可达 30 年。

(6) 优良的绝缘性、防火性。塑钢门窗使用的塑钢型材为优良的电绝缘材料，不导电、安全系数高。PVC 材料本身就不易燃、不自燃、不助燃、能自熄，保证了使用的安全性和可靠性。

2. 塑钢门窗制作与安装技术

1) 施工准备

塑钢门窗安装前，一般施工单位已经与相关单位协调对主体结构进行了验收。因此施工单位应及时根据施工进度情况进行外墙面砖模数计算，对外立面整体效果进行排版，并针对大角、阳台和外门窗等洞口进行放线复核，确保整体施工效果。

(1) 材料。塑钢门窗、泡沫塑料、发泡聚苯乙烯滑轮、锁扣、门锁、铰链、插销、执手、金属衬板等。材料要求如下：

① 塑钢门窗的制作和安装必须按设计和有关图集要求选料和制作；窗型材壁厚≥1.2mm，门型材壁厚≥1.5mm，不得用小料代替大料，不得用塑料型材代替塑钢型材。

② 塑钢型材表面应经过处理，表观应光滑、色彩统一。

③ 塑钢门窗的密封材料，可选用硅酮胶、聚硫橡胶、聚氨酯胶、聚丙烯酸树脂等；密封条可选用橡胶条、橡塑条等。

④ 下料切割的截面应平整、干净、无切痕、无毛刺。

⑤ 下料时应注意同一批料要一次下齐，并要求表面氧化膜的颜色一致，以免组装后影响美观。

⑥ 一般推拉门、窗下料时宜采用 45°角切割；其他类型采用哪种方式，则应根据拼装方式决定。

⑦ 窗框下料时，要考虑窗框加工制作的尺寸，应比已留好的窗洞口尺寸每边小 20～25mm(此法为后收口方法)或 5～8mm(采用膨胀螺丝固定门窗)，窗框的横、竖料都要按照这个尺寸来裁切，以保证安装合适。

(2) 机具。切割机、小型电焊机、电钻、冲击钻、射钉枪、打胶筒线锯、手锤、扳手、螺钉旋具、灰线袋、线坠、塞尺、水平尺、钢卷尺、弹簧秤等。

2) 施工结构图

塑钢门窗施工结构，如图 5.14、图 5.15 和图 5.16 所示。

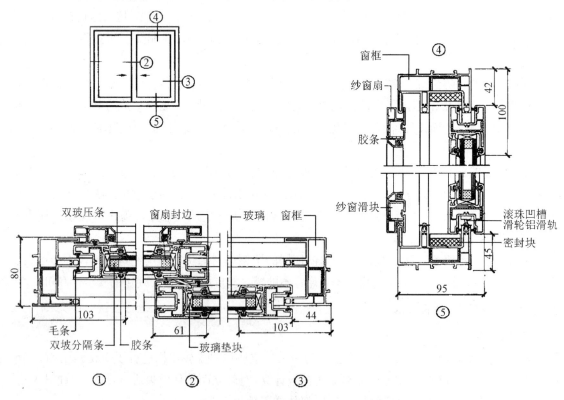

图 5.14 带纱窗塑钢双玻推拉窗组装节图

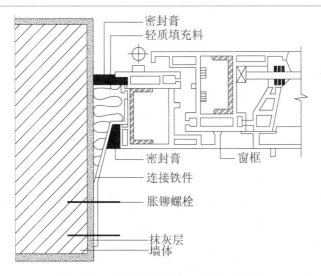

图 5.15 塑钢窗框与墙体结构节点示意

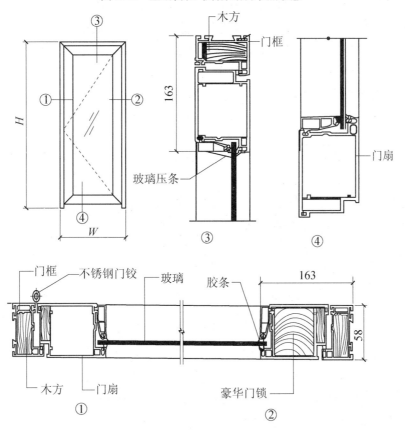

图 5.16 豪华型全玻平开门塑钢门组装节点(单位：mm)

3) 工艺技术

(1) 工艺流程。

工艺流程为基层处理→测量放线→框上安装连接铁件→立樘子→校正→填塞软质材料→注密封胶→验收密封膏注入质量→粉刷洞口饰面层→安装窗扇及五金零件→门窗上下口节点的处理→清洁→验收安装质量→成品保护。

(2) 施工过程简述。

① 基层清理：保证门窗洞两边墙面、窗台面以及窗过梁面平整、干净。如果门窗洞两边墙面、窗台面以及窗过梁底面凹凸不平要用水泥砂浆补平。

② 测量放线：安装前根据图样要求的安装位置，根据轴线放出窗洞口的中心线。同一窗口位置，各楼层窗洞口中心线位置吊铅线线坠找齐，以保证各楼层同位置处塑钢窗位于上下一条线。结合外墙抹灰，用经纬仪或吊钢丝，保证上、下窗在一条线上；同时根据室内的水平基准线，保证每层窗在同一水平面上。

③ 预埋钢板、焊立柱：依据放线位置，下部预埋钢板四角开四个孔，用膨胀螺栓与结构连接。预埋钢板要和结构混凝土面接触牢固，如有空隙，加钢垫片垫实。膨胀螺栓头必须做防腐处理。在安装窗框前，将拼接钢板上端与钢板焊牢，焊缝做防腐处理。

④ 窗框安装：塑钢窗框组装后，将窗框放入洞口，按基准线要求的相对位置调整窗，用水平尺、线坠调整校正框的水平度、垂直度，并用卷尺测量对角线长度差。窗的上下框四角及中框的对称位置用木楔或垫块塞紧作临时固定。先将窗框上部的预埋钢板用膨胀螺栓与结构面连接，然后用膨胀螺栓将上部窗框固定，两端的首个螺栓距端头各 150mm，中间螺栓间距为 500mm 左右。再将左右窗框用膨胀螺栓与墙体连接，两端的首个螺栓距端头各 150mm，中间螺栓间距为 500mm 左右。所有螺栓头必须进行防腐处理；最后将拼接立柱与下部预埋钢板焊接牢靠，焊缝必须进行防腐处理。

塑钢门窗安装主要有直接固定法、连接件固定法和假框法 3 种，如图 5.17 所示。

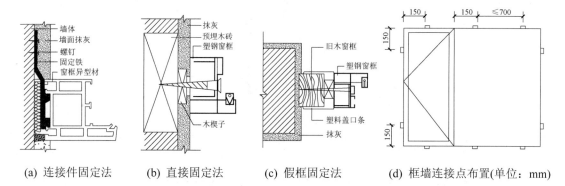

图 5.17 塑钢门窗框安装方法

第一种，连接件法：用一种专门制作的铁件将门窗框与墙体相连接，是我国目前运用较多的一种方法。连接件法的做法是，先将塑料门窗放入门窗洞口内，找平对中后用木楔临时固定。然后，将固定在门窗框型材靠墙一面的锚固铁件用螺钉或膨胀螺钉固定在墙上。

第二种，直接固定法：在砌筑墙体时，先将木砖预埋于门窗洞口设计位置处，当塑钢门窗安入洞口并定位后，用木螺钉直接穿过门窗框与预埋木砖进行连接，从而将门窗框直接固定于墙体上。

第三种，假框法：先在门窗洞口内安装一个与塑料门窗框配套的镀锌铁皮金属框，或者当木门窗换成塑钢门窗时，将原来的木门窗框保留不动，待抹灰装饰完成后，再将塑钢门窗框直接固定在原来的框上，最后再用盖口条对接缝及边缘部分进行装饰。

⑤ 校正：门窗框架安置在窗洞设计所规定的适当位置之处后，接着用线坠和托线板检测是否垂直，并用直角方尺检测是否方正，检测时应以两对角线相等为最佳。在确认框架的水平、垂直符合要求，并且无扭曲后，再做最后固定，固定完后再检测一次。

⑥ 填塞软质材料：门窗框与墙间缝隙的处理。由于塑料的膨胀系数较大，所以要求塑钢门窗与墙体间、窗框上口、梁底间距为10mm，窗框下口与窗台板间距为20mm，窗框左右与窗洞边墙柱面间距为20mm。所有间距缝隙用聚氨酯发泡剂、矿棉、玻璃棉或泡沫塑料胶等材料填充，但填缝不宜过紧，以免框架发生变形。经12小时完全固化后，用刀片修整光洁。在间隙外侧再用弹性密封材料如氯丁橡胶条或密封膏来封闭缝隙，并同时适应硬质PVC的热伸缩特性。注意不可采用含有沥青的嵌缝材料，以免沥青材料对PVC产生不良影响，更不能采用水泥来填塞缝隙。塑钢框架与墙体间隙进行填充处理的做法如图5.15所示。

⑦ 安装窗扇及五金件：窗扇安装前检查玻璃是否安装妥当。玻璃安装时要注意玻璃不得与玻璃槽直接接触，要求在玻璃四边垫上不同厚度的玻璃垫块，边框上的垫块采用聚氯乙烯胶固定；当玻璃装入窗框内后用玻璃压条将其固定。

安装窗扇及五金配件：框架固定好后，应再次检查框架的平整度和垂直度。接着清扫边框处的浮土，清除槽口内的渣土。安装窗扇时要求窗扇周边封闭，开闭灵活。安装五金配件时，必须先在杆件上钻孔，然后用自攻螺钉拧入，严禁在杆件上直接锤击钉入。

⑧ 门窗上下口节点的处理：门窗上下口处理的好坏直接影响门窗的安装质量，上下口也是最容易渗漏的地方。鹰嘴过小，滴水槽不符合规范要求，均容易使水流顺窗而下，过多的雨水冲击窗子防水薄弱环节，造成渗水。在窗下口的处理过程中，一般也存在以下几种问题：圆弧做的不规范，造成滞水；窗台找坡过小造成滞水；密封膏未按要求进行封堵，甚至采用水泥砂浆进行封堵，造成渗水。图5.18～图5.20所示为门窗上下口的处理简图。

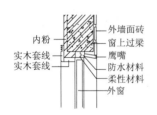 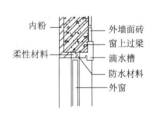

图5.18 塑钢窗上口节点处理示意

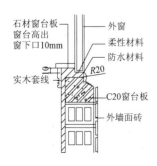 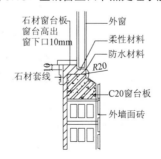

图5.19 塑钢窗下口处理节点示意

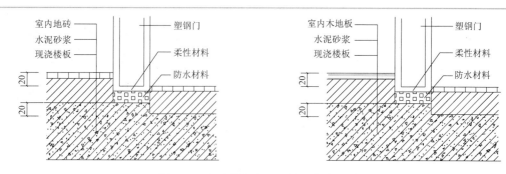

图 5.20　阳台塑钢门下口处理节点示意

⑨ 清理：塑钢门窗扇安装后应暂时取下来，并编号妥善保管，对门窗洞口表面进行粉刷时，应将门窗表面贴纸保护。粉刷时如果框扇沾上水泥浆，应立即用软质抹布擦洗干净，切勿使用金属工具刮擦。粉刷完毕后，应及时清理玻璃槽口内的渣灰。

4) 成品保护

(1) 塑钢窗入库存放时，下边应垫起，垫平，码放整齐，防止变形。对已装好披水的窗，注意存放时的支垫，防止损坏披水。

(2) 门窗保护膜要封闭好，再进行安装，安装后及时将门框两侧用木板条捆绑好，防止碰撞损坏。

(3) 抹灰前应将塑刚窗用塑料薄膜包扎或粘贴保护起来，在门窗安装前以及室内外湿作业未完成以前，不能破坏塑料薄膜，防止砂浆对其面层的侵蚀。

(4) 塑钢门窗的保护膜应在交工前再撕去，要轻撕，且不可用铲刀铲，防止将其表面划伤，影响美观。

(5) 如塑钢窗表面有胶状物时，应使用棉丝沾专用溶剂进行擦拭干净，如发现局部划痕，用小毛刷沾染色液进行染补。

(6) 架子搭拆、室外抹灰、钢龙骨安装、管线施工运输过程，严禁擦、砸塑刚窗边框。

(7) 建立严格的成品保护制度。

5) 施工注意事项

(1) 施工单位应及时做好各项准备工作，及时核对外墙门窗实际尺寸，及时进行门窗等材料的报验及相关单位的审批工作，避免影响工程的正常施工。

(2) 生产厂家选定后，及时对厂家进行技术交底，根据设计图的要求，由厂家绘制相关的加工图。

(3) 对进场的成品，经监理和总包取样，在国家指定的检测单位，做抗风压性能、空气渗透性能、雨水渗透性能试验，检验合格后方可进场安装。

(4) 质量标准：塑钢窗质量符合国家现行标准《PVC 塑料窗》(JG/T 3018)和《塑钢门窗安装及验收规程》(JGJ 103—1996)的有关规定，厂家要提供产品合格证及检测报告。

(5) 厂家在安装塑钢窗之前，必须对总包方提供的各条基准线进行复核。根据窗洞口的中心线，由高处绷钢线进行一次垂吊。如发现偏差，要及时向总包方提出，得到处理方案后，再进行处理。

(6) 膨胀螺栓必须打入混凝土结构内 40mm，并确保间距。

(7) 当打入的膨胀螺栓碰到钢筋时，需要补打 1 个，以增加强度。

3. 施工质量要求

塑钢门窗装饰施工的质量要求与检验方法见表5-5,塑钢窗安装的允许偏差见表5-6。

表5-5 塑钢门窗装饰施工的质量要求与检验方法

项次	项目	质量等级	质量要求	检验方法
1	门窗扇安装	合格	关闭严密,间隙基本均匀,开关灵活	观察和开闭检查
		优良	关闭严密,间隙均匀,开关灵活	
2	门窗配件安装	合格	配件齐全,安装牢固,灵活适用,达到各自的功能	观察、手扳和尺量检查
		优良	配件齐全,安装位置正确、牢固,灵活适用,达到各自的功能,端正美观	
3	门窗框与墙体间缝隙填嵌	合格	填嵌基本饱满密实,表面平整,填塞材料、方法基本符合设计要求	观察检查
		优良	填嵌饱满密实,表面平整、光滑、无裂缝,填塞材料、方法符合设计要求	
4	门窗外观	合格	表面洁净,无明显划痕、碰伤,表面基本平整、光滑、无气孔	观察检查
		优良	表面洁净、无划痕、碰伤,表面平整、光滑、色泽均匀,无气孔	
5	密封质量	合格	关闭后各配合处无明显缝隙,不透光、透气	观察检查
		优良	关闭后备配合处无缝隙,不透光、透气	

表5-6 塑钢窗安装的允许偏差

项目		允许偏差/mm	检查方法
窗框两对角线长度差	窗高≤2000mm	±3.0	用钢卷尺检查
	窗高>2000mm	±5.0	
窗框(含拼樘料)正、侧面的垂直度	窗高≤2000mm	±2.0	用线坠、水平靠尺检查
	窗高2000mm	±3.0	
窗框(含拼樘料)的水平度	窗高≤2000mm	±2.0	用水平靠尺检查
	窗高>2000mm	推拉窗±3.0	
窗下横框的标高		±5.0	用钢板尺检查,与基准线比较
双层窗内外框、框(拼樘料)中心距		±4.0	用钢板尺检查
推拉窗	与框搭接宽度	+1.5~-3.5	用深度尺或钢板尺检查
	与框或相邻扇立边平行度	±2.0	用1m钢板尺检查

5.2.2 铝合金门窗装饰施工技术

铝合金门窗是将表面处理过的铝合金型材,经下料、打孔、铣槽、攻丝、制作待加工工艺而制成的门窗框料构件,再用连接件、密封材料和开闭五金配件一起组合装配而成的。铝合金门窗虽然价格较贵,但它的性能好,长期维修费用低,且有美观、节约能源的特点等,得到广泛应用。另外,还可用高强度铝花制成装饰性极好的高档防盗铝合金门窗。

1. 铝合金门窗的特点

   1) 质量轻、强度高

   铝合金材料多是空芯薄壁组合断面,方便使用,减轻重量,且截面具有较高的抗弯强度,做成的门窗耐用,变形小。

   2) 密封性能好

   铝合金本身易于挤压,型材的横断面尺寸精确,加工精确度高。可选用的防水性、弹性、耐久性都比较好的密封材料,比如橡胶压条和硅酮系列的密封胶。在型材方面,各种密封条固定凹槽,已经随同断面在挤压成型过程中一同完成,给安装封缝材料创造了有利条件。

   3) 造型美观

   铝合金表面经阳极电化处理后,可呈现古铅肝铜、金黄、银白等色,可任意选用,经过氧化光洁闪亮。窗扇框架大,可镶较大面积的玻璃,让室内光线充足明亮,增强了室内外之间立面虚实对比,让居室更富有层次。

   4) 耐腐蚀性强

   铝合金氧化层不褪色、不脱落,不需涂漆,易于保养,不用维修。随着铝合金门窗市场占有量不断增加,其各项技术细节也在发展中被完善。其中与墙体连接的问题一直未被人们所重视。但在实际工程中由于不同问题的出现也促使其呈现一些新的变化和要求,这样的进步会让我们对铝合金门窗工艺的完善、门窗在建筑中更完美的表现充满信心。

   5) 加工方便

   加工方便,便于生产工业化,铝合金门窗的加工、制作、装配都可在工厂进行,有利于实现产品设计标准化、系列化、零件通用化、产品商品化。

2. 铝合金门窗种类和结构

   根据结构与开启形式的不同,铝合金门窗可分为推拉门窗、平开门窗、固定窗、悬挂窗、回转门、回转窗等,其中以推拉门窗、平开门窗用得最多。按门窗型材截面的宽度尺寸的不同,可分为许多系列,常用的有 38、42、50、55、60、65、70、80、90、100、135、140、155、170 等系列(举例请参见图 5.21 和图 5.23)。

3. 铝合金门窗工艺技术

   铝合金门窗施工安装前要核对平面图和门窗配置图,门窗表及有关大样图,确认施工图样相互没有矛盾,对施工图及施工说明书所选用的材质、形状、尺寸等进行检查,看是否符合国家标准。有问题时与设计人员和监理人员商洽,事前明确,并将商谈内容做好记录。最后详细核对确定门窗的位置、数量、门窗内距的尺寸、门窗的品种、规格、开启形式、防腐材料、填缝材料、密封材料、保护材料、清洁材料等。

   1) 施工准备

   (1) 材料。铝合金型材,铝合金门窗的防腐材料、填缝材料、密封材料、保护材料、清洁材料等。材料的要求包含:

   ① 铝合金门窗:规格、型号应符合设计要求,且应有出厂合格证。

   ② 铝合金门窗所用的五金配件应与门窗型号相匹配。所用的零附配件及固定件最好采用不锈钢件,若用其他材质,必须进行防腐处理。

   ③ 防腐材料及保温材料均应符合图样要求,且应有产品的出厂合格证。

④ 水泥要求 325 号以上；中砂按要求备齐。
⑤ 与结构固定的连接铁脚、连接铁板，应按图样要求的规格备好，并做好防腐处理。
⑥ 焊条的规格、型号应与所焊的焊件相符，且应有出厂合格证。
⑦ 嵌缝材料、密封膏的品种、型号应符合设计要求。
⑧ 防锈漆、铁纱(或铝纱)、压纱条等均应符合设计要求，且有产品的出厂合格证。
⑨ 密封条的规格、型号应符合设计要求，胶粘剂应与密封条的材质相匹配，具有产品的出厂合格证。

(2) 主要机具。铝合金切割机、手电钻、圆锉刀、半圆锉刀、十字螺钉旋具、划针、铁脚、圆规、钢尺、钢直尺、钢板尺、钻子、锤子、铁锹、抹子、水桶、水刷子、电焊机、电焊机电缆(俗称焊把线)、面罩、焊条等。

2) 施工结构图

铝合金门窗施工结构如图 5.21～图 5.23 所示。

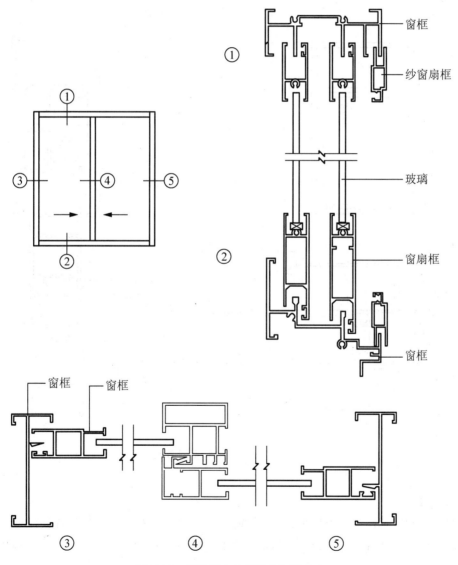

图 5.21 带纱铝合金推拉窗组成节点

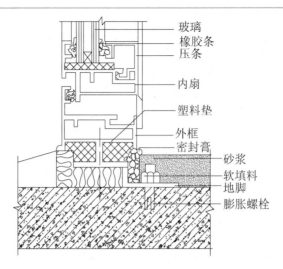

图 5.22 铝合金门窗安装节点及缝隙处理示意

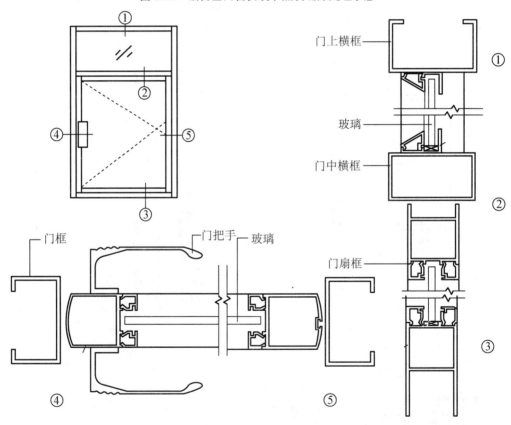

图 5.23 铝合金地弹簧门节点

3) 工艺技术
(1) 工艺流程。

工艺流程为基层处理→弹线找规矩→门窗洞口处理→门窗洞口内埋设连接铁件→铝合金门窗框组装→铝合金门窗框安装→嵌缝、填保温材料→安装门窗扇及五金配件→收口工艺→清理→质量检验。

(2) 工艺过程简述。

① 基层处理：结构质量经验收后达到合格标准，工种之间办理了交接手续。按图示尺寸弹好窗中线，并弹好+50cm 水平线，校正门窗洞口位置尺寸及标高是否符合设计图样要求，如有问题应提前剔凿处理。检查铝合金门窗两侧连接铁脚位置与墙体预留孔洞位置是否吻合，若有问题应提前处理，并将预留孔洞内的杂物清理干净。铝合金门窗的拆包检查，将窗框周围的包扎布拆去，按图样要求核对型号，检查外观质量和表面的平整度，如发现有劈棱、窜角和翘曲不平、严重超标、严重损伤、外观色差大等缺陷时，应找有关人员协商解决，经修整鉴定合格后才可安装。认真检查铝合金门窗的保护膜的完整，如有破损的，应补粘后再安装。

② 弹线找规矩：在最高层找出门窗口边线，用大线坠交将门窗口边线下引，并在每层门窗口处画线标记，对个别不直的口边应剔凿处理。高层建筑可用经纬仪找垂直线。门窗口的水平位置应以楼层+50cm 水平线为准，往上量，量出窗下皮标高，弹线找直，每层窗下皮(若标高相同)则应在同一水平线上。墙厚方向的安装位置：根据外墙大样图及窗台板的宽度，确定铝合金门窗在墙厚方向的安装位置；如外墙厚度有偏差时，原则上应以同一房间窗台板外露尺寸一致为准，窗台板应伸入铝合金窗的窗下 5mm 为宜。

③ 门窗洞口处理：安装铝合金窗披水，按设计要求将披水条固定在铝合金窗上，应保证安装位置正确、牢固。门窗框两侧的防腐处理应按设计要求进行。如设计无要求时，可涂刷防腐材料，如橡胶型防腐涂料或聚丙烯树脂保护装饰膜，也可粘贴塑料薄膜进行保护，避免填缝水泥砂浆直接与铝合金门窗表面接触，产生电化学反应，腐蚀铝合金门窗。铝合金门安装时若采用连接铁件固定，铁件应进行防腐处理，连接件最好选用不锈钢件。

④ 铝合金窗框的组装：窗框的组装以推拉窗为例。窗边框与上、下横框之间用自攻螺钉拧紧或用套扣钢筋拉紧，上、下框型材上有凹槽，以备连接用。边框竖向通长，上、下横框裁割长度小于窗框外围尺寸，上、下横框的凹槽导轮要与边框的凹槽位置对应。首先测量出在上滑道上面两条固紧槽孔距侧边的距离和高低位置尺寸，然后按这两个尺寸在窗框边封上部衔接处画线打孔，孔径在 5mm 左右。钻好孔后，将专用的碰口胶垫放在边封的槽口内，再将 M4×35mm 的自攻螺钉穿过边封上打出的孔和碰口胶垫上的孔，旋进上滑道上面的固紧槽孔内，如图 5.24 所示。

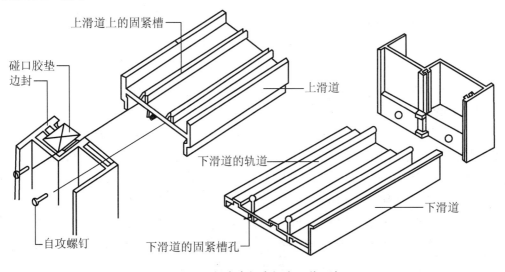

图 5.24 铝合金门窗框安组装示意

在旋紧螺钉的同时，要注意上滑道与边封对齐，各槽对正，再上紧螺钉，然后在边封内装毛条。

以同样的方法按尺寸在窗框边封下部衔接处画线打孔，孔径也是 5mm 左右。钻好孔后，将专用的碰口胶垫放在边封的槽口内，再将 M4×35mm 的自攻螺钉，穿过边封上的孔和碰口胶垫上的孔，旋进下滑道下面的固紧槽孔内。窗框的四个角衔接起来后，用直角尺测量并校正一下窗框的直角度，最后上紧各角上的衔接自攻螺钉，如图 5.24 所示。

⑤ 铝合金门窗框安装：根据已放好的安装位置线把铝合金门窗框就位，并将其吊正找直，无问题后方可用木楔临时固定。门窗与墙体固定：铝合金门窗与墙体固定通常有金属膨胀螺栓连接、预埋件连接和射钉连接 3 种方法，如图 5.25 所示。

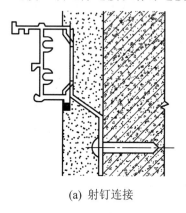 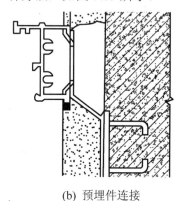 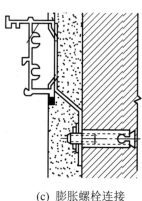

(a) 射钉连接　　　　　(b) 预埋件连接　　　　　(c) 膨胀螺栓连接

图 5.25　铝合金门窗安装方法示意

第一种，预埋件法：沿窗框外墙用电锤打出 $\phi6$ 孔(深 60mm)，并用 40mm×60mm 铁件锚固板粘 107 胶水泥浆，打入孔中，待水泥浆终凝后，再将铁脚与预埋钢筋焊牢。

第二种，连接铁件与预埋钢板或剔出的结构箍筋焊牢。

第三种，混凝土墙体可用射钉枪铁脚与墙体固定，但砖墙严格禁止用射钉固定。不论采用哪种方法固定，铁脚至窗角的距离不应大于 180mm，铁脚间距应小于 600mm。

⑥ 嵌缝、填保温材料：铝合金门窗固定好后，应及时处理门窗框与墙体缝隙。如设计未规定填塞材料品种时，应采用矿棉或玻璃棉毡条分层填塞缝隙，外表面留 5～8mm 深槽口填嵌缝膏，严禁用水泥砂浆填塞。在门窗框两侧进行防腐处理后，可填嵌设计指定的保温材料和密封材料。待铝合金窗和窗台板安装后，将窗框四周的缝隙同时填嵌，填嵌时用力不应过大，防止窗框受力变形，如图 5.22 所示。

⑦ 铝合金门窗扇及五金件安装：此工艺包含门窗扇框的组装以及与门窗框的固定就位。门窗扇框的组装连接是用铝角码的固定方法，具体作法与门框安装相同，如图 5.26 所示。在连接装拼窗扇前，首先在窗扇的边框和带钩边框上下两端处进行切口处理，以便将上下横插入其切口内进行固定。上端开切 51mm 长，下端开切 76.5mm 长，将上、下冒头伸入边梃的上、下端榫槽中(型材断面在设计时，应使上、下冒头宽度等于边梃内壁宽度)，如图 5.26(a)所示。在上、下冒头与角铝搭接处钻孔。然后是在下横的底槽中安装滑轮，每条下横的两端各装一只滑轮。接着是在窗扇边框和带锁边框与下横衔接端画线打孔。打孔有三个，上下两个是连接固

定孔,中间一个是留出进行调节滑轮框上调整螺钉的工艺孔。这三个孔的位置要根据固定在下横内的滑轮框上孔位置来画线,然后打孔,并要求固定后边框的下端与下横底边平齐。边框下端固定孔孔径为 4.5mm,要用大的钻头划窝,以便能固定螺钉与侧面基面平齐。需要说明的是,旋动滑轮上的调节螺钉能改变滑轮从下横槽中外伸的高低尺寸,也能改变下横内两个滑轮之间的距离。最后安装上横角码和窗扇钩锁。其方法为截取两个铝角码,将角码放入上横的两头,使之一个面与上横端头面平齐,并钻两个孔(角码与上横一并钻通),用 M4 自攻螺钉将角码固定在上横内。再在角码的另一个面上(与上横端头平齐的那个面)的中间打一个孔。根据此孔的上下左右尺寸位置,在扇的边框和带钩边框上打孔并划窝,以便用螺钉将边框与上横固定。其组装方式如图 5.26(b)、(c)所示。注意所打的孔一定要与自攻螺钉相配,用不锈钢螺钉拧入,组装窗扇的四个角要垂直,应随时调整、固定,以防窗扇变形而影响安装。

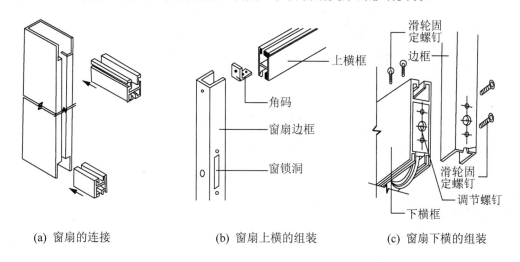

(a) 窗扇的连接　　　　(b) 窗扇上横的组装　　　　(c) 窗扇下横的组装

图 5.26　铝合金门窗窗扇组装示意

门窗五金配件种类繁多,要弄清各种门窗五金配件的功能、特性、形式及安装方面的要求,门窗五金配件的质量应符合有关规定。安装工艺要求详见产品说明,要求安装牢固,使用灵活。铝合金门扇安装主要介绍推拉窗扇、门扇和平开窗扇、门扇的安装。

推拉窗扇、门扇的就位安装:装配好推拉窗扇、门扇(分内扇、外扇),先将内窗扇插入上滑道的内槽中,自然下落于对应的滑道上,然后再用同样方法安装外窗扇。就位要准确,启闭要灵活。然后检查一下窗扇上的各密封毛条,不可少装或装有脱落的毛条。

平开窗扇、门扇的就位安装:首先把合叶按要求位置固定在铝合金门窗框上,然后将门窗扇嵌入框内做临时固定,调整合适后,将门窗扇固定在合页上,再连接风撑。必须保证上、下两个转动部分在同一个轴线上。开启要灵活自如,不能涩止。在定位角度时能稳定卡牢,能方便使用。

⑧ 玻璃安装:铝合金门窗施工的最后一道工序是玻璃安装。其中包括玻璃裁割、玻璃就位、玻璃密封与固定三道工序。玻璃按设计尺寸裁剪好后就位,玻璃移动就位时,如果是小玻璃可用双手操作,大块的玻璃就要用吸盘,移动时特别注意安全。铝合金窗扇玻璃的就位方式是从窗扇一侧将玻璃装入窗扇内侧的凹槽内,然后紧固连接好边框。在玻璃与窗扇槽之间的内

外两边各压上一周边截面是三角形的密封橡胶条，并且要挤紧卡牢。橡胶条的表面可不再注胶。玻璃的安装有多种方法，应根据材料类型、安装环境及玻璃的面积和重量等综合考虑，如图 5.27 所示。

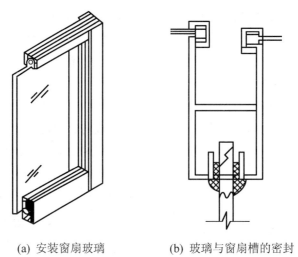

(a) 安装窗扇玻璃　　　(b) 玻璃与窗扇槽的密封

图 5.27　玻璃安装

⑨ 收口工艺：参见塑钢门窗节点图 5.18～图 5.20 所示。

⑩ 清理：铝合金门窗在交工前，要将表面的保护胶纸撕掉，如有胶迹，可用香蕉水清理干净；玻璃也需要擦拭干净。

4) 成品保护

(1) 铝合金门窗应入库存放，下边应垫起、垫平，码放整齐。对已装好披水的窗，注意存放时支垫好，防止损坏披水。

(2) 门窗保护膜应检查完整无损后再进行安装，安装后应及时将门框两侧用木板条捆绑好，并禁止从窗口运送任何材料，防止碰撞损坏。

(3) 若采用低碱性水泥或豆石混凝土堵缝时，堵后应及时将水泥浮浆刷净，防止水泥固化后不好清理，并损坏表面的氧化膜。铝合金门窗在堵缝前，对与水泥砂浆接触面应涂刷防腐剂进行防腐处理。

(4) 抹灰前应将铝合金门窗用塑料薄膜保护好，在室内湿作业未完成前，任何工种不得损坏其保护膜，防止砂浆对其面层的侵蚀。

(5) 铝合金门窗的保护膜应在交工前撕去，要轻撕，且不可用开刀铲，防止将表面划伤，影响美观。铝合金门窗表面如有胶状物时，应使用棉丝沾专用溶剂擦拭干净，如发现局部划痕，可用小毛刷沾染色液进行涂染。

(6) 架子搭拆、室内外抹灰、钢龙骨安装、管道安装及建材运输等过程，严禁擦、砸、碰和损坏铝合金门窗樘料。

(7) 建立严格的成品保护制度。

5) 施工应注意问题

(1) 材料的采购应严格按设计文件要求采购铝型材、配件、玻璃等材料。严把材料进场验收关，复验合格后再制作、安装。

(2) 根据工程项目的实际情况，编制详细的施工方案。重点体现制作、安装、检查、验收、土建配合、防渗漏处理等。

(3) 对下料、组装、安装、土建等班组进行详细的技术交底，明确各工序的质量要求、各部位的做法、安装与土建的工序顺序，落实责任。

(4) 选择准备好现场的制作场地，安装调试好加工设备，搭设好制作和堆放工棚。现场制作有利于及时核对门窗型号、规格、尺寸、数量。减少因长途搬运和堆放不当产生的变形。

(5) 铝合金门窗采用多组组合时，应注意拼装质量，接缝应平整，拼樘框扇不劈楞，不窜角。

(6) 地弹簧及拉手安装不规矩，尺寸不准：应在安装前检查预留孔眼尺寸是否正确。

(7) 面层污染咬色：施工时不注意成品保护，未及时进行清理。

(8) 表面划痕：应严防用硬物清理铝合金表面的污物。

(9) 漏装披水：外窗没按设计要求装披水，影响使用。

4. 施工质量要求

铝合金门窗安装质量验收标准见表5-7，检查方法见表5-8。

表5-7 铝合金门窗安装质量验收标准

项 目	项 次	质 量 要 求	检 验 方 法
主控项目	1	铝合金门窗的品种、类型、规格、尺寸、性能、开启方向、安装位置、连接方式及铝合金门窗的型材壁厚，均应符合设计要求；金属门窗的防腐处理及填嵌、密封处理应符合设计要求	观察；尺量检查；检查产品合格证书、性能检测报告、进场验收记录和复检报告；检查隐蔽工程验收记录
	2	铝合金门窗框和副框的安装必须牢固；预埋件的数量、位置、埋设方式、与框的连接方式必须符合设计要求	手扳检查；检查隐蔽工程验收记录
	3	铝合金门窗扇必须安装牢固，并应开关灵活、关闭严密，无倒翘；推拉门窗扇必须有防止脱落措施	观察；开启和关闭检查；手扳检查
	4	铝合金门窗配件的型号、规格、数量应符合设计要求，安装应牢固，位置应正确，功能应满足使用要求	观察；开启和关闭检查；手扳检查
一般项目	5	铝合金门窗表面应清洁、平整、光滑、色泽一致，无锈蚀；大面应无划痕、碰伤；涂膜或保护层应连续	观察检查
	6	铝合金门窗的推拉门窗扇开关力≤1.0N	用弹簧秤检查
	7	铝合金门窗框与墙体之间的缝隙应填嵌饱满，并采用密封胶进行密封；密封胶表面应光滑、顺直，无裂纹	观察；轻敲门窗框检查；检查隐蔽工程验收记录

续表

项目	项次	质量要求	检验方法
一般项目	8	铝合金门窗扇的橡胶密封条或毛毡密封条应安装完好,不得有脱槽现象	观察;开启和关闭检查
	9	有排水孔的金属门窗,排水孔应畅通,位置和数量应符合设计要求	
	10	铝合金门窗安装的允许偏差和检查方法见表5-8	

表5-8 铝合金门窗安装的允许偏差和检查方法

项次	项目		允许偏差/mm	检查方法
1	门窗槽口宽度、高度	≤1500mm	1.5	用钢尺检查
		>1500mm	2.0	
2	门窗槽口对角线长度差	≤2000mm	3.0	用钢尺检查
		>2000mm	4.0	
3	门窗框的正面、侧面垂直度		2.5	用垂直检查尺检查
4	门窗横框的水平度		2.0	用1m水平尺和塞尺检查
5	门窗横框的标高		5.0	用钢尺检查
6	门窗竖向偏离中心		5.0	用钢尺检查
7	双层门窗内外框间距		4.0	用钢尺检查
8	推拉门窗扇与框的搭接量		1.5	用钢直尺检查

5.3 案例分析

5.3.1 案例一：装饰木门

1. 施工准备

本项目主要木质装饰板木门施工技术。主要材料有胡桃木饰面板、胡桃木线条、红影木夹板、9mm(夹板)基层板、木龙骨、压花玻璃、清漆等材料。涉及的工种主要是木工、玻璃装饰工等,主要机具为木工所需的各项工具等。

检查门洞口尺寸,弹线放样;检查木龙骨是否已经干燥达到施工要求是否等。材料进场到位、各种加工设备就位并进行施工前交底工作。

2. 设计图节点与大样(见图 5.28 和图 5.29)

　　1) 现代木质装饰单扇门

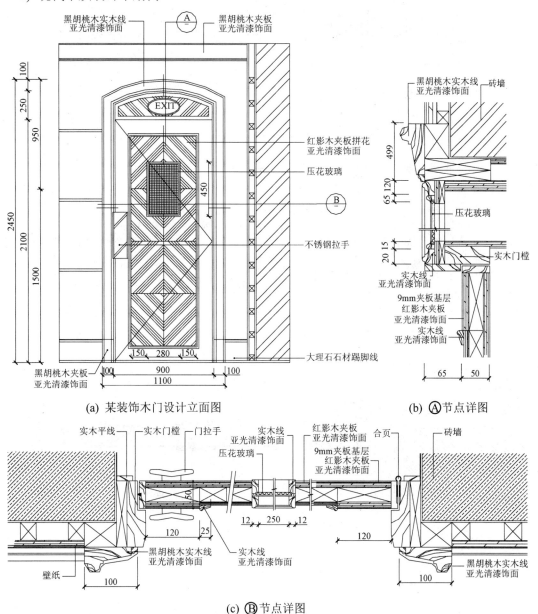

图 5.28　现代木质装饰单扇门设计及节点大样图(单位：mm)

　　2) 现代木质装饰双扇门

3. 工艺流程

　　工艺流程为检查门洞口尺寸、位置→配料裁料→刨料→门扇制作→门樘安装→门扇安装→压花玻璃安装→安装门套线→涂饰→验收。

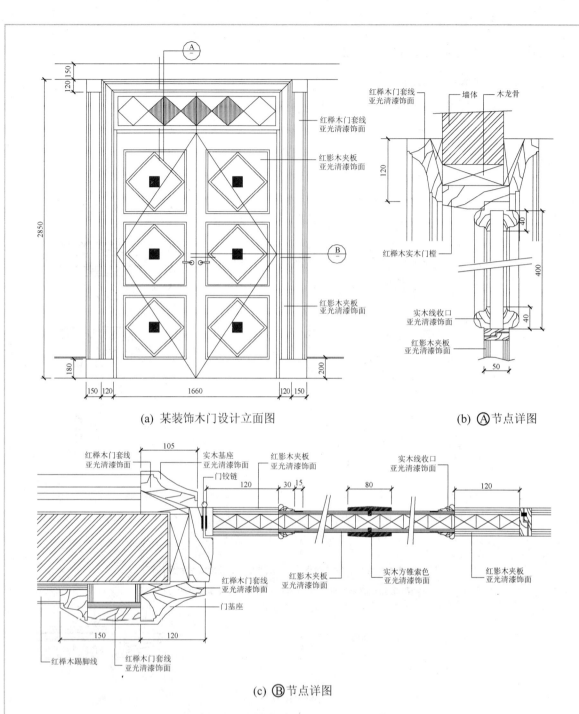

图 5.29 现代木质装饰双扇门设计及节点大样图(单位：mm)

5.3.2 案例二：装饰窗

1. 施工准备

中式窗项目主要实木窗装饰施工技术。主要材料有实木窗框料、实木窗套线、5mm 清玻璃、清漆等材料。涉及的工种主要是木工、玻璃装饰工等，主要机具木工所需的各项工具等。

西式窗项目主要涉及木窗制作技术和石材干挂技术。主要材料有实木窗框料、实木窗套线、白色云石、5mm 清玻璃、油漆、白色云石雕刻、角钢、水泥、细砂等材料。涉及的工种主要是泥水工、木工、金属工和油漆工，主要机具木工、泥水工和金属工等所需的设备。

检查窗洞口尺寸，弹线放样；检查窗框料是否已经干燥达到施工要求是否等。材料进场到位、各种加工设备就位并进行施工前交底工作。

2. 设计图节点与大样(见图 5.30 和图 5.31)

1) 中式窗

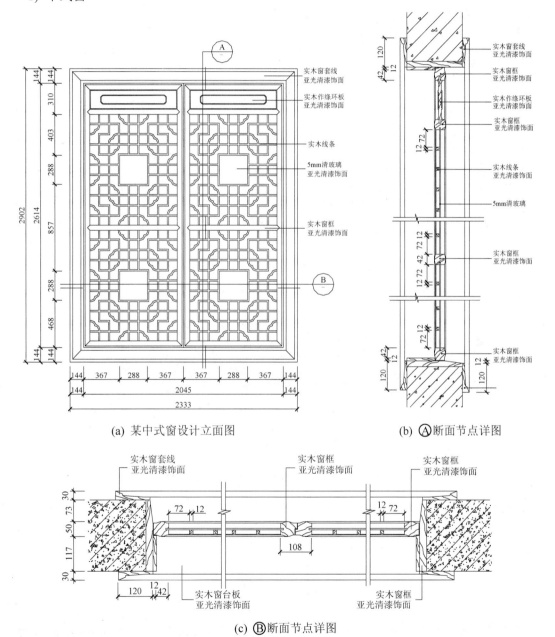

图 5.30 中式木窗设计及节点大样图

2) 西式窗

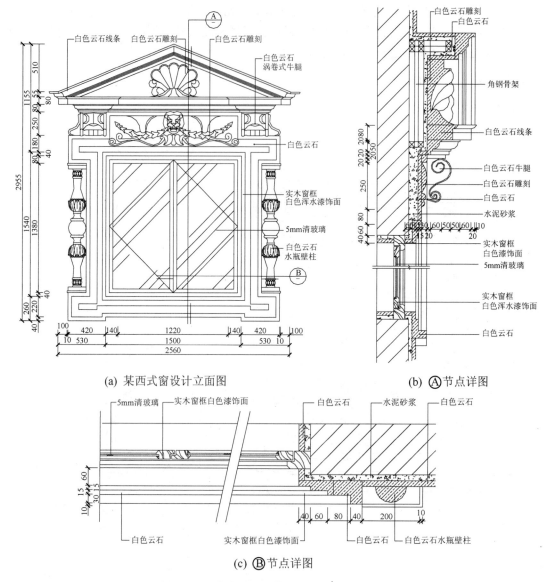

图 5.31 西式窗设计及节点大样图(单位：mm)

3. 工艺流程

工艺流程为检查窗洞口尺寸、位置→配料裁料→刨料→窗扇制作→窗樘安装→窗扇安装→5mm清玻璃安装→安装窗套线→涂饰→验收。

小　　结

门窗是房屋的重要组成部分，也是室内装饰工程的重要组成部分。门的主要功能是交通联系，窗主要供采光和通风之用，它们均属建筑的围护构件。在设计门窗时，必须根据有关规范和建筑的使用要求来决定其形式及尺寸大小。造型要美观大方，构造应坚固、耐久，开启灵活，关闭紧严，便于维修和清洁。门窗的装饰施工要做到以下几点：首先，门窗的造型要与整体室内空间气氛和风格相一致，有形式美感，应力求单纯、简洁，使之和谐而有整体感，即门窗的形式、造型结构、材料、色彩、风格要与室内其他部分具有有机的联系，在感官上产生浑然一体的效果；各部分的门窗样式之间要具有某种联系，使之有异中求同的效果。其次，门窗装饰要求实用经济。最后，在门窗装饰设计及施工中要注意安全问题，即在开启速度、设置位置、防护设施和门窗结构等方面考虑使用的安全性。本章系统阐述了木质门窗和金属门窗的装饰施工技术及施工验收要求。

思考与练习

5-1 门窗各是什么分类的？门窗各有什么作用？

5-2 木质门窗的构造示意图有什么不同？

5-3 简述装饰木门的装饰施工技术。

5-4 铝合金门窗在选购材料时应注意哪些要求？

5-5 铝合金门窗由哪几部分组成？

5-6 简述铝合金门的制作与安装工艺。并请用铝合金门框的安装示意图表示。

5-7 塑钢门窗有什么特点？塑钢门窗材料质量要求有哪些？

5-8 简述塑钢门窗安装施工工艺。

5-9 如图 5.32 为某木门立面设计图(墙厚为 200mm)，请画出 A、B 断面详图。

5-10 如图 5.33 为某西式窗立面设计图(墙厚为 200mm)，请画出 A、B、C 的节点详图。

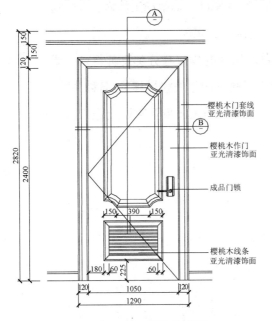

图 5.32 某门设计立面图(单位：mm)

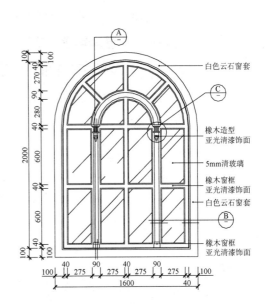

图 5.33 某西式窗设计立面图(单位：mm)

第六章　室内景观工程施工技术

教学提示：室内景观是室内装饰工程的重要组成部分，起到画龙点睛的作用，在室内装饰中具有极其重要的意义。随着室内装饰的发展以及室内装饰的特点，本章把室内楼梯、室内隔断隔扇、室内喷泉及水体和室内绿化归类到室内景观工程；主要介绍：室内景观楼梯施工技术、室内隔断、隔扇施工技术、室内喷泉及水体施工技术和室内绿化施工技术。

教学要求：了解室内景观工程的构成与分类及其特点，明确室内景观工程的意义。重点掌握室内木质楼梯施工,各种隔断、室内喷泉以及室内绿化施工技术和施工质量要求以及施工验收方法。

6.1 景观楼梯装饰施工技术

楼梯是室内空间的垂直交通的承载构件,紧密联系层与层之间的交通要道,构成了一个位于上、下楼层之间的独立空间,随着住宅中复式和跃式错层的大量出现,楼梯在整个室内空间中起着独特的观赏作用。楼梯除了满足实用功能外,还应把它作为景观艺术品来设计与制作。

从材质上看,楼梯有木质楼梯、金属楼梯、玻璃楼梯、石材楼梯、铁艺楼梯,还有木质与金属、玻璃与金属和不同材质综合设计的复合楼梯等;按其方向性质可分为单向、双向楼梯形式;按其结构形式可分为直线楼梯、弧形楼梯、旋转楼梯等。

直线楼梯是最常见、最简单的一种形式。直梯加上踏步平台就可以实现拐角。弧形楼梯是以一条曲线来实现上下楼梯的连接,外形美观,行走起来没有直角楼梯拐角那种生硬的感觉。旋转楼梯对空间占用最小,盘旋而上。要根据空间的尺度、层高的尺寸来设计和制作楼梯。为了上、下楼梯方便与舒适,楼梯需要一个合理的坡度。

当前用木质材料加工和安装的楼梯,多为装饰性小型楼梯。楼梯的扶手、梯柱和栏杆等构件,市场上均有成品出售,其造型形式和艺术风格,容易与室内空间相协调。

6.1.1 木质楼梯装饰施工技术

1. 木质楼梯组成与构造

1) 木质楼梯组成

木质楼梯由踏脚板、踢脚板、平台、斜梁、楼梯柱、栏杆和扶手等几部分组成。其中楼梯斜梁是支撑楼梯踏步的大梁;楼梯柱是装置扶手的立柱;栏杆和扶手装置在梯级和平台临空的一边,高度一般为 900~1100mm。

2) 木楼梯的构造

(1) 明步楼梯。明步楼梯主要是指其侧面外观由脚踏板和踢脚板所形成的齿状阶梯属外露型的楼梯。它的宽度以 800mm 为限,超过 1000mm 时,中间需加一根斜梁,在斜梁上钉三角木。三角木可根据楼梯坡度及踏步尺寸预制,在其上铺钉脚踏板和踢脚板。踏脚板的厚度为 30~40mm,踢脚板的厚度为 25~30mm,踏脚板和踢脚板用开槽方法结合。如果设计无挑口线,踏脚板应挑出踢脚板 20~25mm;如果有挑口线,则应挑出 30~40mm。为了防滑和耐磨,可在踏脚板上口加钉金属板。踏步靠墙处的墙面也需做踢脚板,以保护墙面并遮盖竖缝。

在斜梁上镶钉外护板,用以遮斜梁和三角木的接缝且使楼梯外侧立面美观。斜梁的上下两端做吞肩榫,与楼搁栅(或平台梁)及地搁栅相结合,并用铁件进一步加固。在底层斜梁的下端也可做凹槽,压在垫木上。明步楼梯的构造如图 6.1 所示。

(2) 暗步楼梯。是指其踏步被斜梁遮掩,其侧立面外观不露梯级的楼梯。暗步楼梯的宽度一般可达 1200mm,其结构特点是在安装踏脚板一面的斜梁上开凿凹槽,将踏脚板和踢脚板逐块镶入,然后与另一根斜梁合拢敲实。踏脚板的挑口线做法与明步楼梯相同,但踏脚板应比斜梁稍有缩进。楼梯背面可做板条抹灰或铺钉纤维板等,再进行其他饰面处理。暗步楼梯的构造如图 6.2 所示。

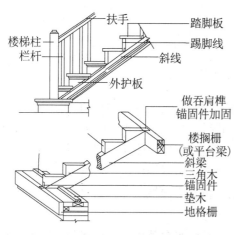

图 6.1 明步楼梯构造

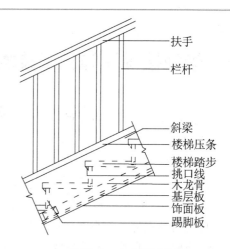

图 6.2 暗步楼梯构造

(3) 栏杆与扶手。

① 楼梯栏杆。栏杆既是安全构件,又是装饰性很强的装饰构件,故多是加工为方圆多变的断面。在明步楼梯的构造中,木栏杆的上端做凹榫插入扶手,下部凸榫插入踏脚板;在暗步楼梯中,木栏杆的上端凸榫也是插入木扶手,其下端凸榫则是插入斜梁上的压条中,如果斜梁不设压条则直接插入斜梁。木栏杆之间的距离,一般不超过 150mm,有的还在立杆之间加设横档连接。在传统的木楼梯中,还有一种不露立杆的栏杆构造,称为实心栏杆,实际上是栏板。其构造做法是将板墙木筋钉在楼梯斜梁上,再用横撑加固,然后在骨架两边铺钉胶合板或纤维板,以装饰线脚盖缝,最后做油漆涂饰。

② 扶手。楼梯木扶手的类型主要有两种:一种是与木楼梯组合安装的栏杆扶手;另一种是不设楼梯栏杆的靠墙扶手。

2. 木质楼梯的制作与安装

施工前,对现场水泥预制楼梯的构造进行实地勘察,测量确定楼梯各部位装修部件的实际尺寸、形状、用量及安装要点,确定施工方案。

1) 施工准备

(1) 材料。木材要求纹理顺直,无大的色差,不得有腐朽、爆裂、扭曲和疖疤等缺陷,含水率不大于 12%。木踏板一般使用 25～35mm 厚硬杂木板,宽度、长度及用量决定于现场实际情况,一般楼梯踏步宽度为 300mm,阶梯高度为 150～170mm。预埋件一般用金属膨胀螺栓及型材,还要准备好枪钉、圆钉等材料。

(2) 机具。参考第 5.1.2 节木门窗装饰施工技术的相关内容。

2) 工艺技术

(1) 工艺流程。工艺流程为安装连接件→楼梯木构件制作→楼梯木骨架安装→安装木踏板→安装踢脚板→安装护栏→安装扶手→油漆→清理→验收。

(2) 工艺过程简述。

① 安装连接件。用冲击电锤在每级台阶的踏板两侧和踏步立板两侧各钻两个直径 10mm、深 40～50mm 的孔,分别打入木楔,木楔做成方的梯形,高出平面的部分用凿刀处理平整。

如果没有预埋件的工程，通常采用金属膨胀螺栓与钢板来制作后置连接件。具体的做法是：首先在建筑水泥基层上弹线定位，确定栏杆立柱固定点的位置；然后在地面上用冲击电锤钻孔，安装金属膨胀螺栓时要保证金属膨胀螺栓有足够长度，在螺母与螺栓套之间加设钢板。不锈钢立柱的下端通常带有底盘，底盘要保证把钢板和螺栓罩扣住，起到装饰作用。钢板与螺栓定位以后，在将螺母拧紧的同时，最好将螺母与钢板焊死，防止螺母与钢板两者之间产生松动。扶手与墙体间的固定最好采用这种方法做预埋件。无论采用哪种方法，钢板都要保证水平位置的方正。

② 木楼梯放样。木楼梯的制作前，应根据施工图样把楼梯踏步高度、宽度、级数及平台尺寸放出大样；或者按图样计算出各种部分构件的构造尺寸，制出样板。其中踏步三角一般都是画成直三角形，如图 6.3 虚线所示。但在实际制作时必须将 b 点移出 10～20mm 至 b' 点(见图中实线部分)。按 $ab'c$ 套取的样板称为冲头三角板；按 abc 套取的样板称为扶梯三角板，其坡度与楼梯坡度一致。

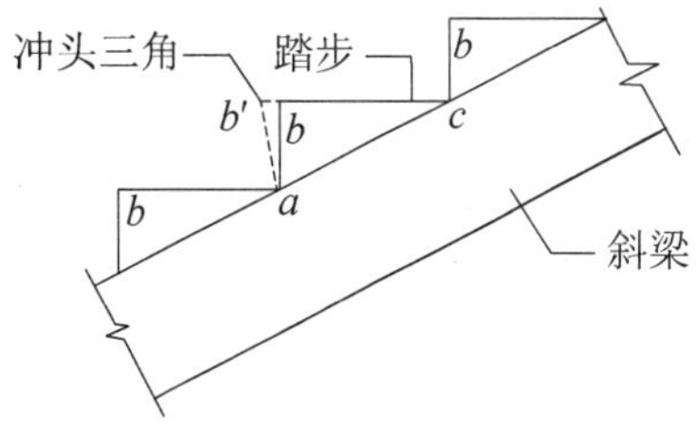

图 6.3 木楼梯踏步三角

③ 楼梯木构件制作。木质楼梯构件包含楼梯斜梁、三角木(若是水泥砂浆梁就没有这两个构件)、木踏板、踢脚板、栏杆、扶手及其弯头等构件，按设计要求和实际情况进行构件制作，一般多采用木工工具。构件制作前要进行配料，若采用榫结合楼梯斜梁，楼梯斜梁长度必须将其两端的榫头尺寸计算在内。踏脚板应用整块木板，如果采用拼板时，需有防止错缝开裂的措施。

木扶手在制作前,应按设计要求做出扶手横断面的样板。加工时先将扶手木料的底部刨平，然后画出中线，在木料两端对好样板画出断面轮廓，刨除底部凹槽，再用线脚刨依照断面轮廓线刨削成型，刨制时注意留出半线的余量。若采用机械操作，应事先磨出适应木扶手形状的刨刀，在铲口车上刨出线条。

木扶手弯头的制作。在弯头制作前应做足尺样板，一般分为水平式和鹅颈式两种弯头形式。当楼梯栏板与栏板之间距离不超过 200mm 时，可以整只做；当超过 200mm 时可以断开做，一般弯头伸出的长度为半个踏步。做弯头时先整料斜纹出方，然后放线，再用小锯锯成毛坯锥形，毛坯料一般比实际尺寸大 10mm 左右，而后用斧具斩出木扶手弯头的基本形状，把样板套在顶头处画线，刨平成型，并注意留出半线的余量。弯头与扶手连接之处应设在第一步踏步的上半步或下半步之外。设在弯头内的接头，应是在扶手或弯头的顶弯头朝里 50mm 处，再次出方可凿眼钻孔进行连接，可采用直径 8mm×(130～150)mm 的双头螺钉将弯头连接固定，最后将接头处修平磨光。

④ 木楼梯骨架安装。木楼梯安装时，先确定楼搁栅和地搁栅的中心线和标高，安装好楼搁栅和地搁栅之后再安装楼梯斜梁。三角木按设计要求摆放到位，由下而上一次铺钉，它与楼梯间的结合处应将钉子打入楼梯斜梁内 60mm 或者用 50mm 的气钉顺木纹方向钉入木楔固定三角木，每钉好一块三角木随即加上临时踏板。钉好三角木后，需用水平尺把三角木的顶面校正，并拉线同时校核各三角木钉短时期在同一直线上。

⑤ 踏脚板安装。安装木踏脚板时应注意保持其水平度。一般是从楼梯最低的踏步开始，再将木踏板压到三角木上面，木踏板突出踏步三角木至少 30mm，在木踏板和三角木的结合部位刷上白胶，然后用 50mm 的气钉顺木纹方向钉入木楔固定踏板，还要在木踏板和三角木的结合部位用 50mm 的气钉顺木纹方向将木踏板和三角木固定在一起。如果楼梯框架为水泥砂浆预制结构，可应用新型地板粘接剂(丙烯酸类)专用胶，直接将踏步板和踏步立板粘在水泥面上。

通常楼梯使用的材料是花岗岩、大理石、地砖和油漆木板。由于楼梯存在着高低差，安全问题就显得尤为重要，对踏步的防滑处理要着重考虑。通常的做法是在踏步的踏面上做防滑条，在选用楼梯防滑做法时，应结合楼梯面装修一起考虑。楼梯踏步的防滑处理的形式如图6.4所示。

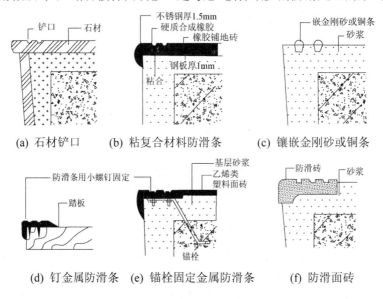

图6.4 楼梯踏步防滑结构

⑥ 踢脚板安装。踢脚板时应按图 ab'c 实线的要求，即上端向外倾出 10～20mm。踏脚板与踏脚板、踢脚板和踢脚板之间，均应互相平行。在安装靠楼梯的墙面踢脚板时，应将其锯割成踏步形状，或者按踏脚步形状进行拼板，安装时应保证与楼梯踏步结合紧密，封住沿墙的踏步边缘缝隙。

⑦ 安装护栏。当采用木质护栏把木护栏立杆开了燕尾榫头的一端对准踏板上的燕尾槽并打进去，同时涂抹白胶。再用靠尺和吊线坠在两个方向校正垂直度，确保木护栏立杆的垂直，然后用气钉横向与踏步板连接固定好。

当采用木扶手构造的玻璃栏河(栏板或扶手)，固定点应该是不发生变形的牢固部位，如墙体、柱体或金属附加体等。对于墙体或结构柱体，可预先在主体结构上埋设铁件，然后将扶手底部的扁铁与预埋铁件焊接或用螺栓连接；也可采用膨胀螺栓铆固铁件或用射钉打入基体进行连接，再将扶手与连接件紧固。木扶手与玻璃栏板的连接构造，如图6.5所示。

当采用铁艺产品做护栏时，安装方法更为简单，只是用木螺丝上、下固定。

当采用不锈钢扶手或铜管制作扶手时，不锈钢管在接长时一定要采用焊接方法。安装前要求把焊口打磨平整，使金属的外径圆度一致，并进行初步抛光。为了进一步提高扶手的刚度及安装玻璃栏板的需要，通常在圆管内加设型钢，型钢与钢管外表焊成整体，如图6.6所示。管内加设的型钢要加工出比玻璃厚度大 3～5mm 的槽口，型钢进入管内深度要大于管的半径，最好等于管的直径长度。

安装时，把玻璃小心地插入扶手槽内，安装时必须要有空隙，留有余量，玻璃不能直接接触管壁。每隔 500 mm 左右用橡胶垫片垫好，使玻璃有弹性缓冲作用。安装玻璃时，要让玻璃进入管内的深度大于半径为好；如果安装的玻璃是加厚玻璃，玻璃进入的深度可以小于半径。待玻璃的下口与基座(地面)固定后，再用硅酮密封胶(玻璃胶)把玻璃上口与扶手槽封固。

⑧ 扶手安装。楼梯的木扶手及扶手弯头应选用经干燥处理的硬木，如水曲柳、柳桉、柚

木、樟木等。其形状和尺寸由设计决定，按图样加工。木扶手样式多变，用料及制作考究，手感舒适，如图6.7所示。

扶手在连接前要试拼，试拼到完全吻合、达到设计要求、外观看不出问题后才能进行扶手与栏杆(栏板)的固定。对于采用金属栏杆的楼梯，其木扶手底部应开槽，槽深3~4mm，嵌入扁铁，扁铁宽度一般不应大于40mm，在扁铁上每隔300mm钻孔，用木螺钉与木扶手固定；在全玻璃栏板(栏河)上安装木扶手，通常的做法是在木扶手内开槽嵌入槽钢与角钢(两者焊接)，插入钢化玻璃栏板后用玻璃胶密封，如图6.8所示。

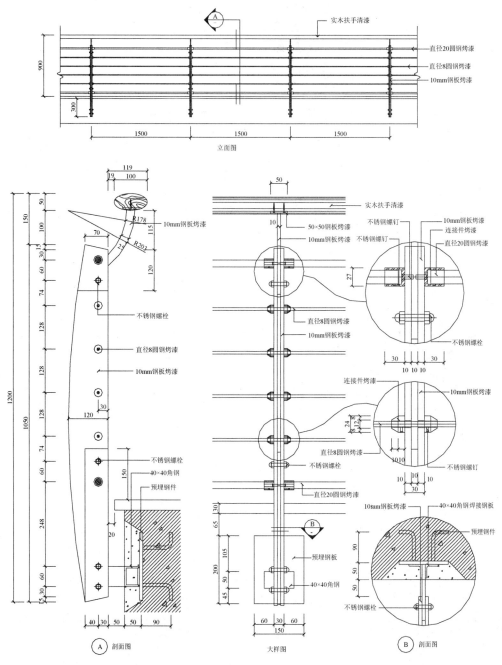

图6.5 木扶手与玻璃栏板构造(单位：mm)

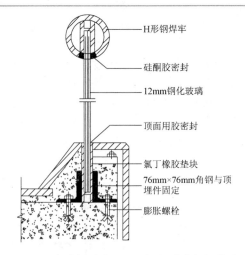

图6.6 金属扶手内加设型钢的玻璃栏板构造

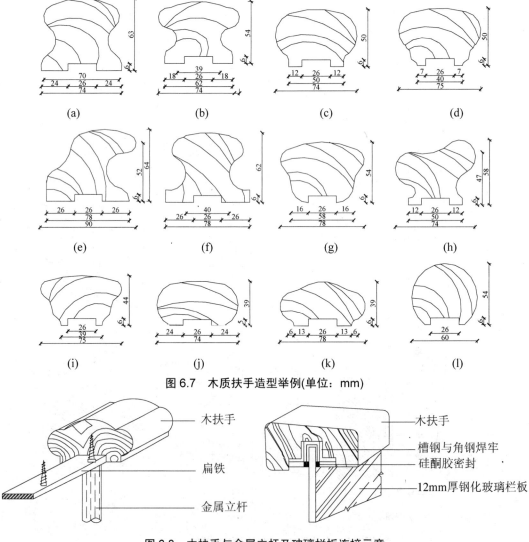

图6.7 木质扶手造型举例(单位:mm)

图6.8 木扶手与金属立杆及玻璃栏板连接示意

扶手与弯头的接头在下边做暗榫，或用铁件铆固，用胶粘接。与铁栏杆连接用高强度自攻螺钉拧紧，螺帽不得外露，固定间距不超过 400mm。木扶手的厚度或宽度超过 70mm 时，其接头必须做暗榫。安装靠墙扶手时，要按图样要求的标高弹出坡度线。在墙内埋入木砖或是预留 60mm×600mm×120mm 的洞，在木砖处固定法兰盘，在预留洞内灌填 1∶3 水泥砂浆，用以固定靠墙木扶手的支承件，如图 6.9 所示。木质扶手全部安装完毕后，要对接头处进行修整。根据木扶手的坡度、形状，用扁铲将弯头进一步细致加工成型，再用小刨子(或轴刨)刨光，有些刨子刨不到的地方，要用细木锉修整顺直，使其坡度合适、弯曲自然、断面平顺一致，最后用砂纸全面打磨。

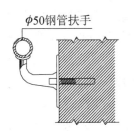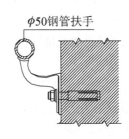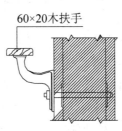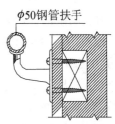

图 6.9 靠墙扶手安装示意(单位：mm)

3) 成品保护

(1) 清洁楼梯钢件时，宜用干的软布擦拭，不得用水冲洗。

(2) 清洁楼梯踏步时，宜用吸尘器或拧干的抹布除尘，不得用水冲洗。

(3) 切勿用砂纸打磨楼梯表面。

(4) 搬运物品上楼时，注意防止硬件物体表面刮伤楼梯表面。

(5) 建议在楼梯口放一块蹭脚垫，以减少沙土对踏步的磨损。

(6) 如不慎将水洒在楼梯上，应及时擦干。

(7) 如果踏步上有特殊污渍，可用柔和中性清洁济和温水擦拭，不得用钢丝球、酸和强碱清洁。

4) 施工注意事项

(1) 楼梯踏步宽度不应小于 0.26m，踏步高度不应大于 0.175m；扶手高度不宜小于 0.90m；楼梯水平段栏杆长度大于 0.50m 时，其扶手高度不应小于 1.05m；楼梯栏杆垂直杆件间净空不应大于 0.11m。

(2) 扶手与垂直杆件连接牢固，紧固件不得外露。

(3) 整体弯头制作前应做足尺，弯头粘接时温度不宜低于 5°，弯头下部应与栏杆扁钢结合紧密牢固。

(4) 木扶手弯头加工成形应刨光，弯曲应自然、表面应磨光。

(5) 金属扶手的焊缝长度、宽度、厚度不足，中心线偏移，弯折等偏差，应严格控制焊接部位的相对位置尺寸，合格后方准焊接，焊接时精心操作。焊接时管件之间的焊点应牢固，焊缝应饱满，焊缝表面的焊波应均匀，不得有咬边、未焊满、裂纹、渣滓、焊瘤、烧穿、电弧擦伤、弧坑和针状气孔等缺陷。

(6) 护栏垂直杆件与预埋件连接应牢固、垂直，如焊接，则表面应打磨抛光。

(7) 玻璃栏板应使用夹层玻璃或安全玻璃。

3. 楼梯施工质量要求

(1) 室内共用楼梯扶手高度,自踏步中心线量起至扶手上皮不宜低于 900mm。水平扶手超过 500mm 长时,其高度不宜低于 1000mm。

(2) 室外共用楼梯栏杆高度不宜低于 1050mm,中高层住宅不应低于 1100mm。

(3) 楼梯井宽度大于 200mm 时,不宜选用儿童易于攀登的花格。栏杆垂直杆件之间净空不应大于 110mm。

(4) 栏杆、扶手上下或平面转接时,宜保持衔接。

(5) 原材料的规格、质量必须符合设计要求和现行有关国家标准、规范的规定。

(6) 制做栏杆、扶手的原材料,应有出厂质量合格证或试验报告,进场时应按批号分批验收。没有出厂合格证明的材料,必须按有关标准的规定抽取试样作物理、化学性能试验,合格后方可使用,严禁使用不合格的材料。

(7) 栏杆、扶手与梯段安装完毕后,其结构承载能力应能随受 GB J9—1988《建筑结构荷载规范》规定的水平荷载 0.5kN/m,最大允许挠度值不应超过 $h/100$(h 为扶手高度)。

(8) 各栏杆、扶手连接处(焊接、螺丝连接)应牢固。金属栏杆与金属、塑料或硬质木材扶手连接应符合设计要求和现行有关标准规范的规定。

(9) 产品表面应光洁,不应有毛刺、焊渣及明显锤痕等外观缺陷。

(10) 栏杆的装饰件切割部位,必须锉平磨光,边角保持整齐,不得留下切割痕迹。

(11) 栏杆、扶手直线部位应调直,曲线部位应保持流畅光滑,花型一致。

(12) 金属栏杆、扶手在涂防锈漆前,应清除锈蚀、油污。木制扶手应油漆防腐。漆层应均匀、牢固,不应有明显的堆漆、漏漆等缺陷。

(13) 楼梯、栏杆和扶手允许偏差和检查方法,见表 6-1。

表 6-1 楼梯栏杆、扶手允许偏差和检验方法

项 次	项 目	允许偏差/mm	检查方法
1	栏杆高度(≥900mm)	±2	用尺量
2	栏杆横向弯曲	3.0	用 2m 靠尺量
3	扶手纵向弯曲	3	用 2m 靠尺量
4	装饰件	±2.0	尺量
5	扶手断面	±2	尺量
6	栏杆竖向杆件之间间距	5.0	尺量
7	栏杆水平杆件之间间距	±5	尺量

6.1.2 楼梯案例分析

1. 案例一:铁艺楼梯装饰施工技术

1) 图例

铁艺楼梯造型举例如图 6.10 所示。

(a)　　　　　　　　　　　(b)　　　　　　　　　　　(c)

图 6.10　铁艺楼梯造型举例

2) 施工准备

本项目主要涉及铁艺、木材和石材的施工技术，铁艺栏杆主要采用焊接技术；米黄大理石楼梯面采用水泥砂浆粘贴技术；木质扶手用高强螺钉固定。涉及的材料主要有米黄石、扁铁、实木扶手、(25×25)mm 方铁管、扁铁花、膨胀螺栓、防锈漆等。涉及的工种主要是泥水工、金属工和木工等，主要机具包含泥水工、金属工和木工所需的各项工具等。

按楼梯设计图样进行施工前交底工作。石材规格以及线条型材加工完成，材料进场到位、各种加工设备就位。

3) 设计以及节点

铁艺楼梯装饰施工节点如图 6.11 所示。

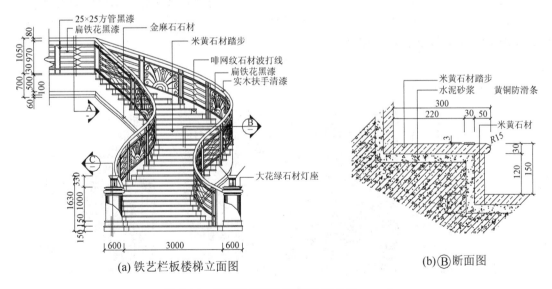

(a) 铁艺栏板楼梯立面图　　　　　　　(b) B 断面图

图 6.11　铁艺楼梯装饰施工节点(单位：mm)

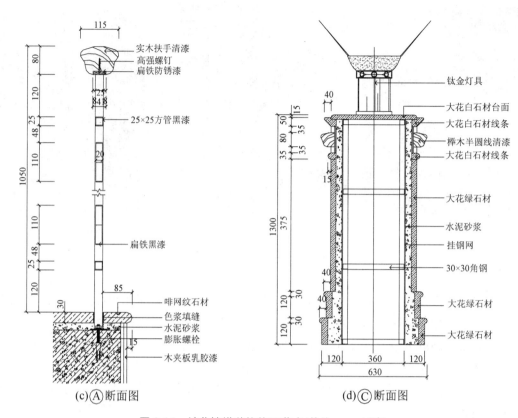

图6.11 铁艺楼梯装饰施工节点(单位：mm)(续)

4) 工艺流程图

工艺流程为安装连接件→安装 25mm×25mm 方管立柱→楼梯踏板、踢脚板加工→安装米黄石踏板→安装米黄石踢脚板→安装铁艺护栏→安装实木扶手→喷黑漆→清理→验收。

2. 案例二：木质楼梯装饰施工技术

1) 图例

木质楼梯主要造型如图 6.12 所示。

图6.12 木质楼梯造型举例

2) 设计以及节点大样

木质楼梯装饰施工节点大样如图 6.13 所示。

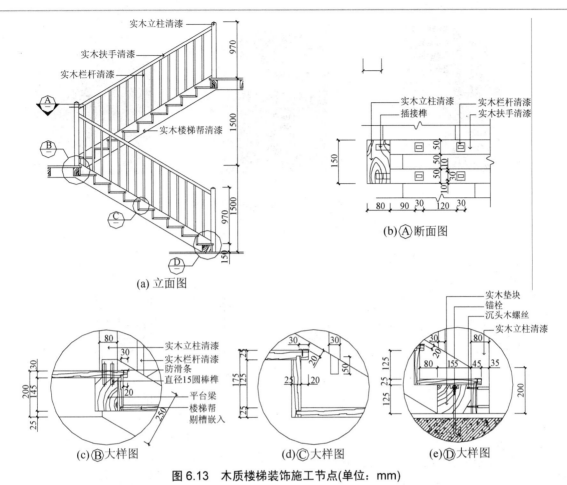

图 6.13 木质楼梯装饰施工节点(单位：mm)

3) 施工准备

本项目主要涉及木材的施工技术和油漆装饰施工技术。涉及的材料主要有实木踏板、实木踢脚板、实木扶手、清漆等。涉及的工种主要是木工和油漆工等，主要机具包含木工和油漆工所需的各项工具等。

按楼梯设计图样进行施工前交底工作。木材各类板材规格以及线条型材加工完成，材料进场到位、各种加工设备就位。

4) 工艺流程

工艺流程为弹线、钻孔→楼梯木构件制作→楼梯木骨架安装→安装实木踏板→安装实木踢脚板→安装护栏→安装扶手→油清漆→清理→验收。

3. 案例三：旋转楼梯装饰施工技术

1) 图例

旋转楼梯主要造型如图 6.14 所示。

3) 工艺流程

工艺流程为安装连接件→安装 $\phi 110$ 钢管中心立柱→钢楼梯构件制作→钢楼梯木骨架安装→安装钢板踏板→铺设橡胶垫→安装踢脚板→安装 $\phi 24$ 钢管立柱护栏→安装 $\phi 30$ 钢管扶手→喷涂混水漆→清理→验收。

4) 设计与节点大样

旋转楼梯装饰施工节点大样如图 6.15 所示。

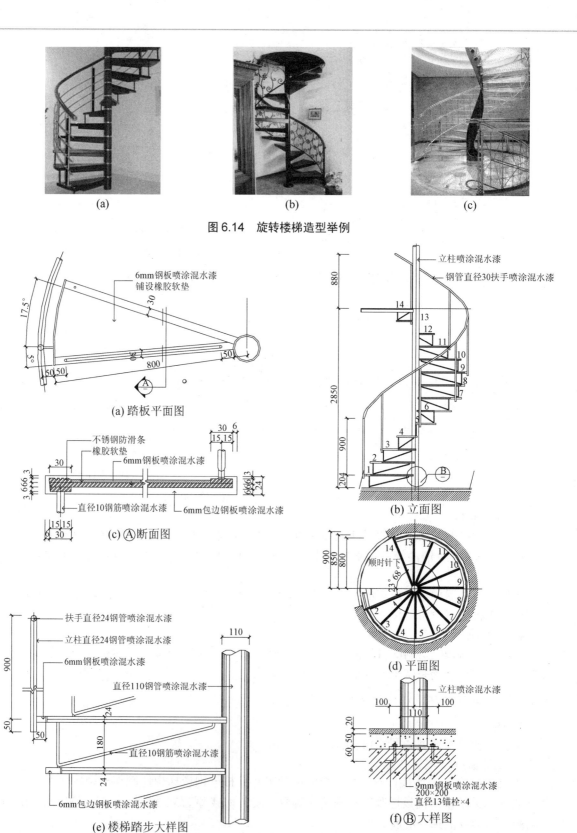

图6.15 旋转楼梯设计与节点图(单位：mm)

6.2 室内隔断、屏风装饰施工技术

隔断[图 6.16(a)]是采用某种或多种材料将建筑的室内空间分隔成两个或多个相对独立的空间。因此，隔断在结构形式上、材料选择上、安装方式上比较自由灵活，设计者可以更多地从视觉上、艺术上等诸多方面综合考虑，从而获得很好的室内景观效果，容易取得别具风格的效果。屏风[图 6.16(b)]是隔断的半开敞结构，是不到屋顶的隔断，即只有下半部或多半部的隔断。广泛地应用于体育场馆(如乒乓球赛场)、会议厅、酒吧、饭店、办公室、医院急诊室等场所，以及家庭装修中。按活动方式分，隔断、屏风主要有移动式和固定式两种。固定式分为开敞式和封闭式两种；移动式分为移动拼接式、移动直滑式、移动折叠式3种，移动折叠式包含硬质和软质折叠两种。按材质分有木质、玻璃质、塑料质等。本节将系统介绍室内隔断和屏风的装饰施工技术。

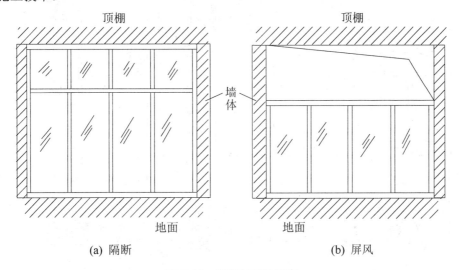

图 6.16 隔断与屏风示意

6.2.1 木质隔断装饰施工技术

木质隔断与屏风主要骨架材料是木龙骨结构，或配以木夹板、铝塑板、玻璃等材料的用来分隔室内空间装修结构。应用很广泛，常用于餐厅、酒吧、诊室、各游艺室、幼儿园、办公楼等室内空间。木质在隔断与屏风上有固定式的和移动式的，具体的应用中要视使用功能、应用场合、设计要求等情况来确定选择隔断和屏风的种类。

1. 木龙骨固定式隔断和屏风施工技术

1) 施工准备

常用骨架木材有落叶松、云杉、硬木松、水曲柳、桦木等。隔墙木骨架采用的木材、材质等级、含水率以及防腐、防虫、防火处理，必须符合设计要求和 GB 50210—2001《建筑装饰装修工程质量验收规范》规定。

隔墙木骨架由上槛(沿顶龙骨)、下槛(沿地龙骨)、立筋(立柱、沿墙龙骨、竖龙骨)及横撑(横挡、横龙骨及斜撑)等组成。隔墙木骨架有单层木骨架和双层木骨架两种结构形式。单层木骨

架以单层方木为骨架，其厚度一般不小于 100mm；其上、下槛、立柱及横撑的断面可取 50mm×70mm、50mm×100mm、45mm×90mm，立筋间距一般为 400～600mm；横撑的垂直间距为 1200～1500mm。双层木骨架用两层方木组成骨架，骨架之间用横杆进行连接，其厚度一般为 120～150mm。常用 25cm×30cm 带凹槽木方做双层骨架的框体，每片规格为 300mm×300mm 或 400mm×400mm。木隔墙工程常用罩面板有纸面石膏板(简称石膏板)、胶合板、纤维板等，以及石膏增强空心条板、玻璃等。采用的机具同木龙骨顶棚施工的机具相同，详见第 4.1.1 节相关内容。

2) 施工结构图

木质隔断施工简单，内部为格栅结构，后覆以木夹板，再在木夹板上进行装饰，如可以贴饰装饰面板、铝塑板、墙纸等材料。具体的施工结构示意如图 6.17 所示。

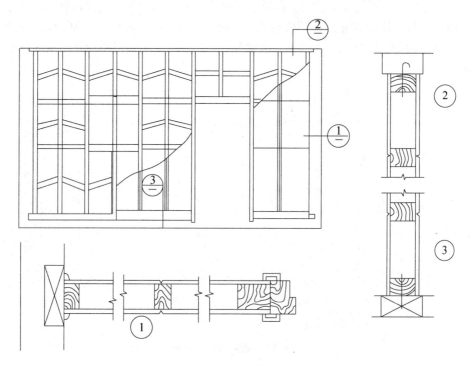

图 6.17　木质隔断结构示意

3) 工艺技术

(1) 工艺流程工艺流程为基层处理→弹线工艺→木龙骨处理→安装木龙骨→面层安装→收口工艺→清理。

(2) 施工过程简述。

① 弹线工艺：首先，确定顶棚龙骨的中心线、宽度位置线；然后用线坠找出沿地龙骨的中心线与宽度边线，以及两边墙上的中心线与宽度，用于控制隔断龙骨安装的位置、隔断墙的平直度和固定点，并标出门、窗的位置，然后找出施工的基准点和基准线。通常按 300～400 mm 间距在地面、墙面、顶面上打孔，安装浸油木楔或膨胀螺栓。

② 木龙骨处理：按设计要求，通常横向、竖向木龙骨的间距一般在 300～400mm，因此在 300～400mm 画线、开槽，槽口深为木龙骨截面的 1/2 左右，如果是面板安装玻璃，龙骨要进行倒边槽以备装玻璃用。龙骨处理好后进行龙骨架的拼装，片数按设计要求取定。

③ 安装木龙骨：固定木龙骨通常先安装靠墙龙骨，再安装沿顶、沿地龙骨。按靠墙中心线用圆钉将木龙骨钉固在预埋木砖或木楔上，也可用膨胀螺栓固定靠墙木龙骨(图 6.18)。将木龙骨托起至楼板或梁的底部，用预埋铁丝绑牢或用膨胀螺栓固定，沿顶木龙骨两端要顶住靠墙龙骨钉固。将沿地木龙骨对准地面的隔墙边线，沿地木龙骨两端顶紧沿墙龙骨后将其固定，并在上下龙骨上画出其他竖向龙骨的位置线。再将竖向龙骨立起，对正上下龙骨上的位置线，立筋要垂直安装，其上下端要顶紧上下龙骨，斜向用钉将竖向龙骨上下端钉牢。中间的竖向龙骨之间的间距根据设计而定，每隔 300mm 左右预留一个安装管线的槽口。最后把成片拼装好的木龙骨架安装到预留的空间上，用射钉固定在竖向龙骨、沿顶和沿地龙骨上。

对于半高矮隔断墙而言，主要依靠地面和端头的建筑墙面固定。当矮隔断无法与墙面固定时，通常用铁件来加固端头处。加固部分主要为地面和竖向木方之间，如图 6.19 所示。

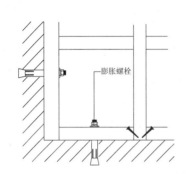

图 6.18 木龙骨固定示意

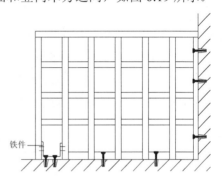

图 6.19 木质屏风与墙固定示意

为了避免由于门的开闭振动而使木隔断出现较大颤动再使门框松动和隔墙松动，一般在隔断的门窗框竖向木方均应采用铁加固法，如图 6.20 所示。

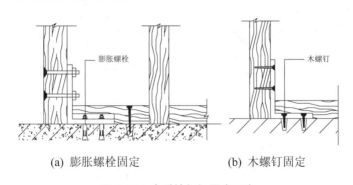

(a) 膨胀螺栓固定　　　　　(b) 木螺钉固定

图 6.20 木质墙门框固定示意

④ 饰面板安装。

木龙骨架隔断饰面板多采用胶合板、石膏板、中纤板、细木工板等。如果需要填充吸音、保温材料，其品种和铺设厚度要符合设计要求。从中间开始向外依次胶钉安装饰面板，固定后表面平整、无翘曲、无波浪。钉帽应打扁钉入板内，但不得穿透罩面板，不能有锤痕。石膏板应用自攻螺钉固定，钉头略入板内，钉距在 200mm 左右，板的上口应平整。所用的木螺钉、连接件、锚固件应涂刷防锈漆。使用胶合板饰面时，施工前应按设计要求选择木纹、颜色或者拼花纹,要达到美观大方的要求。隔断饰面板固定的方式有3种,即明缝固定、拼缝固定和木压条固定,如图6.21所示。

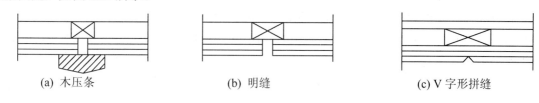

图 6.21 装饰面板间工艺处理示意

⑤ 收口工艺。

a. 门框结构:木隔断中的门框是以隔断门洞两侧的竖向木方为基体,配以挡位框、饰边板或饰边线条组合而成。大木方骨架的隔墙门洞竖向木方较大,其挡位框的木方可直接固定在竖向木方上。对小木方双层构架的隔断墙来说,因其木方较小,应该先在门洞内侧钉上12mm的厚夹板或实木板之后,再在厚夹板上固定挡位框。门框的包边饰边的结构形式有多种,常见的有厚夹板加木线条包边、阶梯式包边、大木线条压边等(图6.22)。门框包边饰边板或木线条的固定通常用铁钉,其铁钉均需按埋入式处理。

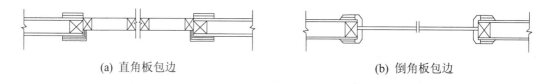

图 6.22 木隔断墙的窗框结构示意

b. 窗框结构:木隔断中的窗框是在制作木隔断时预留出的,然后用木夹板和木线条进行压边或定位。木隔断墙的窗有固定式和活动窗扇式,固定窗是用木压条把玻璃板定位在窗框中,活动窗扇式与普通活动窗基本相同。常见的窗框结构如图6.23所示。

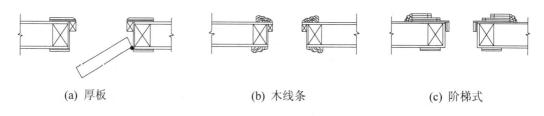

图 6.23 木门框的包边饰边示意

2. 木质开敞式隔断和屏风施工技术

开敞式隔断和屏风在我国应用历史悠久,在古代建筑的室内,甚至宫廷建筑的室内中也较为常见。这种隔断的木材一般多采用硬杂木(或杉木),表面颜色多为咖啡色、棕色或黑色,有的还进行打蜡处理,以显示出高贵、华丽和庄重。其结构多为榫接,精致而牢固,故在现代建筑室内的高档装修中采用。特别是为了营造具有中国古代建筑的室内氛围中,开敞式花格隔断也经常被采用。因其木质好、制作费工时,大多在高档装修中采用,如图6.24所示。

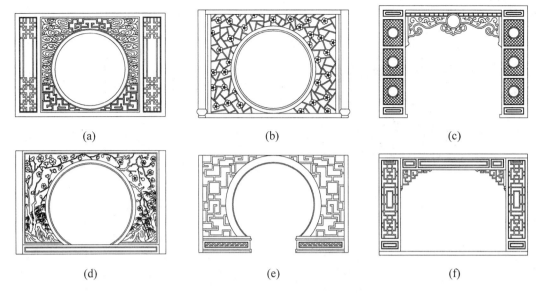

图 6.24 我国传统屏风隔断示意

1) 传统风格木花格制作与安装

传统风格木花格的制作，由于其采用榫连接，故对加工工艺要求高，榫头、榫眼的配合尺寸一定要准确无误，否则组装时由于木质较硬，榫头尺寸大了则会胀裂榫眼，榫头尺寸小了则连接处松动，无法再补救。对榫眼来讲，也是如此。制作时一般先制成面积适中的花格，其外有框(待安装隔断时再组装到隔断上)。榫头、榫眼的类型及其连接方式，如图 6.25 所示。

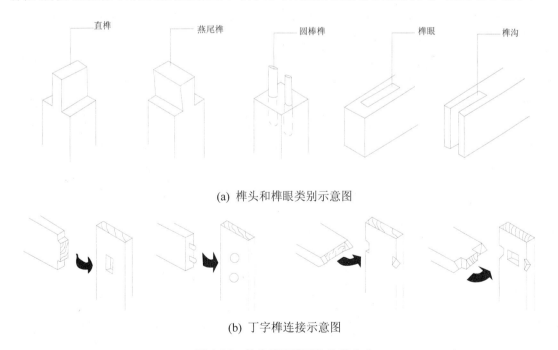

图 6.25 榫头榫眼类型和连接方式

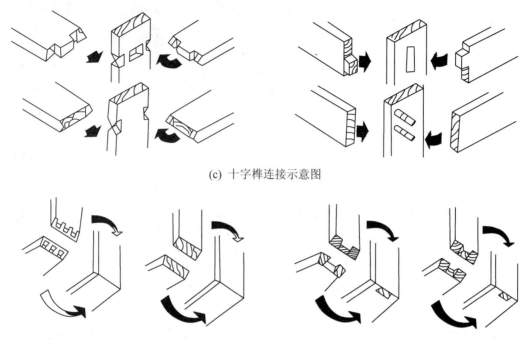

(c) 十字榫连接示意图

(1) 用于双面外露部位　　　　　　　(2) 用于单面外露部位

(d) 角榫连接示意图

图 6.25　榫头榫眼类型和连接方式(续)

传统风格木花格隔断在安装时，一般出于隔断应具有足够的强度和刚度考虑，在隔断中应有一定数量的木条板贯穿于隔断的全长和全高，而且条板还应与墙、梁、柱等采用铁钉或螺钉紧固地连接，然后再将制作好的木花格紧密地嵌于条板间。正因如此，在设计隔断时应严格地规定其条板的间距，并根据条板的间距来设计制作花格外框的尺寸。只有如此安装后的隔断才能结构紧密、浑然一体。

传统风格木花格隔断的安装程序是：首先画线定位，然后按设计装设竖向木龙骨，木龙骨与建筑结构的连接应牢固、可靠，如图 6.26 所示。待木龙骨安装完毕后，即可将带框的木花格依次安装固定。最后对整个隔断进行检查、调整，并加以油饰或打蜡处理。

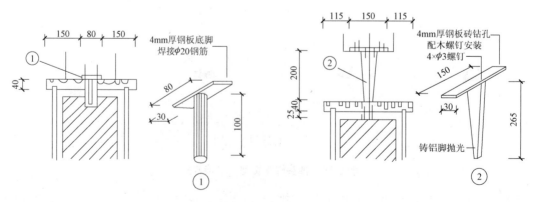

图 6.26　条板与建筑结构的连接节点示意(单位：mm)

2) 现代风格木花格

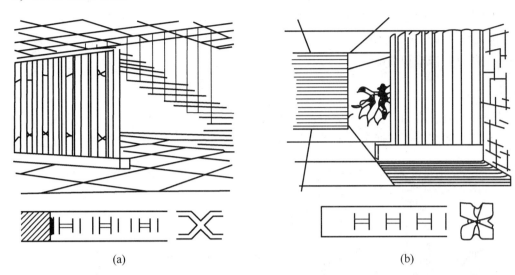

图 6.27 现代式样的开敞式隔断示意

木质开敞花格隔断随着时代的发展，其形式也发生了变化，在现代建筑的室内装修中也常采用以竖向板为主体构成的木花格，其制作简单、线条流畅、美观大方、施工简便，如图 6.27 所示。仅需将竖向龙骨(板的截面的几何形状为异形时，可通过刨削、拼接而成)按设计尺寸加工即可，如果竖向板间要装设花饰时，其与竖向板的连接，如图 6.28 所示。

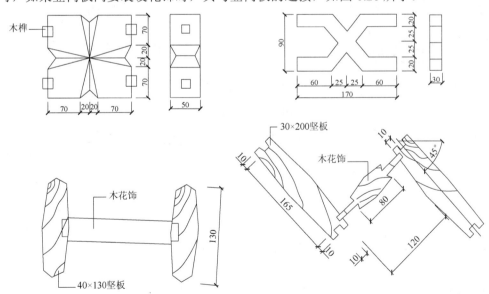

图 6.28 花式与竖向板的连接结构示意(单位：mm)

现代风格木花格隔断由于其组成主要是以竖向龙骨为主要构件，在竖向板之间可以装设花饰，其作用除了有活跃造型的装饰作用之外，还有约束竖向板之间的左右间距的作用。因此，在设计时应考虑竖向板之间的间距以及花饰与竖向板之间的配合尺寸，只有如此，才能使隔断线条流畅、美观大方、牢固可靠。

现代风格木花格隔断的安装程序是：首先画线定位，然后按设计装设竖向板，竖向龙骨与建筑结构的连接、固定可参照图 6.26 中的方法。应注意的是当从隔断的一端开始安装竖向板时，应随之将花饰也依次装设，因花饰上有榫头，故不能待竖向板全部安装完以后再装设花饰。最后对隔断进行修整和油饰。

3. 竹材隔断

竹材隔断具有格调清新、小巧玲珑、回归自然和浓郁的民族气息的特点。其与室内的绿化、陈设、装饰等相配合，可创造出别样的氛围。竹开敞式花格隔断的造型举例如图 6.29 所示。

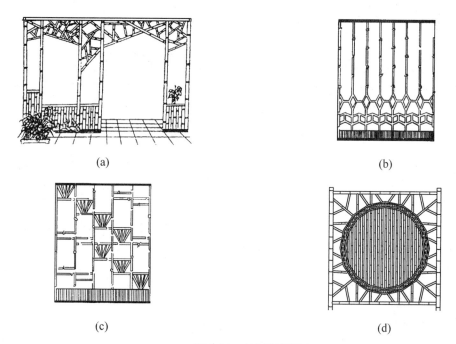

图 6.29　竹材隔断示意

竹隔断所使用的竹子在使用前应先进行防腐、防虫的处理，选材应选质地坚硬、外形尺寸比较均匀和挺拔者，一般竹子的直径宜为 10～15mm。如果需要，还可以在竹子表面烧烙出图案或文字，亦可雕刻出花纹或文字，这样其装饰效果更为独特。制作方法与过程如下。

1) 选料及加工

在现代室内设计与装修中，选取挺直、尺寸均匀、竹身光洁的竹子，去掉枝杈，并进行防腐、防虫处理后，按设计要求切割成设计尺寸(如需要，则可在竹身烤斑点、斑纹、雕刻花纹、文字等)。

2) 制竹销、木塞

竹销的直径为 3～5mm，可先制成竹条，待使用时按需截取。

木塞应根据竹子孔径的大小确定其直径，并制成圆木条，然后再截取修整，塞入连接点或封头。

3) 挖孔

若竹杆之间采用插入式连接时，要在竹杆上挖孔，孔径即为连接竹杆直径。但应注意孔径宜小不宜大，以避免组装时连接点松动而不牢固。

4) 安装

竹材格隔断的安装顺序是：首先应画线、定位，然后在墙、梁、柱等处将竹框(或木框)与其连接并固定，安装时应从隔断的一侧开始，先安装固定竖向竹杆，然后再插入横向竹杆，再安装下一根竖向竹杆。依此方式，直至将竹通透式隔断组装完毕。

竹与竹之间、竹与木之间可用铆、套、穿等方法，其连接节点的结构，如图6.30所示。

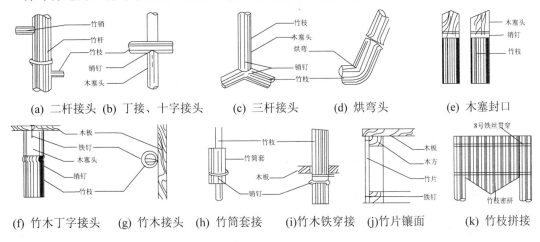

(a) 二杆接头 (b) 丁接、十字接头 (c) 三杆接头 (d) 烘弯头 (e) 木塞封口

(f) 竹木丁字接头 (g) 竹木接头 (h) 竹筒套接 (i) 竹木铁穿接 (j) 竹片镶面 (k) 竹枝拼接

图 6.30 竹、木(竹)连接节点示意

6.2.2 玻璃隔断装饰施工技术

随着科学技术的发展，玻璃品种不断增加，安装技术不断进步，玻璃在室内装饰工程中的运用越来越广泛，使用玻璃隔断能取得其他工艺无法达到的艺术效果。玻璃隔断主要分为两种：一种是带有金属(铝合金型材、不锈钢型材或木质材料)作为骨架，饰面采用普通平板玻璃、装饰平板玻璃、安全玻璃、节能玻璃、艺术玻璃和特种玻璃等组成的装饰构架；另一种是用玻璃砖通过砌筑的方法做成的装饰构架。

1. 框架式玻璃隔断

1) 施工准备

根据设计图样，编制单项施工方案，对施工人员进行安全技术交底。详化设计图样，委托玻璃外加工。顶棚、墙面、地面等主体结构工程均已完工，且符合设计要求。

(1) 材料准备。用于玻璃隔断的各种材料要求其品种、规格及质量要符合国家现行标准的规定，主材玻璃应具有产品合格证及性能检测报告；框材包括铝合金型材、不锈钢板、型钢(角钢、槽钢、方管)、不锈钢型材、不锈钢驳件、吊架等金属材料，如果使用木材，其含水率不大于12%；辅助材料包括油灰、橡皮条、嵌缝条、木压条或金属压条、粘接剂和小铁钉、枪钉、橡皮垫、金属配件、玻璃胶、结构密封件等。

(2) 机具准备：工作台、玻璃刀、玻璃吸盘器、钢锯、型材切割机、手提电钻、电焊机、电锤、钢尺、水平尺和木工装饰机具。

2) 施工结构图

玻璃隔断的边框可以采用金属边框(如铝合金、轻钢龙骨)，也可以采用木质材料，这里以铝合金龙骨的玻璃隔断为例来说明玻璃隔断的施工技术，如图6.31所示。

(a) 玻璃隔断示意图　　(b) 正立面图　　(c) 断面图

图 6.31　铝合金玻璃隔断施工结构图(单位：mm)

3) 工艺技术

(1) 工艺流程 工艺流程为弹线工艺→安装木楔或者膨胀螺栓→框架制作与安装→玻璃裁割→安装玻璃→清理。

(2) 工艺过程简述。

① 弹线工艺。根据图样设计和施工要求，先在地面弹出位置控制线，再在墙上、柱及沿顶弹出相应的位置线，同时弹出玻璃隔墙的高度线。有竖框及横框的玻璃隔墙，将其分隔位置在地面、墙、柱上定位弹线，如有误差及时调整。

② 安装木楔或者膨胀螺栓。在划好的地面、墙、柱上定位线间隔 300～500mm，打直径10mm、深 1.0mm 的孔洞，安装相应大小的浸油木楔(或膨胀螺栓)。

③ 框架制作与安装。根据设计要求，按照现场所放线的位置，对玻璃隔墙的尺寸进行计算并复核，下料要准确，两边框、上下框、中间部位的框和竖框，要按照设计要求的截面尺寸分别下料、切割、开榫槽等，加工要到位。在隔墙面积较小时，先在平坦的地面上组装成形，然后再整体安装，将四周边框与基体固定。在隔墙面积较大时，则直接将沿地、沿顶、靠墙框材及竖向框材，按控制线位置固定在墙、地、顶上，如图 6.32 所示。

当框架为木框架时，一般选用硬木或杉木制作，框架由沿地、沿顶龙骨及边框组成，框架四面刨光。木框架的横截面面积及纵横向间距应符合设计要求。木框架的横、竖龙骨，采用半榫、胶钉的连接方式，并进行防火处理。

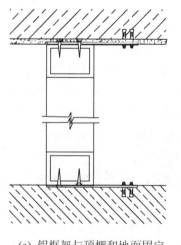 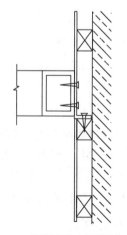

(a) 铝框架与顶棚和地面固定　　(b) 铝框架与墙面固定

图 6.32　铝框架与墙地面固定方法

当框架为金属框架时,一般是先将竖向型材用角铝与隔断两边墙固定,再将横向型材通过角铝件与竖向型材连接(图 6.33)。角铝件安装方法是:在角铝件上打出两个孔,孔径按设计要求确定,一般不小于 3mm,孔中心距角铝件边缘 10mm,然后截取形状及尺寸与横向型材相同的一小截型材,放在竖向型材画线位置,将已钻孔的角铝件放在这一小截型材内,固定位置准确后,用手电钻按角铝件上的小孔位置在竖向型材上打出相同的孔,并用自攻螺钉或抽芯拉铆钉将角铝固定在竖向型材上,然后与横向型材连接。金属框架可用铁件与基体固定。用水平尺及线坠调整框架的水平和垂直。

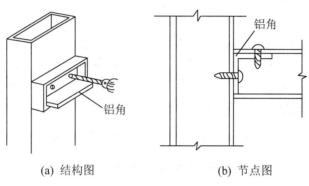

(a) 结构图　　　　　　(b) 节点图

图 6.33　铝合金横竖向龙骨安装示意

④ 裁割玻璃:按照图样设计要求和实际尺寸来裁割玻璃。玻璃尺寸一般要比设计的实际尺寸缩小 3mm 左右,以便安装,大面积玻璃要留 3~8mm 缝隙。操刀时用力要均匀,一划到底,中间不能停顿。

⑤ 安装玻璃:主要有木框玻璃安装和金属框玻璃安装两种方法。

a. 木框玻璃安装:安装前检查玻璃的角是否方正,并清理玻璃裁口污物,保证木框的尺寸正确、没变形。如果木框没有开玻璃槽,可在校正好的木框内侧,定出玻璃安装的位置线,并固定好玻璃靠位线条,如图 6.34(a)所示。把玻璃装入木框内,使其两侧的木框缝隙相等,并在缝隙中注入玻璃胶,然后用枪钉固定玻璃压条。当玻璃面积较大时,应使用吸盘工具吸住玻璃,要吸牢,再用手握住吸盘器将玻璃提起来安装,如图 6.34(b)所示。木压条安装有多种形式,如图 6.34(c)所示。

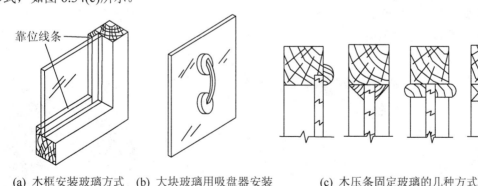

(a) 木框安装玻璃方式　(b) 大块玻璃用吸盘器安装　(c) 木压条固定玻璃的几种方式

图 6.34　木框安装玻璃示意

b. 金属框玻璃安装:先撕去金属框架面上的保护带或薄膜,首先用自攻螺丝安装玻璃靠位线(金属靠线或金属线槽条)。安装前应在框架下部的玻璃放置面上涂一层厚 2mm 的玻璃胶,如图 6.35(a)所示;或放置一层橡胶垫,玻璃安装后,玻璃的底边就压在玻璃胶或橡胶垫上;把玻璃装入框内，并靠近靠位线上，调整玻璃板距金属框两边距离使其侧缝相等，并在缝隙中注入玻璃胶，后用 M4 或 M5 的自攻螺钉固定封边压条，若封边压条是金属槽条，而且为了表面美观，不能直接用自攻螺丝固定，可采用先在金属框上固定木条，然后在木条上涂刷环氧树脂胶(万能胶)，再把不锈钢条或铝合金槽条卡在木条上，以达到装饰目的，如图 6.35(b)所示。

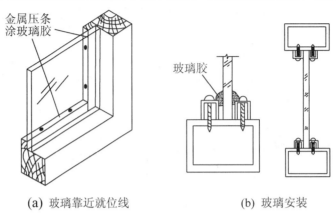

(a) 玻璃靠近就位线　　　　(b) 玻璃安装

图 6.35　金属框架上安装玻璃示意

⑥ 清理：玻璃隔墙安装完成后，打硅酮结构胶或玻璃胶。根据缝隙大小，倾斜切割打胶口，将胶均匀注入缝隙内，胶缝宽度应均匀，表面平整。待玻璃胶干后，将溢出玻璃面和边框的胶痕擦干净。若玻璃上有油污，可用液体溶剂将油污洗掉，然后再用清水擦洗。玻璃清洁时不能用质地太硬的清洁工具，也不能用含有磨料或酸、碱性较强的洗涤剂。要做好成品保护工作。

2. 玻璃砖隔断和屏风

玻璃砖的原料是钠、钙、硅的主要成分的均质配合料，以及着色剂等辅助材料通过熔接法和胶接法两种生产工艺制作而成。玻璃砖有实心砖和空心砖之分，其表面或内部有凹凸的花纹，形状有扁方形，也有正方形、矩形和各种异形。是现代建筑和室内装修中一种别具特色的高档装饰材料，具有良好的抗压强度、保温和隔声性能，可广泛地用于建筑的非承重部位。玻璃砖具有色彩丰富、花纹图案繁多、晶莹剔透、透光不透影等独特的使用功能和装饰功能，这在所有建筑砌块型的材料中是独树一帜的。被广泛地应用于现代建筑中，如商厦的门面、天窗、隔断和屏风等，如图 6.36 所示。

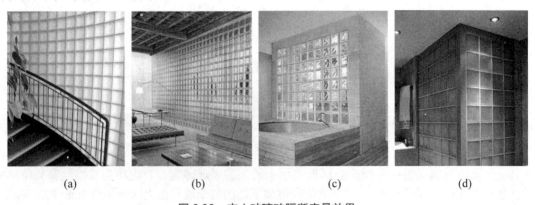

(a)　　　　(b)　　　　(c)　　　　(d)

图 6.36　空心玻璃砖隔断实景效果

1) 施工准备

选择符合设计要求的玻璃砖，胶凝材料选用 325 号或 425 号白色硅酸盐水泥。还有干净的细砂、白灰膏、直径 6～8mm 钢筋、膨胀螺栓、硅酮密封胶、木质或金属框架、沥青毡及硬质泡沫塑料等。机具同抹灰工具。

2) 施工结构图

空心玻璃砖具体施工结构图如图 6.37 所示。

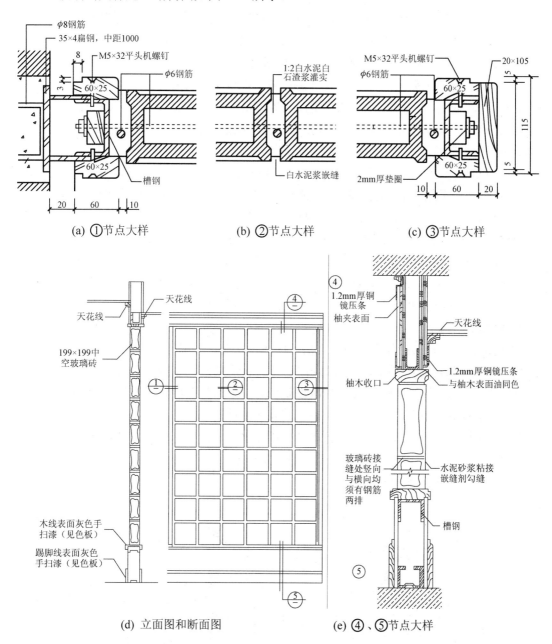

图 6.37 空心玻璃砖隔断施工结构图(单位：mm)

3) 工艺技术

(1) 工艺流程。工艺流程为弹线工艺→固定槽钢型材→选砖→排砖→砌筑玻璃砖→勾缝→涂防水涂料→密封接缝→收口技术→验收。

(2) 工艺过程简述。

① 弹线工艺：根据设计要求，首先在所砌筑空心玻璃砖墙的位置划出在两侧面墙上的位置线和在地面基层上的位置线。

② 固定槽钢型材：空心玻璃砖墙当与相邻的建筑部分相接时，不能使其承受强制力，故应在空心玻璃砖墙周围设置膨胀缝、滑缝，而且膨胀缝和滑缝的功能不允许因其他材料(如灰浆)而受到影响。在两侧面墙的位置线上固定槽形金属型材，在槽形金属型材的底面可贴附一层≥10mm 的不吸水的硬质泡沫塑料(用作膨胀缝)，在槽形型材的内侧面各贴附一层沥青纸(用作滑缝)，然后采用膨胀螺栓将槽形型材固定于墙体上。螺栓的间距应≤500mm。

③ 选砖：玻璃砖的具体施工中常根据室内艺术风格及装饰造型的需要，选择适用品种的玻璃砖进行组合砌筑。由于玻璃砖墙(或隔断)的玻璃砖表面直接成为饰面，因此在砌筑之前要认真检查，以期保证其不缺棱断角，同时也应对规格尺寸认真核对，以保证砌体的外观效果好。

④ 排砖：对于划好的玻璃砖墙(或隔断)位置线，应认真核对玻璃砖墙的长度尺寸是否符合排砖模数，如果墙体长度不符合排砖模数，可调整两侧面墙的槽钢及玻璃砖缝的宽度，以期在符合排砖模数的前提下，槽钢与侧面墙的间隙、灰缝的宽度都处于均衡。

⑤ 砌筑玻璃砖：在地面基层上砌筑空心玻璃砖，由于该种墙体不采用错缝砌筑，所以应在水平缝中每一层放置一根通长钢筋，在垂直缝中每隔三块砖放置一根通长钢筋。玻璃砖在砌筑时，应控制其灰缝宽度为 5~8mm，并应根据排砖时的情况来确定，这样才能使灰缝宽度均匀，砌体外观整齐划一。

⑥ 勾缝：当玻璃砖砌体砌筑完毕之后，应清理接缝，并用勾缝灰将所有砖缝勾塞饱满。当每砌一层完毕后，应立即用湿布将玻璃砖表面的砂浆拭去。勾缝时，应先勾水平缝，再勾竖缝，缝内要平滑，缝的深度应一致。如果要求砖缝与玻璃砖表面持平，则可采用抹面的方法来操作。勾缝完毕之后，应立即用湿布将玻璃砖表面擦拭干净。

⑦ 涂防水涂料：待 28 天之后，可用硅树脂防水涂料将所有接缝、墙脚缝等涂覆一遍。

⑧ 密封接缝：对于所有的砖缝、型材的连接缝等用硅树脂密封膏均匀地进行密封，密封的表面要平整、美观，如图 6.38 所示。

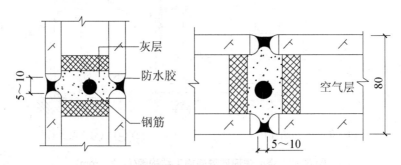

图 6.38 空心玻璃砖隔断施工结构(单位：mm)

⑨ 装饰收边处理：如果玻璃砖墙侧端不是封闭的，并且没有外框，就需做收边处理。装

饰收边一般有两种方法。木饰边：木饰边的形式比较多，经常使用的有厚木板饰边、阶梯饰边和半圆饰边等。不锈钢饰边：常用的有单柱饰边、多柱饰边和不锈钢槽饰边等。玻璃砖墙饰边示意如图6.39所示。

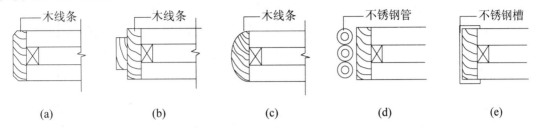

图 6.39 空心玻璃砖墙饰边示意

6.2.3 其他类隔断装饰施工技术

1. 移动式隔断

移动式隔断与屏风可以根据需要而灵活、方便地临时将大空间分隔成相对独立的小空间，而当需要大空间时，则可灵活、方便地恢复成大空间。常应用于需要经常灵活变化空间大小的室内空间，由于移动式隔断需要经常移动，又有私密性的要求，一般采用木质的或是软包的。移动式屏风则相对结构简单，制作的材料通常为木质的，也有以木质为框架中间镶字画或绸布等织物的，近年来也有采用金属型材料为框架中间镶嵌字画或绸布等织物的。移动式隔断与屏风在建筑中应用也较为广泛，它们常用于餐厅、酒吧、医院的诊室、游艺室、会客厅等场合，用以临时分隔成相对独立的空间。

移动式隔断的制作材料可根据功能的需要而采用木质、框架(木质、铝合金)和玻璃、木质软包等，当然采用何种材料和结构方式应根据私密性要求、采光需要、装饰效果而定。按其启闭形式分为拼装式、直滑式、折叠式、卷帘式和起落式5种，常用于室内的为拼装式、直滑式和折叠式3种。

1) 拼装式隔断

拼装式隔断是由若干独立的隔扇拼装而成，一般没有导轨和滑轮，且不能左右移动，隔扇需要逐个拆装。移动拼装式隔断的隔扇本身多用木框架，两侧贴有木质纤维板、胶合板、PVC贴面、人造革。隔声要求较高的隔断，可在两层面板之间设置隔声层，并将隔扇的两个垂直边做成企口缝，以便使相邻隔扇能紧密地咬合在一起，达到隔声的目的。隔扇的下部照常做踢脚。当楼地面上铺有地毯时，隔扇可以直接坐落在地毯上，否则，应在隔扇的底下另加隔声密封条，靠隔扇的自重将密封条紧紧压在楼地面上。

为装卸方便，隔断的上部有一个通长的槽形或T形的用来固定隔扇上槛，通常用螺钉或膨胀螺栓固定在平顶上。采用槽形时，隔扇的上部可以做成平齐的；采用T形时，隔扇的上部应设较深的凹槽，以使隔扇能够卡到T形上槛的腹板上。不论采用哪一种上槛，都要使隔扇的顶面与平顶之间保持50mm左右的空隙，以便于安装和拆卸。

移动拼装式隔断的一端应设置一个槽形的补充构件,该补充构件与槽形上槛的大小和形状完全相同，其功能作用是便于安装和拆卸隔扇，并且在安装后掩盖住端部隔扇与墙面之间的缝隙。

移动拼装式隔断的立面形式及主要节点结构，如图6.40所示。

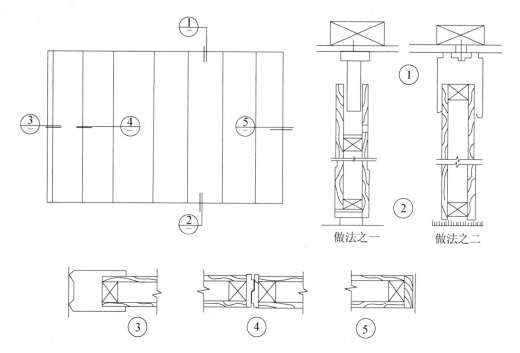

图 6.40 拼装式隔断形式和结构

2) 直滑式隔断

利用轨道滑动的活动方式的隔断称直滑式隔断,直滑式隔断由若干扇隔扇、滑轮、导轨等组成。隔扇的主体是一个木质框架,其两侧各贴一层木夹板或木质纤维板,其间夹着玻璃纤维或矿物棉作为吸声层,木夹板或木质纤维板外覆装层(可直接油漆、可贴皮革、可贴各种织物、可贴塑料贴面板等)。在隔扇的两个垂直边用螺钉固定上铝合金镶边,在铝合金镶边的凹槽内嵌有泡沫聚氯乙烯密封条。隔扇的结构,如图 6.41 所示。

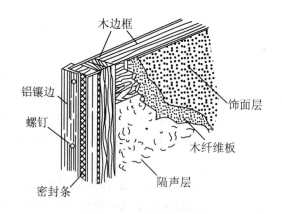

图 6.41 隔扇结构

直滑式隔断当完全打开时,隔扇可以隐蔽于洞口的一侧或两侧。若洞口很大时,则由于隔扇较多,故经常采用一段拐弯的轨道或分岔的轨道来使隔扇重叠在一起,如图 6.42 所示。有铰链直滑式隔断的立面形式及主要节点结构,如图 6.43 所示。

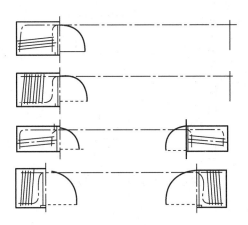

图 6.42　有铰链直滑式隔断收拢方式

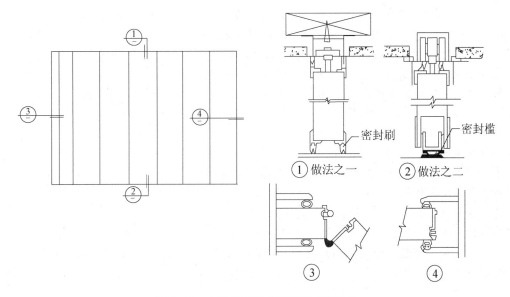

图 6.43　有铰链直滑式隔断形式和结构

从图 6.43 中可知，在边缘的半扇隔扇与边缘构件采用铰链连接，当隔扇关闭时，最前端的隔扇会自然地嵌入槽形补充构件中。在补充构件的两侧，各有一个密封条与隔扇两侧紧密接触。隔扇与地面之间的缝隙则采用不同的方法来遮掩，一种方法是在隔扇下面设置两行橡胶密封刷；另一种方法是将隔扇的下部做成凹槽形，并在其间分段设置密封槛，密封槛的上面也有两行密封刷分别与凹槽的两个侧面接触，并在密封槛下面另设密封垫，靠密封槛的自重来与地面紧密接触。

3) 折叠式隔断

折叠式隔断可以像手风琴的风箱一样展开和收拢。按其使用的材料的不同，可分硬质和软质两类。硬质折叠式隔断是由木隔扇或金属隔扇构成的；软质折叠式隔断是用皮革、人造革、棉、麻织品、橡胶、塑料等制品制作的。硬质折叠式隔断的隔扇利用铰链连接在一起。隔断展开和收拢时，隔扇自身的角度也在变，收拢状态的隔扇与轨道近似垂直或垂直，如图 6.44 所示。

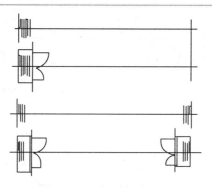

图 6.44 折叠式隔断收拢方式

硬质折叠式隔断按其隔扇的结构来分,可分为单面硬质折叠式隔断和双面硬质折叠式隔断两种。

(1) 单面硬质折叠式隔断。单面硬质折叠式隔断的隔扇宽一般为 500~1000mm,隔断收拢后,隔扇可折叠于洞口的一侧或两侧。室内装修要求较高时,可在隔扇折叠起来的地方做一段空心墙,将隔扇隐蔽在空心墙内。空心墙外面设一双扇小门,不论隔断展开或收拢,都能关起来,可使洞口保持整齐美观,如图 6.45 所示。隔扇安装有两种方法:一种是上部滑轮设在顶面的一端(隔扇的边挺上),同时楼地面上设轨道(确保隔扇的重心与作为支承点的滑轮在同一条直线上,以免隔扇受水平推力的作用而倾斜),隔扇的数目不限,但要成偶数,以便使首尾两个隔扇都能依靠滑轮与上下轨道连起来。

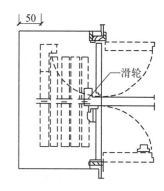

图 6.45 用于隐藏隔断的结构

另一种是上部滑轮设在顶面的中央(由于支撑点与隔扇的重心位于同一条直线上,楼地面上就不一定再设轨道了),一般是每隔一扇设一个滑轮,隔扇的数目必须为奇数。采用手动开关的,可取五扇或七扇,扇数过多时,需用机械开关。隔扇之间用铰链连接,少数隔断也可两扇一组地连接起来,如图 6.46 和图 6.47 所示。当需要透光时,可以全部或部分采用玻璃扇。

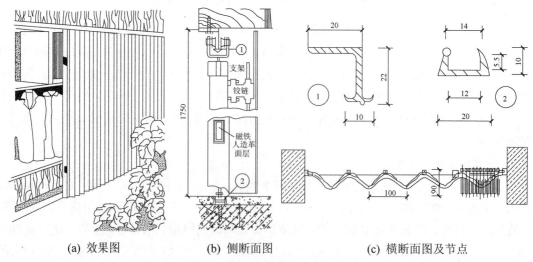

(a) 效果图　　　　(b) 侧断面图　　　　(c) 横断面图及节点

图 6.46 单面硬质折叠式隔断的结构(单位:mm)

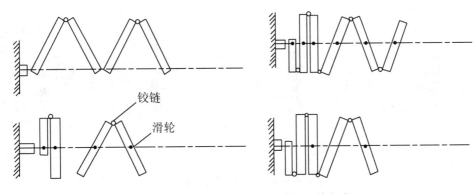

图 6.47　单面硬质折叠式隔扇的连接方式

上部滑轮的形式较多。隔扇较重时,可采用带有滚珠轴承的滑轮,轮缘是钢的或是尼龙的;隔扇较轻时,可采用带有金属轴套的尼龙滑轮或滑钮,不同类型的滑轮与导轨的结构示意,如图 6.48 所示。与滑轮的种类相适应,上部轨道的断面可呈箱形或 T 形,材料一般用钢材或者铝材。当上楼地面上设轨道时,隔扇底面要相应地设滑轮,构成下部支承点,这种轨道的断面多数都是 T 形的;当隔扇较高时,一般在楼地面上设置导向槽,在隔扇的底面相应地设置中间带凸缘的滑轮或导向杆(主要作用是维持隔扇的垂直位置,防止在启闭的过程中向两侧摇摆),如图 6.49 所示。在更多的情况下,楼地面上不设置轨道和导向槽,这样可使施工简便、使用方便。

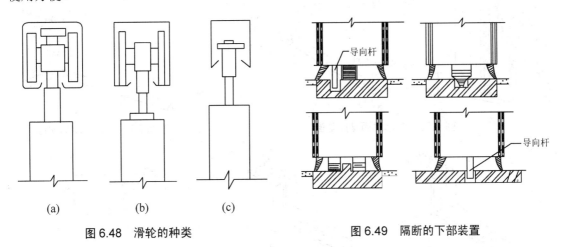

图 6.48　滑轮的种类　　　　　　　图 6.49　隔断的下部装置

隔扇的节点处理:为保证隔断具有足够的隔声能力,除提高隔扇本身的隔声性能外,还需要妥善处理隔扇与隔扇之间的缝隙、隔扇与平顶之间的缝隙、隔扇与楼地面之间的缝隙以及隔扇与洞口两侧之间的缝隙。为此,隔扇的两个垂直边常常做成凸凹相咬的企口缝,并在槽内镶嵌橡胶或毡制的密封条,如图 6.50 所示。最前面一个隔扇与洞口侧面接触处,可设密封管或缓冲板,如图 6.51 所示。隔扇的底面与楼地面之间的缝隙(约 25mm)常用橡胶或毡制密封条遮盖。当楼地面上不设轨道时,也可以隔扇的底面设一个富有弹性的密封垫,并相应地采取一个专门装置,使隔断处于封闭状态时能够稍稍下落,从而将密封垫紧紧地压在楼地面上。

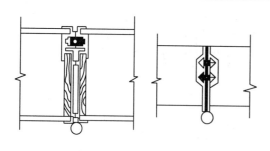
图 6.50 隔扇之间的密封

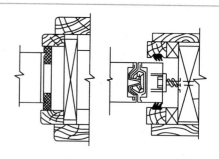
图 6.51 隔扇与洞口之间的密封

(2) 双面硬质折叠式隔断。双面硬质折叠式隔断在双面隔断的中间设置若干个立柱，在立柱之间设置数排金属伸缩架，如图 6.52 所示。伸缩架的数量依隔断的高度而定，少则一排，多则两排到三排。框架两侧的隔板大多由木板或胶合板制成。当采用木质纤维板时，表面宜粘贴塑料饰面层。隔板的宽度一般不超过 300mm。相邻隔板多靠密实的织物(帆布带、橡胶带等)沿整个高度方向连接在一起，同时，还要将织物或橡胶带等固定在框架的立柱上，图 6.53 所示为隔板间几种不同的连接法，具体做法如图 6.54 所示。

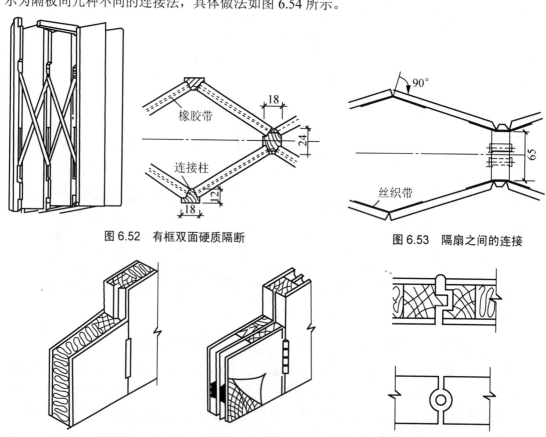

图 6.52 有框双面硬质隔断

图 6.53 隔扇之间的连接

(a) 结构图　　　　(b) 隔扇铰链节点

图 6.54 折叠式隔断形式及其节点(单位：mm)

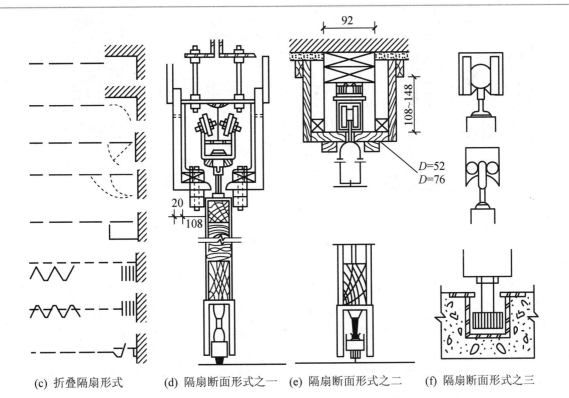

(c) 折叠隔扇形式　　(d) 隔扇断面形式之一　(e) 隔扇断面形式之二　(f) 隔扇断面形式之三

图 6.54　折叠式隔断形式及其节点(单位：mm)(续)

2. 水泥制品格式隔断

水泥制品花式隔断是指通过水泥花格、混凝土花格、水磨石花格和石膏花格拼装而成的隔断。室内装修中花格用的比较多，大致可分为3种，一种是由特定几何形状的水泥制品小花格拼装而成，这种拼装的品类花色丰富，造型多样，如图 6.55(a)所示。另一种是由水磨石条板与水磨石小花格拼装而成，还有一种是完全由水泥制品条板竖直拼装而成，如图 6.55(b)和图 6.56 所示。

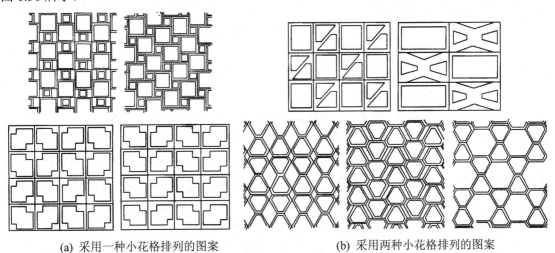

(a) 采用一种小花格排列的图案　　　　　　(b) 采用两种小花格排列的图案

图 6.55　水泥花格拼装结构

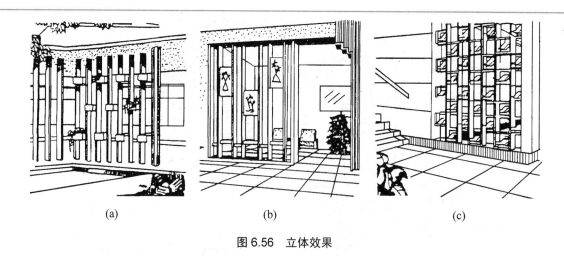

(a)　　　　　　　　　(b)　　　　　　　　　(c)

图 6.56　立体效果

1) 施工准备

水泥、砂子：水泥最好为 400 号以上；砂子可采用中砂，以防因砂粒过大造成表面粗糙或因砂粒过小制品表面出现裂纹。石子：因花格制品壁厚很小，石子粒径也不宜过大，以粒径在 0.8～1.5mm 的卵石子做混凝土花格，以粒径在 2～4mm 的石碴做水磨石花格，石子应在使用前洗净备用。其他：$\phi 2$、$\phi 4$、$\phi 6$ 钢筋、8 号铁线，用以增加构件刚度；脱模剂、废机油等，可作为模板与水泥制品的隔离剂；草酸，用以处理水磨石花格表面；各种涂料，用于外表面粉刷。施工机具同抹灰工具。

2) 工艺技术

(1) 工艺流程。工艺流程为水泥制品花格制作→基层处理→拉线→弹线工艺→预埋连接件→立板连接→花饰安装→刷面。

(2) 工艺流程简述。

① 基层处理：应对被粘接体(混凝土面层或抹灰面层)表面进行冲刷、清理，不留纸屑或油污。然后在表面刷一遍 107 胶水泥浆(1∶3)，或 107 胶水溶液。

② 水磨石花格多用于室内，要求表面平整、光洁。制作材料可选用 1∶1.25～1∶2 水泥石碴浆，浇灌后石碴浆表面要经过铁抹子多次刮压，使石碴排列均匀，表面出浆。水泥初凝后即可拆模，然后浇水养护。待水泥石碴达一定强度后即可打磨，打磨前应在同批构件中选样试磨，以打磨时不掉石子为度。打磨可用电动磨石子机或手工打磨，一般分 3 次进行，每次打磨后应用同色水泥浆满批填补麻面，再换磨石打磨下一遍。最后用洗水、草酸清洗表面，上蜡。具体做法参见水磨石地面。

③ 预排：先在拟定装花格部位，按构件排列形状和尺寸标定位置，然后用构件进行预排调缝。

④ 拉线：调整好构件的位置后，在安装向拉通线，通线应用水平尺和线坠找平找直，以保证安装后构件位置准确、表面平整，不致出现前后错动、缝隙不匀等现象。

⑤ 预埋连接件：竖向板与上下墙体或梁连接时，在上下连接点，要根据竖板间隔尺寸埋入埋件或留凹槽。若竖向板间插入花饰，板上也应埋件或留槽。

⑥ 立板连接：在拟安装板部位将板立起，用线坠吊直，并与墙、梁上埋件或凹槽连在一起，连接节点可采用焊、拧等方法(图 6.57)。(单一水泥制品花格安装不需此工艺。)

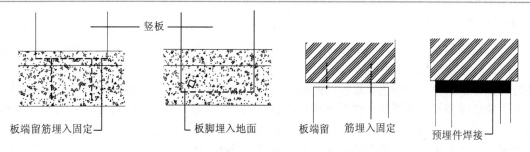

图 6.57　竖向板固定

⑦ 安装花饰：水泥制品小单元花格从下而上地将构件拼装在一起，拼装缝用 1∶2～1∶2.5 水泥砂浆填平。构件之间连接是在两构件的预留孔内插入 $\phi 6$ 钢筋段，然后水泥砂浆灌实。花格连接方法如图 6.58 所示；竖板中加花饰也采用焊、拧和插入凹槽的方法。焊接花饰可在竖板立完固定后进行，插入凹槽的安装方法应与装竖板同时进行(图 6.59)。

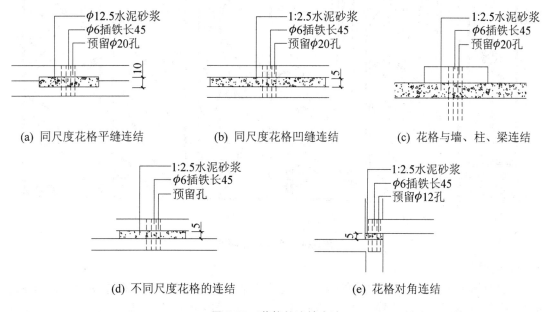

图 6.58　花格的连接方法

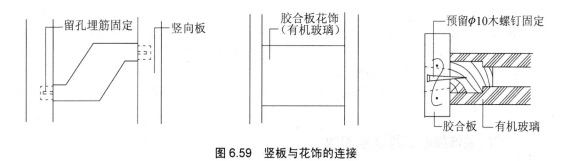

图 6.59　竖板与花饰的连接

⑧ 刷面：拼装后的花格应刷涂各种涂料。水磨石花格因在制作时已用彩色石子或颜料调出装饰色，可不必刷涂。刷涂方法同墙面。

3. 金属花格隔断

金属花格隔断(图 6.60)，具有简洁、大方、别致的特点，特别是其材质可选择范围较大，铜、铁、铝合金、不锈钢等均可以选用，其表面的色泽，以铝合金来说，可以通过表面的镀膜处理而获得金黄色、古铜色、蓝色、黄色、棕色等具有金属质感的色泽。此外，其制作方法可以使用铸造或型材，而型材可以是各种形状的截面几何形状，实心的如矩形、正方形、L形和圆形等；空心的如矩形、正方形、圆形等。此外，金属通透式花格隔断还可以镶嵌彩色玻璃、有机玻璃、硬木花饰等装饰手法，表面可以涂漆、烤漆、镀膜等处理，从而可以使隔断营造出古典的或现代的氛围。金属通透式花格隔断广泛地应用于宾馆、饭店、体育场馆、候机厅等建筑中。其制作与安装方法如下。

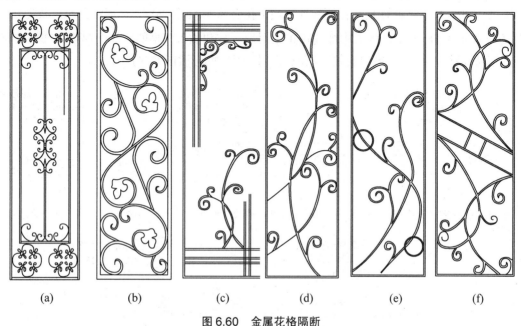

(a)   (b)   (c)   (d)   (e)   (f)

图 6.60　金属花格隔断

1) 成型

主要有铸造成型、钣金成型两种方法。铸造成型：采用铸造的方法制作铁、铝、铜花格，即将熔融的金属液体浇注于模型中来制成。钣金成型：采用金属型材，如方钢、方钢管、钢筋、扁钢、钢管等通过切割、弯曲、焊接等方法先预制成金属小花格，待以后再拼制成隔断。

2) 安装

金属通透式花格隔断的安装则根据花格的成型方法而有所不同，故应依具体情况(如金属花格的幅面大小、材质)而有所不同。金属通透式花格隔断的安装程序是：首先画线定位，然后根据设计安装花格，金属花格隔断的四周应与建筑结构连接牢固(可采用膨胀螺栓、预埋连接件等方式)，金属花格的连接则根据材质、形状等，酌情考虑采用铆接、焊接、套接、粘接等方法中的一种或几种。

6.2.4　室内装饰隔断工程质量验收

1. 板材隔断

本标准适用于复合轻质墙板、石膏空心板、预制或现制的钢丝网水泥板等板材隔墙工程的质量验收。

板材隔断的检查数量应符合下列规定：每个检验批应至少抽查10%，并不能少于3间；不满3间时应全数检查。

质量要求及检验方法见表6-2和表6-3。

表6-2 板材隔断工程质量要求和检验方法

项 目	项 次	质 量 要 求	检 验 方 法
主控项目	1	隔墙板材的品种、规格、性能、颜色应符合设计要求。有隔声、隔热、阻燃、防潮等特殊要求的工程，板材应有相应性能等级的检测报告	观察；检查产品合格证书、进场验收记录和性能预测报告
	2	安装隔墙板材所需预埋件、连接件的位置、数量及连接方法应符合设计要求	观察；尺量检查；检查隐蔽工程验收记录
	3	隔墙板材安装必须牢固。现制钢丝网水泥隔墙与周边墙体的连接方法应符合设计要求，并应连接牢固	观察；手扳检查
	4	隔墙板材所用接缝材料的品种及接缝方法应符合设计要求	观察；检查产品合格证书和施工记录
一般项目	5	隔墙板材安装应垂直、平整、位置正确，板材不应有裂缝或缺损	观察；尺量检查
	6	板材隔墙表面应平整光滑、色泽一致、洁净，接缝应均匀、顺直	观察；手摸检查
	7	隔墙上的孔洞、槽、盒应位置正确、套割方正、边缘整齐	观察
	8	板材隔墙安装的允许偏差和检验方法应符合表6-3的规定	

表6-3 板材隔墙安装的允许偏差和检验方法

| 项次 | 项 目 | 允许偏差/mm | | | | 检验方法 |
| | | 复合轻质墙板 | | 石膏空心板 | 钢丝网水泥板 | |
		金属夹心板	其他复合板			
1	立面垂直度	2	3	3	3	用2m垂直检测尺检查
2	表面平整度	2	3	3	3	用2m靠尺和塞尺检查
3	阴阳角方正	3	3	3	4	用直角检测尺检查
4	接缝高低差	1	2	2	3	用钢直尺和塞尺检查

2. 骨架隔断

本标准适用于以轻钢龙骨、木龙骨等为骨架，以纸面石膏板、人造木板、水泥纤维板等为墙面板的隔断工程的质量验收。

骨架隔墙工程的检查数量应符合下列规定：每个检验批应至少抽查10%，并不能少于3间；不满3间时应全数检查。

质量要求及检验方法见表6-4和表6-5。

表 6-4 骨架隔断工程质量要求和检验方法

项目	项次	质量要求	检验方法
主控项目	1	骨架隔墙所用龙骨、配件、墙面板、填充材料及嵌缝材料的品种、规格、性能和木材的含水率应符合设计要求。有隔声、隔热、阻燃、防潮等特殊要求的工程、材料应有相应性能等级的检测报告	观察;检查产品合格证书、进场验收记录、性能检测报告和复验报告
主控项目	2	骨架隔墙工程边框龙骨必须与基体结构连接牢固,并应平整、垂直、位置正确	手扳检查;尺量检查;检查隐蔽工程验收记录
主控项目	3	骨架隔墙中龙骨间距和构造连接方法应符合设计要求。骨架内设备管线的安装、门窗洞口等部位加强龙骨应安装牢固、位置正确,填充材料的设置应符合设计要求	检查隐蔽工程验收记录
主控项目	4	木龙骨及木墙面板的防火和防腐处理必须符合设计要求	检查隐蔽工程验收记录
主控项目	5	骨架隔墙的墙面板应安装牢固,无脱层、翘曲、折裂及缺损	观察;手扳检查
主控项目	6	墙面板所用接缝材料的接缝方法应符合设计要求	观察
一般项目	7	骨架隔墙表面应平整光滑、色泽一致、洁净、无裂缝,接缝应均匀、顺直	观察;手摸检查
一般项目	8	骨架隔墙上的孔洞、槽、盒应位置正确、套割吻合、边缘整齐	观察
一般项目	9	骨架隔墙内的填充材料应干燥,填充应密实、均匀、无下坠	轻敲检查;检查隐蔽工程验收记录
一般项目	10	骨架隔墙安装的允许偏差和检验方法应符合表 6-5 的规定	

表 6-5 骨架隔墙安装的允许偏差和检验方法

项次	项目	允许偏差/mm		检验方法
		纸面石膏板	人造木板 水泥纤维板	
1	立面垂直度	3	4	用2m垂直检测尺检查
2	表面平整度	3	3	用2m靠尺和塞尺检查
3	阴阳角方正	3	3	用直角检测尺检查
4	接缝直线度	—	3	拉5m线,不足5m拉通线,用钢直尺检查
5	压条直线度	—	3	拉5m线,不足5m拉通线,用钢直尺检查
6	接缝高低	1	1	用钢直尺和塞尺检查

3. 活动隔断

本标准适用于各种活动隔断工程的质量验收。

活动隔断工程的检查数量应符合下列规定:每个检验批应至少抽查 20%,并不能少于 6 间,不满 6 间时应全数检查。

活动隔断质量要求及检验方法见表 6-6 和表 6-7。

表6-6 活动隔断工程质量要求和检验方法

项目	项次	质量要求	检验方法
主控项目	1	活动隔墙所用墙板、配件等材料的品种、规格、性能和木材的含水率应符合设计要求。有阻燃、防潮等特性要求的工程,材料应有相应性能等级的检测报告	观察;检查产品合格证书、进场验收记录、性能检测报告和复验报告
	2	活动隔墙轨道必须与基体结构连接牢固,并应位置正确	尺量检查;手扳检查
	3	活动隔墙用于组装、推拉和制动的构配件必须安装牢固、位置正确,推拉必须安全、平稳、灵活	尺量检查;手扳检查;推拉检查
	4	活动隔墙制作方法、组合方式应符合设计要求	观察
一般项目	5	活动隔墙表面应色泽一致、平整光滑、洁净,线条应顺直、清晰	观察;手摸检查
	6	活动隔墙上的孔洞、槽、盒应位置正确、套割吻合、边缘整齐	观察;尺量检查
	7	活动隔墙推拉应无噪声	推拉检查
	8	活动隔墙安装的允许偏差和检验方法应符合表6-8的规定	

表6-7 活动隔墙安装的允许偏差和检验方法

项次	项目	允许偏差/mm	检验方法
1	立面垂直度	3	用2m垂直检测尺检查
2	表面平整度	2	用2m靠尺和塞尺检查
3	接缝直线度	3	拉5m线,不足5m拉通线,用钢直尺检查
4	接缝高低差	2	用钢直尺和塞尺检查
5	接缝宽度	2	用钢直尺检查

4. 玻璃隔墙工程

本标准适用于玻璃砖、玻璃板隔墙工程的质量验收。

玻璃隔断工程的检查数量应符合下列规定:每个检验批应至少抽查20%,并不能少于6间;不满6间时应全数检查。

质量要求及检验方法见表6-8和表6-9。

表6-8 玻璃隔断工程质量要求和检验方法

项目	项次	质量要求	检验方法
主控项目	1	玻璃隔墙工程所用材料的品种、规格、性能、图案和颜色应符合设计要求。玻璃板隔墙应使用安全玻璃	观察;检查产品合格证书、进场验收记录和性能检测报告
	2	玻璃砖隔墙的砌筑或玻璃板隔墙的安装方法应符合设计要求	观察
	3	玻璃砖隔墙砌筑中埋设的拉结筋必须与基体结构连接牢固,并应位置正确	手扳检查;尺量检查;检查隐蔽工程验收记录
	4	玻璃板隔墙的安装必须牢固。玻璃板隔墙胶垫的安装应正确	观察;手推检查;检查施工记录
一般项目	5	玻璃隔墙表面应色泽一致、平整洁净、清晰美观	观察
	6	玻璃隔墙接缝应横平竖直,玻璃应无裂痕、缺损和划痕	观察
	7	玻璃板隔墙嵌缝及玻璃砖隔墙勾缝应密实平整、均匀顺直、深浅一致	观察
	8	玻璃隔墙安装的允许偏差和检验方法应符合表6-9的规定	

表 6-9 玻璃隔断安装的允许偏差和检验方法

项次	项目	允许偏差/mm		检验方法
		玻璃砖	玻璃板	
1	立面垂直度	3	2	用 2m 垂直检测尺检查
2	表面平整度	3	—	用 2m 靠尺和塞尺检查
3	阴阳角方正	—	2	用直角检测尺检查
4	接缝直线度	—	2	拉 5m 线，不足 5m 拉通线，用钢直尺检查
5	接缝高低差	3	2	用钢直尺和塞尺检查
6	接缝宽度	—	1	用钢直尺检查

6.2.5 室内装饰隔断案例分析

1. 施工准备

本项目主要涉及木质装饰隔断施工技术。涉及的材料主要有实木方条、深色胡桃木饰面、9mm 木夹板、红色印花玻璃、实木雕花、砂光不锈钢踢脚板、胶料、金漆等。涉及的工种主要是木工、金属工和玻璃装饰工等，主要机具包含木工、金属工和玻璃装饰工所需的各项工具等。

按隔断设计图样进行施工前交底工作。实木方条、深色胡桃木饰面、9mm 木夹板等主要材料进场到位，各种加工工具、设备就位。

2. 设计与节点大样

如图 6.61～图 6.63 为室内装饰隔断设计及其大样图。

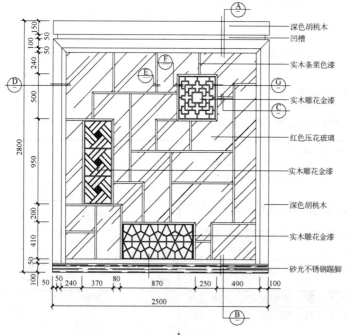

图 6.61 木质花格隔断立面图(单位：mm)

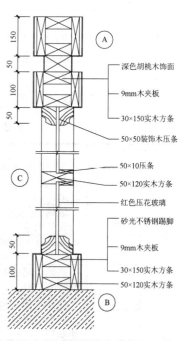

图 6.62 木质花格隔断 Ⓐ、Ⓑ、Ⓒ节点详图(单位：mm)

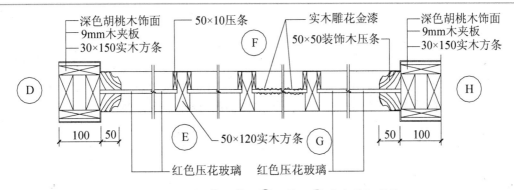

图 6.63　木质花格隔断 Ⓓ、Ⓔ、Ⓕ、Ⓖ、Ⓗ 节点详图(单位：mm)

3. 工艺流程

工艺流程为弹线工艺→木质龙骨架制作→木质龙骨架安装→9mm 木夹板装订→安装砂光不锈钢踢脚→粘贴胡桃木饰面板→安装红色印花玻璃→安装实木雕花→胡桃木饰面清漆→实木雕花油金漆→验收。

6.3　室内喷泉及绿化工程施工技术

把园林景观艺术和组景方式用于室内装饰工程，国内室内装饰业中已经逐渐发展起来了。特别是在高层建筑和有室内空间中，将自然景物适宜地从室外移入室内，使室内赋于一定程度的园林气息，丰富了室内空间，活跃了室内气氛，从而自然地增强了人们的舒适感。

室内装饰常用的组景方法有水局组景、筑山石景、观赏植物组景、亭阁组景，以及园林建筑小品等。室内装饰组景施工的要求有自身的特点，主要是组景材料要轻，组景结构应采用空心，水局结构要有严格的防水处理。本节主要介绍室内水体及喷泉和室内绿化景观工程技术。

6.3.1　室内水体及喷泉施工技术

1. 水景的作用

水景的基本功能是供人观赏，因此它必须是能够给人带来美感，使人赏心悦目的，所以设计首先要满足艺术美感。水景是工程技术与艺术设计结合的产品，它可以是一个独立的作品。但是一个好的水景作品，必须要根据它所处的环境氛围、建筑功能要求进行设计，并要和建筑园林设计的风格协调统一。水景最终的效果不是单靠艺术设计就能实现的，它必须依靠每个专业具体的工程技术来保障。作为一线施工人员，有必要详细了解相关设计施工知识。尤其瀑布和喷泉在水池的溢水、泄水、防水等环节都有着严格要求。只有严格遵守设计与施工中的要求，才能实现最好的园林水景景观效果。

水的景观效应，是人通过自己的视觉、听觉和触觉等，对水体及其周围环境产生感知，进而激发某种情感和兴致，也就是产生景观感应的人与自然形意相融的效应，这些景观效应，可由不同景观要素的形态美、线条美、色泽美、动态美、静态美以及听觉美和嗅觉美等美学特征所诱发。

1) 基底作用

大面积的水面视域开阔、坦荡，有托浮岸畔或水中景观的基底作用。当水面不大，但水面在整个空间中仍具有面的感觉时，水面仍可作为岸畔或水中景物的基底，产生倒影，扩大和丰富空间。例如，西班牙阿尔罕布拉宫中的石榴院，院中宁静的水面使城堡丰富的立面更加完整和动人，如果没有这片简洁的水面，则整个空间的质量就要逊色得多。

2) 系带作用

水面具有将不同的园林空间、景点连接起来产生整体感的作用；将水作为一种关联因素又具有使散落的景点统一起来的作用，前者称为线型系带作用，后者称为面型系带作用。例如，扬州瘦西湖的带状水面延绵数千米，一直可达平山堂。在现公园范围内，众多的景点或依水而建，或伸向湖面，或几面环水，整个水面和两侧景点好像一条翡翠项链。同样，从桂林到阳朔，漓江将两岸奇丽的景色贯穿起来，这也是线型系带作用的例子。

当众零散的景点均以水面为构图要素时，水面就会起到统一的作用。例如，在苏州的拙政园中，众多的景点均以水面为底，其中许多建筑的题名都反映了与水面的关系，如海棠春坞、倒影楼、塔影亭、荷风四面亭、香洲、小沧浪、远香堂等名称中的坞、倒影、塔影、荷、洲、沧浪、远香都与水有着不可分割的联系，只不过有的直接、有的间接而已。另外，有的设计并没有大的水面，而只是在不同的空间中重复安排水这一主题，以加强各空间之间的联系。

水还具有将不同平面形状和大小的水面统一在一个整体之中的能力。无论是动态还是静态的水，当其经过不同形状和大小的、位置错落的容器时，由于它们都含有水这一共同而又唯一的因素而产生了整体的统一。

3) 焦点作用

喷涌的喷泉、跌落的瀑布等动态形式的水的形态和声响能引起人们的注意，吸引住人们的视线。在设计中除了处理好它们与环境的尺度和比例的关系外，还应考虑它们所处的位置。通常将水景安排在向心空间的焦点上、轴线的焦点上、空间的醒目处或视线容易集中的地方，使其突出并成为焦点。可以作为焦点水景布置的水景设计形式有喷泉、瀑布、水帘、水墙、壁泉等。

2. 水景的分类

现代景观设计中，水景按建造方式的不同可分为天然水景和人工水景。天然水景是以江河湖海等自然水资源为背景的人文环境，人工水景则是以水为主体的人工构筑物。天然水景讲求借景，以观赏为主。构思中借助自然地形，顺应环境设置景观。天然水景形式常有池塘、湖泊、礁湖、水流、瀑布等，通常为了达到增强其自然的景观效果的目的，设计师常在水景的沿岸边缘修饰天然形态的岩石及水生植物。

而人工水景按照其设计手法又可分为几何形式和仿天然式人工湖。仿天然式人工湖所表现出的景观特征应该是纯天然的风貌，人造水景忌讳显露人造痕迹。其意图是以人工手段仿造天然湖的效果。平面形式以天然曲线为主，结合周边地形进行设计。设计时应考虑多设置大小不一的天然沿河石块。河岸为自然式的斜坡。沿河多以水生植物为主。而人工几何形态的水景，大致多有水池(Pool)、瀑布(Waterfall)、喷泉(Fountain)三种基本的设计形式。

喷泉根据景观效果可分为直立式喷泉、麻花式喷泉和松树形喷泉，直立式喷泉即是一条水柱直冲至空中的效果，麻花式喷泉即是水柱向空中喷洒时带有树形雨水点散开，松树形喷泉即是水柱向空中喷洒时水柱浓度密度呈圣诞松树般，上尖下大，极具观赏性。

根据人眼视域的生理特征，对于喷泉、雕塑、花坛等景物，其垂直视角在 30°、水平视角在 45°的范围内有良好的视域。喷泉的适合视距为喷水高的 3.3 倍。当然也可以缩短视距，造成仰视的效果。水池半径与喷泉的水头高度应有一定的比例，一般水池半径为喷泉高的 1.5 倍，如半径太小，水珠容易外溅。为了使喷水线条明显，宜用深色景物作背景。

3. 喷泉设计与施工

1) 施工准备

水池的砌筑属一般建筑的泥水施工，所以施工中主要是建筑材料、饰面材料，以及防水材料。建筑材料：用于加固水池底面和侧壁的混凝土基体 $\phi(8\sim12)$mm 的钢筋，常用 425 号以上的普遍水泥及白水泥，中沙和中等颗粒石子。饰面材料：白瓷砖、马赛克、水磨石面、釉面地砖、大理石、花岗岩板面等。防水防渗漏材料主要是防水剂和可涂刷在面层的涂料。施工机具同抹灰工程。

2) 工艺技术

喷泉施工一般通过：喷泉设计→水局组景的布局安排与放线→管道铺设→水池设计与施工→喷泉设备安装→调试→清理→验收等工艺过程，现简述如下。

(1) 喷泉设计。喷泉形态设置水景要整体考虑景观效果。人们在观景的同时，耳畔回荡着水流的声音，加之清风扑面、水雾袭人，更使人真切地溶入大自然。为了增加水景的美感，人们往往利用彩色射灯、激光来增加色彩，同时伴以高山流水等古筝名曲增加水景的感染力。在设计大型主题喷泉时，还应用声、光、电等现代科技手法为喷泉增色添彩。设计时考虑给排水设置、给水问题及水的循环问题，如不能保证水源，则一切景观无从谈起。水源可以是引用高水位的天然水，在高地建造水池，采用水池循环供水，或直接使用城市自来水等。

(2) 水局组景的布局安排与放线。施工前，首先要根据室内景园布局图和施工图，并结合施工现场的具体情况，对水局中水池、瀑布、溪涧的具体位置进行安排。安排时要考虑的问题有：水池的给排水问题、水电路的管道走向问题、水池的基础问题、瀑布的供水问题、各种设置与建筑物本身的关系问题。将上述问题考虑解决。安排妥当后，再根据安排好的位置尺寸，在地面上用白石膏粉画出水池等设置的基本位置。

(3) 管道铺设。按设计要求铺设管道。较早的水景工程一般采用热镀锌钢管，但存在许多不足之处。钢管在使用一段时间后，表面锈蚀，影响美观，且使用寿命较混凝土结构短一半以上。较好的管材是铜管和不锈钢管，但造价较高。UPAC 管材可避免锈蚀，但存在耐热性差，且光直接照射加速变色老化等问题。若将其暗埋在池底板下，而在裸露部分采用铜或不锈钢管材，应是较为合理经济的解决办法。

(4) 水池营造。池底和池壁的颜色，过去常用浅色、白、浅蓝等，以显水清。现在有用深色，甚至全黑的设计。选用深色，喷泉宜用泡沫型喷头，对比之下，更为分明。同样道理，不喷射也要有某项对比色如雕塑、花钵等，以免过于沉闷。水池营造包括水池砌筑、水池防渗处理和水池饰面处理等工艺。

① 水池的砌筑：室内水池的砌筑，通常用混凝土浇筑，池边与池底浇筑为一整体，如水池深度大于 500mm，应用钢筋混凝土砌筑。在地面以下砌筑水池时，水池下的土基部分应做密实。其混凝土厚度可为 100~150mm。在楼板面上做水池时，水池的混凝土厚度为 100mm 左右，水池的深度最好不要大于 400mm。

② 水池防渗防漏的处理：当水池基体砌筑完毕，并浇水保养 24h 后便可进行防漏施工。

如果防水要求很高，也可在砌筑混凝土水池基体时，就在混凝土中加入防水剂。用于混凝土的防水材料通常为防水粉和避水剂(能作为水池的混凝土基体和内面层砂浆的防水材料)。水池基体砌筑完后的防漏方法是采用防水砂浆(水泥：中砂：细石子=1：2：4，配制时，先将按所需水泥重量3%左右的避水剂)抹面，抹面要分两次进行，每次抹面层厚10mm左右，待第二次防水砂浆初凝时，要将其面压实抹光。

抹面水泥标号最好为425号，防水抹面砂浆(水泥：中砂=1：2)配制，同样是先将避水剂与水先拌和，避水剂的用量为所需水泥量的5%左右。然后将拌和好的避水浆液掺入水泥和砂内搅拌。为了使防水防漏更可靠，在水池基体和抹面防水砂浆完成后，再在水池内表面涂刷一层防水涂料，然后再进行饰面施工，饰面的嵌缝防水材料主要有塑料油膏、聚氯乙烯胶泥、水乳丙烯酸密封膏等。

③ 水池的饰面施工：水池的饰面关键在于水池边岸的施工。边岸饰面时应做工精致，不可粗制滥造马虎施工。当用小卵石贴砌池岸时，卵石应经过筛选，大小基本一致。贴砌卵石用白水泥砂浆铺底，然后把卵石洒铺在白水泥砂浆层上，再拍压卵石，使其镶嵌在白水泥砂浆中，但要露出卵石的光滑表面，卵石的布置要均匀。

大理石碎块嵌镶池岸时，往往要根据大理石的天然色彩和大小块来安排嵌铺，色彩与大小块的布置要均匀和协调。嵌铺方式又分为无缝铺和留缝铺两种。无缝铺就是在大理石碎块之间用白水泥填满缝隙，留缝铺就是在大理石碎块之间不完全填满白水泥，使大理石碎块贴面上留有凹下的纹路。但这两种方式嵌贴时，其大面一定要平整。其他瓷砖饰面、大理石整板饰面、花岗岩整板饰面同普通地面施工。

(5) 喷泉设备安装。喷泉设备安装包含喷头、灯光照明及电气施工、控制系统等的安装。

① 喷头安装：一般的喷头安装、水下照明布置，水深50～60cm已足够。如果采用进口设备，还可浅些。小于40cm，水下灯就不易安装。浅水盆或池，最浅要≥10cm水深。采用立式潜水泵作动力时，可于局部加深，形成泵坑。这时要保证泵的进水口上限有≥50cm的水深。因此，希望尽量选用小型的、进水口在下方的潜力泵。泵坑因为标高最低，因此往往成为集水坑，改空管进水口设在这里。这对泵的使用是不利的，泵坑上面最好没有过滤网。

在水景中广泛使用各种类型的喷头，以生成形态各异的水形。水景观工程对喷头的主要要求是出水水形美观，射流平滑稳定。在实际使用中，应注意各种喷头的特性。一般水膜喷头的抗风性较差，不宜在室外有风的场合使用；而射吸式喷头如雪松或涌泉对水位变化较为敏感，使用时不但要注意水位变化，还要在池体设计上有相应的抑制波浪的措施，如设置较长的溢流堰或水下挡浪墙。但也有利用波浪共振这一水力现象建成脉动喷泉的，有规律的波浪涌动使水流喷射有规律地跳跃、高低变化。目前有许多高技术喷泉设备，用于水艺景观中。光亮跳泉的射流非常光滑稳定，外观如同玻璃棒一样，可以准确落在受水孔中；跳泉可在计算机控制下，生成可变化长度的水射流；跳球喷泉可以喷出大小可控的光滑水球。它们都极具趣味性，令人过目难忘。大型音乐喷泉中所使用的各种高技术喷头和水下音乐喷泉中所使用的各种高技术喷头和水下运动机械及控制部件，也是种类繁多，可供广泛选择。

② 灯光照明及电气施工：水下照明灯具是水景中常用设备，尤其在喷泉中广泛使用。目前国内使用较多的是塑料支架的飞利浦水下灯，它存在较多的问题。如结构强度差、在喷泉池水波动强烈或受其他外力作用时极易损坏、灯具密封设计可靠性差、塑料在日照下老化迅速等。一旦灯具损坏或密封失效便会漏电使水体带电，成为水景安全的最大隐患。必须按照《民用建筑电气设计规范》要求使用12V安全超低电压供电，使用灯体应完全屏蔽在强度较高的灯具

壳体内，其灯具外壳应可靠接地，同时池体钢筋网采取与接地装置相连的等电位联结措施。变压器高低压绕线圈之间应确保绝缘，初级次级隔离分开，变压器铁芯亦应接地。无论在何种情况下必须使用漏电保护开关，以确保人身安全。

③ 喷泉控制系统：将各种水型、灯光按照预先设定的排列组合进行程序控制，通过计算机运行控制程序发出控制信号，使水型、灯光实现变化。喷泉控制系统对技术的要求较高，多用于大型造景景观。

(6) 水位调试与控制。在设备安装完毕后要进行水位的调试和控制。在喷水池水面静止状态下，统一各个喷水池内的喷嘴标高、统一各个喷水池溢流标高、统一各个喷水池补水箱液位标高；在各个喷水池的供水管路及回水管路增加调节阀门。修正以上3项标高及增加阀门后，进行水泵运行。根据各个喷水池的喷嘴水流量及回水管流量再逐一将调节阀门加以调节。最终达到各个水池喷水回水平衡，不再出现水量多少不均的情况；控制水帘的供水流量，经计算，水帘的出水厚度达至7～8cm就能达到水面不断(即达到镜面式水帘效果)，若大于8cm就产生瀑布式水帘，若小于7cm就产生水帘未到水面而断开。

对于水景水位的控制有时是极为重要的。例如采用雪松喷头、涌泉等射吸式喷头，均对水位的变化十分敏感。水位稍有升降，喷射高度及水形就会产生很大的变化。为此，应有可靠的自动补水装置和溢流管路，较好的做法是采用独立的水位平衡水池和液压式水位控制阀并采用足够直径的连通管与水景水池连接。隔流管可设置在水池排空阀前，在阀前垂直向上装一条立管作为水池的溢流口，代替水池结构的溢流格栅。改变立管的长短可任意调节水面的高度。

(7) 清理。在水池完工后调试前，必须对池内的水做清洁工作。水面的漂浮物处理、池底的沉积物处理。对于储满水的水池来说，要清洁的确是件不容易的事，若把全部水放掉，则浪费水源，而且清理干净后储水池不久还会再出现漂浮物及沉积物。用电动泵作动力源，利用长杆加吸污口作清理，这种清洁方法有效，但耗电高且有安全隐患。另外一种方法能达到同样效果而不需要用电，即没有用电安全隐患，就是利用一条软胶管一头固定在池内本身的吸水口里，另一头接吸污口并加长杆，然后在池底开放排水管道，让水将污物从软胶管排到排水管再排出池外。

此外，当水中磷浓度超过 0.015mg／L，氮浓度超过 0.3mg／L 时，藻类便会大量繁殖，成为水质恶化的重要因素。抑制藻类的方法一般是向水中投加硫酸铜，但作用并不明显。解决问题的根源，是如何降低氮和磷的含量。采用混凝生物膜过滤技术，可以降低水中氮、磷浓度，能较好地解决这一问题。混凝生物膜过滤技术是混凝技术和生物膜过滤技术相结合的微污染水体的深度处理技术，混凝技术的原理是通过向水体中投加絮凝剂，使水体中的磷及悬浮物等形成大的絮状沉淀物被去除；生物膜过滤技术的原理是将水体富营养化生成的藻类通过生物膜过滤去除。水体中的氮、磷等物质也随着藻类同时被除去，从而抑制富营养化灾害的发生，水体透明度大幅度增加，水体的景观性提高。

4. 喷泉设计与施工案例

1) 施工准备

本项目主要涉及石材干挂、陶瓷锦砖粘贴和喷泉施工技术。涉及的材料主要有火烧板花岗岩、汉白玉、槽钢、白水泥、石膏等。涉及的工种主要是泥水工、管道工和喷泉特色工等，主要机具包含管道工和泥水工所需的各项工具等。

按施工图设计图样进行施工前交底工作。火烧板花岗岩、汉白玉、槽钢等材料进场到位，各种加工工具、设备就位。

2) 工艺流程

火烧板花岗岩干挂：基层处理→墙面定位放线→固定连接件→固定主龙骨→固定次龙骨→安装挂件→火烧石材安装就位→安装石材线→填嵌密封条→打胶勾缝→清理→检验→成品保护。

陶瓷锦砖：基层处理→找平层→选砖→预排陶瓷锦砖→弹线→贴锦砖→揭纸、调缝→勾缝→清饰表层。

喷泉施工：喷泉设计→水局组景的布局安排与放线→管道铺设→水池设计与施工→喷泉设备安装→调试→清理→验收。

3) 设计与节点大样

某宅内喷泉设计与节点如图6.64所示。

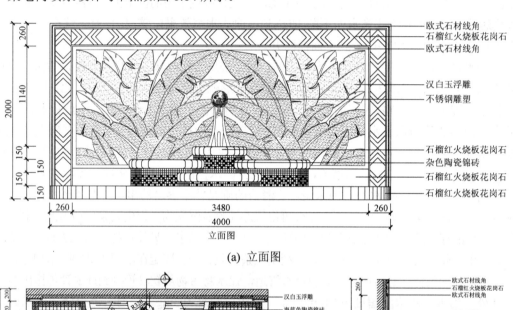

(a) 立面图

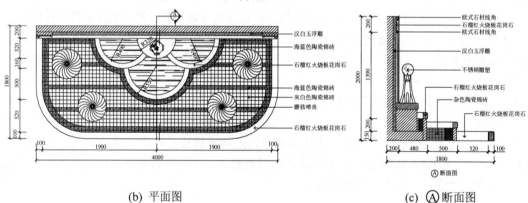

(b) 平面图　　(c) Ⓐ 断面图

图6.64　某室内喷泉设计与节点(单位：mm)

6.3.2　室内绿化景观工程施工技术

随着现代生活工作节奏的加快，人们更需要一种健康、轻松、适意的工作生活环境，以调节紧张的大脑和身体，室内的绿化就构成现代人的一种心理和生理的需求。人们希望在享受现代物质文明的同时与植物为伴，是现代审美情趣、崇尚自然、追求返璞归真意境的反映。今天室内绿化已被放到一个重要的位置上,"用绿色感受生活"已成为现代都市人对室内环境的迫切要求。

室内绿化是环境心理学的组成部分,是提高、改善室内环境质量的重要手段,它与室内设计与装修紧密相连,构成室内装饰不可分割的部分,在当代城市环境污染日益恶化的情况下,人类改善生态环境、崇尚自然的愿望显得更为迫切。通过绿化室内把生活、学习、工作、休息的空间变成"绿色的空间",它不但对社会环境的美化和生态平衡有益,而且对工作、生产也会有很大的促进作用。在室内设计中运用自然造型艺术,即有生命的造型艺术,如室内绿化盆栽、盆景、水景、插花等,并结合一些装饰手法,来组织、完善、美化室内空间。

1. 室内绿化的功能和作用

室内绿化的功能和作用表现在以下几个方面。

(1) 调节室内温度,净化室内空气环境。人类十分崇尚自然,热爱自然,和大自然共呼吸,这是生活中不可缺少的组成部分。现代科学已经证明,绿化具有相当重要的生态功能,良好的室内绿化能净化室内空气,调节室内温度与湿度,有利于人体健康。植物可以吸引二氧化碳,释放氧气,而人在呼吸过程中,吸入氧气,呼出二氧化碳,从而使大气中氧和二氧化碳达到平衡,同时通过植物的叶子吸热和水分蒸发可以起到湿润空气的作用,部分植物如夹竹桃、梧桐、大叶黄杨等可吸收有害气体,有些植物如茉莉、丁香、牵牛花等分泌出来的杀菌素能够杀死空气中的某些细菌,抑制结核、痢疾病原体和伤寒病菌的生长,从而能净化空气,减少空气中的含菌量,使室内空气清洁卫生。同时植物还能吸附大气中的尘埃,从而使环境得以净化。

(2) 组织室内空间形式、强化空间使用。

① 利用绿化,过渡和延伸室内外空间。联系室内外空间,使室内外空间有机交融的方法很多,如通过地面材料与图案的统一,由室外自然过渡到室内,或利用墙面、顶棚造型以及色彩的联系,来达到空间延伸的目的。但是相比之下,都没有利用绿化更鲜明、更自然、更亲切。许多公共厅堂常利用绿化的方式,将植物引进室内,使内部空间兼有外部空间的承接,达到内外空间的过渡。其手法常有:在入口处布置盆栽或小花池,在门廊的顶棚上或墙上悬吊植物,在进厅等处布置花卉树木等。这几种手法都能使人从室外进入建筑内部时,有一种自然的过渡和连续感。借助绿化使室内外景色通过通透的围护体互渗互借,可以增加空间的开阔感和层次变化,使室内有限的空间得以延伸和扩大。通过连续的绿化布置,强化室内外空间的联系和统一。

② 利用绿化,限定、分隔室内空间。现代建筑的室内空间越来越大,越来越通透,无论是酒店餐厅、办公室、展览馆、博物馆还是家居小套房,墙的空间隔断作用已逐渐不多用了,而常常被陈设和绿化所替代 (室内绿化除了单独落地布置外,还可与家具、陈设、灯具等室内物件结合布置,相得益彰,组成有机整体),利用室内绿化可形成或调整空间,在同一的空间中不同的绿化组合,可以组成不同的空间区域,使各部分既能保持各自的功能作用,又不失整体空间的开敞性和完整性。以绿化分隔空间的范围是十分广泛的,如餐厅中以绿色植物作为餐台的就餐空间隔断,既有效地划分范围却不会产生封闭,保持空间通透顺畅;在两厅室之间、厅室与走道之间以及在某些大的厅室内需要分隔成小空间的,如办公室、展厅等;此外在某些空间或场地的交界线,如酒店大堂的接待区与休息区之间、室内地坪高差交界处等,都可用绿化进行分隔。分隔的方式大都采用地面分隔方式,如有条件,也可采用悬垂植物由上而下进行空间分隔。

③ 利用绿化，提示、引导室内空间。由于室内绿化具有观赏的特点，能强烈吸引人们的注意力，因而常能巧妙而含蓄地起到提示与指向的作用。许多酒店、餐厅往往从大门口就开始摆放鲜花、绿色植物等，并由门外一直朝门内延伸布置摆放，绿化在室内的连续布置，从一个空间延伸到另一个空间，特别在空间的转折、过渡、改变方向之处，更能发挥整体效果。绿化布置的连续和延伸，如果有意识地强化其突出、醒目的效果，那么，通过视线的吸引，往往能够起到暗示和引导空间的作用。

④ 利用绿化，突出室内空间的重点。对于室内空间的重要部位或重要视觉中心，如正对出入口、楼梯进出口处、主题墙面等，必须引起人们注意的位置，常放置特别醒目、富有装饰效果甚至名贵的植物或花卉，以起到强化空间、突出重点的作用。如宾馆、写字楼的大堂中央常常设计摆放一盆精致修剪过的鲜花，作为室内装饰，点缀环境，形成空间中心；在大会议室主席台的绿化组织，鲜花环绕，有效地突出会议中心；在交通中心或走廊尽端的靠墙位置，也常成为厅室的趣味中心而加以特别装点。这里应说明的是，位于交通路线的一切陈设，包括绿化在内，必须以不妨碍交通和紧急疏散时不致成为绊脚石，并按空间大小形状选择相应的植物。如放在狭窄的过道边的植物，不宜选择低矮、枝叶向外扩展的植物，否则，既妨碍交通又会损伤植物，因此应选择与空间更为协调的修长的植物。

⑤ 利用绿化，柔化室内空间。现代建筑空间大多是由直线形框架构件组合的几何体，给人以生硬冷漠之感。利用室内绿色植物特有的曲线、多姿的形态、柔软的质感、五彩缤纷和生动的影子，与冷漠、僵硬的建筑几何形体和线条形成强烈的对比，可以改变人们对空间的印象，并产生柔和的情调，从而改善空间呆板、生硬的感觉，使人感到亲切宜人。例如，乔木或灌木以其柔软的枝叶覆盖室内的大部分空间；蔓藤植物，以其修长的枝条，从这一墙面伸展至另一墙面，或由上而下吊垂在墙面、柜架上，如一串翡翠般的绿色枝叶装饰着，这是其他任何饰品、陈设所不能代替的。植物的自然形态，以其特殊色质与建筑在形式上取得协调，在质地上又起到刚柔对比的特殊效果，通过植物的柔化作用补充色彩，美化空间，使室内空间充满生机。

(3) 美化环境、陶冶情趣。绿化对室内环境的美化作用主要有两个方面：一是植物本身的美，包括它的色彩、形态和芳香；二是通过植物与室内环境恰当地组合，有机地配置，从色彩、形态、质感等方面产生鲜明的对比，从而形成美的环境。

一定量的植物配置，使室内形成绿化空间，让人们置身于自然环境中，不论工作、学习、休息，都能心旷神怡，悠然自得。不同的植物种类有不同的枝叶花果和姿色，例如，一簇簇硕果累累的金橘，给室内带来喜气洋洋，增添欢乐的节日气氛；苍松翠柏，给人以坚强、庄重、典雅之感；洁白纯净的兰花，使室内清香四溢，风雅宜人。植物在四季时空变化中形成典型的四时即景：春花，夏莲，秋叶，冬枝。一片柔和翠绿的林木，可以一夜间变成猩红金黄色彩；一片布满蒲公英的草地，一夜间可变成一片白色的海洋。因此，不少宾馆设立四季厅，利用植物季节变化，可使室内改变不同情调和气氛，使客人也获得时令感和常新的感觉。

陶冶情趣、修养身心。人的大部分时间是在室内度过的，室内环境封闭而单调，会使人们失去与大自然的亲近。人性本能地对大自然有着强烈的向往。随着现代社会生活节奏的加快和工作竞争的加剧，人的精神压力也不断加大，加上城市生活的喧闹，使人们更加渴望生活的宁静与和谐，这个愿望可以通过室内绿化来实现，因为植物是大自然的产物，最能代表大自然。当紧张劳作一天回到家中，能嗅其馨香，观其生机，让人们舒缓每天繁忙工作的疲劳和工作的压力，这是现代人类"健康设计"的审美要求。植物生长的过程，是争取生存及与大自然搏斗的过程，显示其自强不息、生命不止的顽强生命力，它的美是一种自然之美，纯正、洁净、朴实无华，人们从中可以得到万般启迪，使人更加热爱生命，热爱自然。室内绿化让这种大自然的美融入室内环境中，对人们的性情、爱好都有潜移默化的调节作用，提高审美观念，起到陶冶人的情操、净化人的心灵的作用。

2. 室内绿化装饰的原则

室内绿化装饰在设计时，既要考虑植物本身的绿化效果，还要与其他因素相协调，充分利用平面、主体、空间构成光影色彩变化的原理，根据自我喜好，将空间重新划分和组合，创造出预期的格调和气氛。

1) 功能需求原则

要根据绿化布置场所的性质和功能要求，从实际出发，做到绿化装饰美学效果与实用效果的高度统一。如书房，是读书和写作的场所，应以摆设清秀典雅的绿色植物为主，以创造一个安宁、优雅、静穆的环境，使人在学习间隙举目张望，让绿色调节视力，缓和疲劳，起镇静悦目的功效，而不宜摆放色彩鲜艳的花卉。此外根据业主需求来考虑选择植物。如果是公务繁忙的人，应选择生命力较强的植物，如虎尾兰、佛肚树、万年青、虎耳草等；如果是工作轻闲的人，可以养一些娇贵的植物来投合自己的兴趣。

2) 以耐阴植物为主的原则

居室内一般是封闭的空间，选择植物最好以耐阴观叶植物或半阴生植物为主。常见耐阴植物有龟背竹、棕竹、虎尾兰、印度橡皮树等，可以布置北面的居室；文竹、万年青、旱伞等为半耐阴植物，可以布置东面居室等；而一些喜光的植物可以布置在阳台上。

3) 注意避开有害品种的原则

植物有很多功效可以被人们利用，但也有一部分植物对人体有害，一些场所要避开使用。如夜来香夜间排出废气会使高血压、心脏病患者感到郁闷，所以只能在客厅、阳台使用；郁金香含毒碱，连续接触2小时以上会头昏，有小孩的家庭不能使用；含羞草有羞碱，经常接触引起毛发脱落，有小孩的家庭也不能使用。

4) 比例适度、色彩协调原则

植物要与室内空间成比例，过大过小都会影响美感。而植物色彩一般来说最好用对比的手法，给人的视觉感既醒目又快捷，并直接影响人的感情。如背景为亮色调或浅色调，选择植物时应以深沉的观叶植物或鲜丽的花卉为好，这样能突出立体感。

5) 重视植物的性格特征

在室内绿化中要考虑植物的性格特征，如蕨类植物的羽状叶给人亲切感；竹造型体现坚韧不拔的性格；兰花有居静芳香、高风脱俗的性格。植物的气质与主人的性格和居室内气氛应相互协调。

6) 植物与环境搭配

植物不宜与花色墙纸的房间配置在一起。如蔓生花卉不宜做案头栽植，而适于悬吊式栽植，西式家具宜配剑兰类花卉，可呈现一派热带异国情调；中式家具适宜配盆景。

7) 构图效果合理原则

构图是将不同形状、色泽的物体按照美学的观念组成一个完整和谐的景观。绿化装饰设计与实施，要求构图空间合理。构图是绿化装饰工作的关键，在室内绿化装饰布置时必须注意两个方面：一是布置均衡，以保持稳定感和安定感；二是比例合度，体现真实感和舒适感。布置均衡包括对称均衡和不对称均衡两种形式，即色彩及空间布置的对称均衡和不对称均衡。人们在居室绿化装饰时习惯于对称的均衡，如在走道两边、会场两侧摆上同样品种和同一规格的花卉，显得规则整齐、庄重严肃。与对称均衡相反的是自然式装饰的不对称均衡，如在客厅沙发的一侧摆上一盆较大的植物，另一侧摆上一盆较矮的植物，同时在其近邻花架上摆上悬垂花卉，这种布置虽不对称，但却给人以协调感，视觉上有两者重量相当之感，仍认为均衡。

8) 经济合理原则

室内绿化装饰除要注意美学原则和实用原则外，还要求绿化装饰的方式经济可行，而且能保持长久。设计布置时要根据室内结构、建筑装修和室内配套器物的水平，选配合乎经济水平的档次和格调，使室内"软装修"与"硬装修"相谐调。同时要根据室内环境特点及用途选择相应的室内观叶植物及装饰器物，使装饰效果能保持较长时间。

3. 室内绿化植物选择

室内植物的种类很多。根据植物的观赏特性及室内造景的角度不同，可以把室内植物划分为观叶植物、观花植物、观果植物、赏香植物、藤蔓植物、室内树(水)生植物和假植物等七大类。室内植物的选择应该注意以下问题：首先，应注意室内的光照条件，季节性不明显、在室内易成活的植物是室内绿化的必要条件；第二，形态优美、装饰性强，也是室内绿化选用的重要条件；第三，室内植物的选用还应与文化传统及人们的喜好相结合，并避免选用高耗氧、有毒性植物，特别不应出现在居住空间中，以免造成意外；第四，室内植物的配置应考虑尺度、品格、构图等因素。

室内植物种类繁多，大小不一，形态各异。常用的室内观叶、观花植物如下。

1) 木本植物

(1) 印度橡胶树。应置于室内明亮处。

(2) 垂榕。喜温湿，自然分枝多，盆栽成灌木状，对光照要求不严，常年置于室内也能生长，5℃以上可越冬。

(3) 蒲葵。常绿乔木，性喜温暖，耐阴，耐肥，干粗直，无分枝，叶硕大，呈扇形，叶前半部开裂，形似棕榈。

(4) 假槟榔。喜温湿，耐阴，有一定耐寒抗旱性，树体高大，干直无分枝，叶呈羽状复叶。在我国广东、海南、福建、台湾广泛栽培。

(5) 苏铁。名贵的盆栽观赏植物，喜温湿，耐阴，生长异常缓慢，挺拔，叶族生茎顶，羽状复叶，原产我国南方，现各地均有栽培。

(6) 诺福克南洋杉。喜阳耐旱，主干挺秀，枝条水平伸展，呈轮生，塔式树形，叶秀繁茂。室内宜放在靠近窗明亮处。原产澳大利亚。

(7) 三药槟榔。喜温湿，耐阴，丛生型小乔木，无分枝，羽状复叶。植株4年可达1.5～2.0m，最高可达6m以上。我国亚热带地区广泛栽培。

(8) 棕竹。耐阴，耐湿，耐旱，耐瘠，株丛挺拔翠秀。原产我国、日本，现我国南方广泛栽培。

(9) 金心香龙血树。宜置于室内明亮处，以保证叶色鲜艳，室温5℃可越冬，我国已引种、普及。

(10) 银线龙血树。喜温湿，耐阴，株低矮，叶群生，呈披针形，绿色叶片上分布几白色纵纹。

(11) 象脚丝兰。喜温，耐旱耐阴，圆柱形干茎，叶密集于茎干上，叶绿色呈披针形。截段种植培养。原产墨西哥、危地马拉地区，我国近年引种。

(12) 山茶花。喜温湿，耐寒，常绿乔木，叶质厚亮，花有红、白、紫或复色，是我国传统的名花。

(13) 鹅掌木。一般在室内光照下可正常生长。原产我国南部热带地区及日本等地。

(14) 棕榈。常绿乔木，极耐寒、耐阴，抗二氧化硫及氟的污染，有吸引有害气体的能力。室内摆设时间，冬季可 1～2 个月轮换一次。夏季半个月就需要轮换一次。棕榈在我国分布很广。

(15) 广玉兰。常绿乔木，喜光，喜温湿，半耐阴，叶长椭圆形，花白色，大而香。室内可放置 1～2 个月。

(16) 海棠。落叶小乔木，喜阳，抗干旱，耐寒，叶互生，为我国传统名花。可制作成桩景、盆花等观花效果，宜置室内光线充足、空气新鲜之处。我国广泛栽种。

(17) 桂花。常绿乔木，喜光，耐高温，花黄白或淡黄，花香四溢。树性强健，树龄长。我国各地普遍种植。

(18) 栀子。常绿小乔木，喜光，喜温湿，不耐寒，宜置室内光线充足、空气新鲜处。我国中部、南部、长江流域均有分部。

2) 草本植物

(1) 龟背竹。多年生草木，喜温湿、半耐阴，耐寒耐低温，叶宽厚，羽裂形，叶脉间有椭圆形孔洞。在室内一般采光条件下可正常生长。原产墨西哥等地，现已很普及。

(2) 海芋。多年生草本，喜湿耐阴，茎粗叶肥大，四季常绿。我国南方各地均有培植。

(3) 金皇后。多年生草本，耐阴，耐湿，耐旱，叶呈披针形，绿叶面上嵌有黄绿色斑点。原产于热带非洲及菲律宾等地。

(4) 银皇帝。多年生草本，耐湿，耐旱，耐阴，叶呈披针形，暗绿色叶面嵌有银灰色斑块。

(5) 广东万年青。喜温湿，耐阴，叶卵圆形，暗绿色。原产我国广东等地。

(6) 白掌。多年生草本，观花观叶植物，喜湿耐阴，叶柄长，叶色由白转绿，夏季抽出长茎，白色苞片，乳黄色花序。原产美洲热带地区，我国南方均有栽植。

(7) 火鹤花。喜温湿，叶暗绿色，红色单花顶生，叶丽花美。原产中、南美洲。

(8) 菠叶斑马。多年生草本观叶植物，喜光耐旱，绿色叶上有灰白色横纹斑，斑纹更清晰，花红色，花茎有分枝。

(9) 金边五彩。多年生观叶植物，喜温，耐湿，耐旱，叶厚亮，绿叶中央镶白色条纹，开花时茎部逐渐泛红。

(10) 斑背剑花。喜光耐旱，叶长，叶面呈暗绿色，叶背有紫黑色横条纹，花茎绿色，由中心直立，红色似剑，原产南美洲的圭亚那。

(11) 虎尾兰。多年生草本植物，喜温耐旱，叶片多肉质，纵向卷曲成半筒状，黄色边缘上有暗绿横条纹似虎尾巴，称金边虎尾兰。原产美洲热带，我国各地普遍栽植。

(12) 文竹。多年生草本观叶植物，喜温湿，半耐阴，枝叶细柔，花白色，浆果球状，紫黑色。原产南非，现世界各地均有栽培。

3) 藤本植物

(1) 大叶蔓绿绒。蔓性观叶植物，喜温湿，耐阴，叶柄紫红色，节上长气生根，叶戟形，质厚绿色，攀缘观赏，原产美洲热带地区。

(2) 黄金葛(绿萝)。蔓性观叶植物，耐阴，耐湿，耐旱，叶互生，长椭圆形，绿色上有黄斑，攀缘观赏。

(3) 薜荔。常绿攀缘植物，喜光，贴壁生长。生长快，分枝多。我国已广泛栽培。

(4) 绿串珠。蔓性观叶植物，喜温，耐阴，茎蔓柔软，绿色珠形叶，悬垂观赏。

4) 肉质植物

(1) 彩云阁。多肉类观叶植物，喜温，耐旱，茎干直立，斑纹美丽。宜近窗设置。

(2) 仙人掌。多年生肉质植物,喜光,耐旱,品种繁多,茎节有圆柱形、鞭形、球形、长圆形、扇形、蟹叶形等,千姿百态,造型独特,茎叶艳丽,在植物中别具一格。培植养护都很容易。原产墨西哥、阿根廷、巴西等地,我国已有少数品种。

(3) 长寿花。多年生肉质观花观叶植物,喜暖,耐旱,叶厚呈银灰色,花细密成簇形,花色有红、紫、黄等,花期甚长。原产马达加斯加,我国早有栽培。

4. 绿化工程工艺技术

1) 工艺流程

(1) 场地准备:场地清理→换土→场地初平整→土壤消毒施肥。

(2) 苗木准备:选苗→起苗、包装→苗木运输→临时假植。

(3) 苗木种植:定位放线→挖种植坑→栽植→支撑→修剪→遮阴→浇水。

(4) 草坪种植:场地准备→土地的平整与耕翻→排水及灌溉系统→草坪种植施工→播后管理。

2) 工艺过程简述

(1) 场地准备。

① 场地清理:人工清理绿化场地中的建筑垃圾、杂灌植物等影响施工及树木成活率的垃圾,装车清理倒运至指定地点。

② 换土:由于绿化对种植土的要求较高,所以对绿化用土要换上含丰富有机质、土壤肥沃、排水性能较好的土壤。

③ 场地初平整:经过换土的种植土,根据设计图样,进行初平整,整理符合设计意图的地形地貌。

④ 土壤消毒施肥:用"保丰收"35%水剂每亩 2.5kg,水 100~150kg,用喷雾器均匀喷洒于土壤表面,然后使土壤完全湿润,以杀灭土壤中的收起病害的真菌和线虫。在地被和花卉种植地,撒施堆肥 $2.5kg/m^2$,并混入表面土中,乔灌木施肥在挖种植坑中进行。

(2) 苗木准备。

① 选苗:选苗应选符合设计图样中的苗木品种树形、规格外,要注意选择长势健旺、无病虫害、无机械损伤、树形端正、根须发达的苗木,对于大规格的乔、灌木、最好选择经过断根移载的树木,这样苗木易成活。

② 起苗、包装:起苗前 1~2 天应灌水一次,采用人工起苗挖裸根苗的起挖应注意根系的完整,尽量少根系,并对过长根、受伤根进行修剪,起出后用草袋包扎,并喷水保湿,带土球的苗木,土球直径应为苗木胸径的 6~8 倍,土球的厚度为其直径的 2/3,起出后,立即用草绳麻布绑扎,大苗起出后,宜对其根部作适当修复。其主要枝干,应用草绳或麻布缠缚以防脱水,并将全树的每片叶子都剪截 1/2~2/3,以大大减少叶面积的办法来降低全树的水分蒸腾总量。

③ 苗木运输:苗木装卸时应小心轻放,不损伤苗木。小苗堆放不宜太厚,以防发热伤苗,对大树的运输,用采用吊装,移植大树在装运过程中,应将树冠捆拢,并应固定树干,防止损伤树皮,不得损坏土球,操作中注意安全。大树移植卸车时,应将主要观赏面安排适当,土球(或箱)应直接另放种植穴内,拆除包装,分层填土夯实。

④ 临时假植:应尽量做到随起随运、随栽,以保证苗木的成活率,若因故不能当天栽完,应将苗木分散假植,假植前先开挖假植沟,深度以能埋住树木根系为度,放入苗木后覆土,踩实,不使漏风,并应浇水,遮阴养护。

(3) 苗木种植。

① 定位放线:根据施工图和已知坐标的地形、地物进行放线,确定种植点,以使树木栽植准确、整齐,种植效果能达到设计意图。

② 挖种植坑：人工开挖，植穴的大小应满足设计要求，株行间距符合设计的尺寸，开挖时，应将上层好土堆放一边，底层心土堆放在另一边；成片栽植的花灌木和地被物，应全面深翻 30cm，然后开沟栽植。

③ 栽植：种植穴按一般的技术规程挖掘，穴底要施基肥并铺设细土垫层，种植土应疏松肥沃，把树根部的包扎物除去，在种植穴内将树苗立正栽好，填土后稍稍向上提一提，再插实土壤并继续填土至穴顶，最后，在树周围做出拦水的围堰。裸根苗栽植时应分层回土，适当提苗，使根系舒展，并分层踩实，最后筑好浇水围堰带土球苗木放入穴中校正后，应从边缘向土球四周培土，分层捣实，并筑浇水围堰，苗木栽植后的深度，应以苗木根茎与地面平齐或稍深为度，栽植其他地被植物时，应根据其生物学特性，确定其栽植深度，按照要求排入沟中后，覆土、扶正、压实、平整地面，然后浇水。

④ 支撑：大苗、大树栽植后应设支撑架支撑，使其不动摇，提高成活率，按设计要求、甲方的统一要求，采用钢管门字形支撑。

⑤ 修剪：大苗、大树栽植后，应作适当修剪，剪去断枝、枯枝、部分树叶，保证树形，以防止水分过多散失，以利成活。其截口宜用乳胶或铅涂抹保护。组成色块，绿篱的灌木截植后，也应按设计要求，进行整形修剪。

⑥ 浇水：苗木栽植后，应立即浇水，小苗可一次落透；大苗、大树栽植后，应分多次向里充分灌水直至水满围堰。栽植后的第二天，应重复浇水一次，对于大树，因温度较高，所以应注意保湿，每天要定期对其树干、树枝、叶面进行喷水，降低温度，减少蒸腾量，提高成活率。

(4) 草坪的种植。

① 场地准备：因草坪植物是低矮的草本植物，没有粗大主根，为了使草坪保持优良的质量，减少管理费用，应尽可能使土层厚度达到 40cm 左右，最好不小于 30cm，在小于 30cm 的地方应加厚土层。

② 土地的平整与耕翻：在清除了杂草、杂物后，地面上初作一次高填低的平整，平整后撒基肥，然后普遍进行一次耕翻，土壤疏松、通气良好有利于草坪植物的根系发育，以便于播种，为了确保新铺草坪的平整，在换土或耕翻后应灌一次透水或滚压两遍，使地基坚实不同的地方能显出高低，以利最后平整时加以调整。

③ 排水及灌溉系统：最后平整地面时，要结合考虑地面排水问题，不能有低凹处，以避免积水，多利用缓坡来排水，在一定面积内修一条缓波的沟道，其最底下的一端可设雨水口接纳排出的地面水，并经地下管道排走。理想的平坦草坪的表面应是中部稍高，逐渐向四周或边缘倾斜。草坪灌溉系统是兴造草坪的重要项目，目前国内外大多采用喷灌，为此，在场地最后平整前，应将喷灌管网埋设完毕。

④ 草坪种植施工：播种前，要采购纯度高、发芽率高的种子，在播种前可对种子加以处理，提高发芽率，播种方法为撒播，由公司专门负责草坪播种的技术，农艺工人撒种，保证撒播种子的均匀性。

⑤ 播后管理：充分保持土壤湿度是保证出苗的主要条件，播种后可根据天气情况每天或隔天喷水，幼苗长至 3~6cm 时可停止喷水，但要经常保持土壤湿润，并要及时清除杂草。

5．案例分析

1) 施工准备

本项目主要涉及铝合金钢化玻璃装饰墙的施工、墙砖砌筑施工、小型假山以及绿化施工。主要材料有钢化玻璃、素色铝合金框、红色墙砖、室内植物等。涉及的工种主要是泥水工、金属工等，主要机具包含泥水工和金属工所需的各项工具等。

基本施工顺序：做好场地平整工作，弹线放样；先进行红砖墙砖砌筑工作和钢化玻璃安装，最后进行绿色植物种植。

材料进场到位、各种加工设备就位并进行施工前交底工作。

2) 设计图节点与大样

室内小型景观及绿化的设计图节点与大样如图6.65所示。

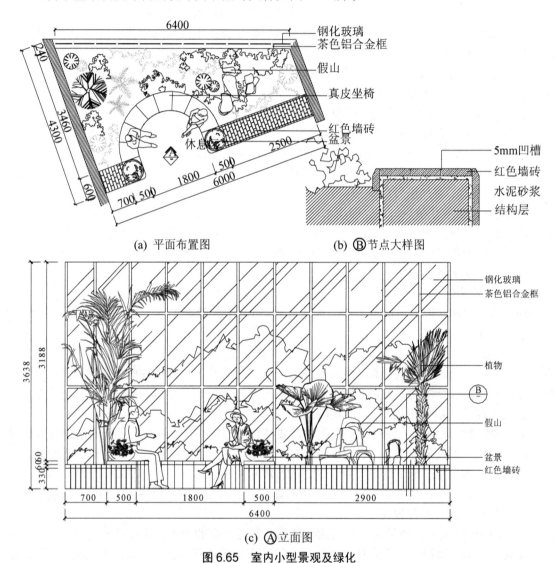

图6.65 室内小型景观及绿化

3) 工艺流程

(1) 装饰墙。装饰墙主要材料是素色铝合金框和钢化玻璃，其工艺流程：清理基层→弹线工艺→装膨胀螺栓→安装素色铝合金框→安装钢化玻璃→清理。

(2) 绿色植物。工艺流程为基层处理→定位放线→挖种植坑→栽植→支撑→修剪→浇水养护。

小　结

　　室内装饰工程中室内景观工程非常重要，在室内装饰中具有极其重要的意义。随着室内装饰的发展以及室内装饰的特点，本章系统地介绍了室内景观楼梯施工技术、室内隔断和隔扇施工技术、室内喷泉及水体施工技术和室内绿化施工技术。

　　楼梯是室内空间的垂直交通的承载构件，紧密联系层与层之间的交通要道，构成了一个位于上、下楼层之间的独立空间，随着住宅中复式和跃式错层的大量出现，楼梯在整个室内空间中起着独特的观赏作用。楼梯除了满足实用功能外，还应把它作为景观艺术品来设计与制作。

　　隔断与隔扇是采用某种或多种材料将建筑的室内空间分隔成两个或多个相对独立的空间。因此，在结构形式上、材料选择上、安装方式上比较自由灵活，设计者可以更多地从视觉上、艺术上等诸多方面综合考虑，从而获得很好的室内景观效果。

　　园林景观艺术和组景方式用于室内装饰工程，在国内室内装饰业中已经逐渐发展起来了，特别是在高层建筑和有室内空间中，将自然景物适宜地从室外移入室内，使室内赋于一定程度的园林气息，丰富了室内空间，活跃了室内气氛，从而自然地增强了人们的舒适感。

思考与练习

6-1　室内楼梯的功能及类型有哪些？楼梯的设计要满足哪些要求？

6-2　图 6.66 为某楼梯立面设计图，请画出 A、B 节点、C 断面图和写出楼梯工艺流程。

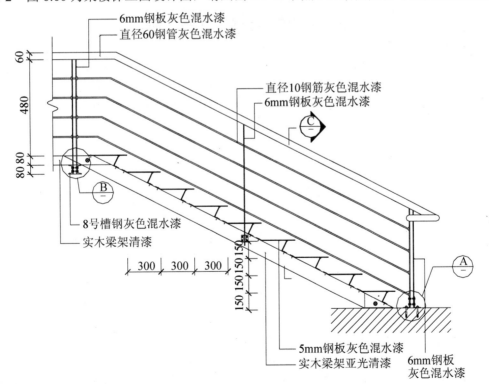

图 6.66　某楼梯设计立面图(单位：mm)

6-3 隔墙的功能及类型有哪些？隔墙与隔断有哪些区别？
6-4 简述木龙骨隔墙的施工工艺及操作要点。
6-5 空心玻璃砖隔断有什么特点？请简述其工艺流程。
6-6 依据轻质隔墙工程质量验收规范的内容，请说出玻璃隔断的验收要求及规范。
6-7 图 6.67 为某室内隔断立面设计图，请画出 A、B、C 和 D 节点图和写出装饰隔断工艺流程。

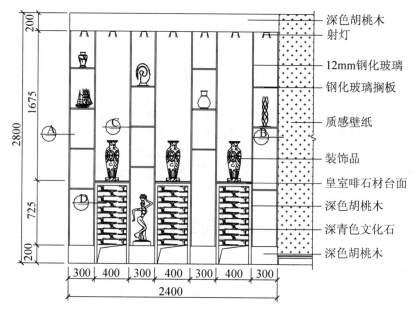

图 6.67 某隔断设计立面图(单位：mm)

参 考 文 献

[1] 建筑装饰装修材施工验收规范[M]．北京：中国建筑工业出版社，2001．
[2] 郭谦．室内装饰材料与施工[M]．北京：中国水利出版社，2006．
[3] 杨天佑．室内吊顶装饰系统材料与产品[M]．广州：广东科技出版社，2002．
[4] 涂华林．室内装饰材料与施工技术[M]．武汉：武汉理工大学出版社，2008．
[5] 建筑构造节点图集编委会．建筑节点构造图集内装修工程[M]．北京：中国建筑工业出版社，2010．
[6] 王军，马军辉．建筑装饰施工技术[M]．北京：北京大学出版社，2009．
[7] 杨天佑 建筑节能装饰门窗·卫浴产品[M]．广州：广东科技出版社，2003．
[8] 张玉明，马品磊．建筑装饰材料与施工工艺[M]．青岛：山东科技大学出版社，2005．
[9] 武峰，尤逸南．CAD室内设计施工图常用图块(1—8册)[M]．北京：中国建筑工业出版社，2006．
[10] 刘峰，刘元喆．装饰装修工程施工技术[M]．北京：化学工业出版社，2009．
[11] 刘海平．室内装饰工程手册[M]．北京：中国建筑工业出版社，1996．
[12] 康海飞．室内设计资料图集[M]．北京：中国建筑工业出版社，2009．
[13] 李书田．建筑装饰装修工程施工技术与质量控制[M]．北京：机械工业出版社，2009．
[14] 许炳权．装饰装修工程施工技术[M]．北京：中国建材工业出版社，2003．
[15] 闻荣士．建筑装饰装修材料与应用[M]．北京：机械工业出版社，2009．